国家重点研发计划"退役三元锂电材料高效清洁回收利用技术与示范"
项目成果（2019YFC1907900）

退役三元锂电池清洁回收与高值利用技术

林艳　孟奇　俞小花 ◎ 著

西南交通大学出版社

·成 都·

图书在版编目（CIP）数据

退役三元锂电池清洁回收与高值利用技术 / 林艳，
孟奇，俞小花著. -- 成都：西南交通大学出版社，
2024.5
　　ISBN 978-7-5643-9027-3

　　Ⅰ. ①退… Ⅱ. ①林… ②孟… ③俞… Ⅲ. ①锂离子
电池 – 废物回收 – 研究②锂离子电池 – 废物综合利用 – 研
究 Ⅳ. ①X760.5

中国版本图书馆 CIP 数据核字（2022）第 225070 号

Tuiyi Sanyuan Lidianchi Qingjie Huishou yu Gaozhi Liyong Jishu
退役三元锂电池清洁回收与高值利用技术

林　艳　孟　奇　俞小花　著

责 任 编 辑	赵永铭
封 面 设 计	原谋书装
出 版 发 行	西南交通大学出版社
	（四川省成都市金牛区二环路北一段 111 号
	西南交通大学创新大厦 21 楼）
营销部电话	028-87600564　028-87600533
邮 政 编 码	610031
网　　　　址	http://www.xnjdcbs.com
印　　　　刷	四川煤田地质制图印务有限责任公司
成 品 尺 寸	170 mm × 230 mm
印　　　　张	23.25
字　　　　数	356 千
版　　　　次	2024 年 5 月第 1 版
印　　　　次	2024 年 5 月第 1 次
书　　　　号	ISBN 978-7-5643-9027-3
定　　　　价	118.00 元

前言
PREFACE

新能源汽车是国家战略性新兴产业，动力电池是其核心部件，回收电池是电动汽车可持续发展的关键环节。随着锂离子电池在电动汽车上的大规模应用，动力锂离子电池即将迎来井喷式退役，由于动力锂离子电池富含镍、钴、锰、锂等有价金属，兼具环境污染源和城市矿山源的双重属性，因此开发清洁高效的退役锂离子电池回收技术，既是资源安全供给的现实保障，又是生态文明建设的战略需求。

在全球新能源及新能源汽车产业飞速发展的大趋势下，电池技术的进化及更新迭代的速度，似乎有些跟不上市场需要的步伐，因此全球各大汽车厂商、电池企业及电池材料厂家，都在寻求动力电池技术上的突破甚至变革，主要体现在电池材料、结构、规格的多样性、多元化、多类型等特点。除电池自身属性因素外，用户的使用习惯、充电习惯、服役场景、环境温度等因素也影响着退役电池的衰减程度及失效状态。此外，进入回收流程的电池材料来源也比较复杂，不仅包括退役的车载动力电池、储能电池及电子元器件，还包括电池厂和电池材料厂生产的边角料及废料，这些都给废旧电池清洁高效回收带来一系列的挑战和困难。

当前欧美国家正在推动电池产业的绿色转型，我国也亟需加快建立动力电池信息溯源管理体系，规范退役动力电池回收利用渠道，完善废旧电池梯次–利用–回收–资源再生产的有效闭环，是促进废旧电池回收利用产业有序健康可持续发展的关键。

因此基于锂离子电池失效机制，系统研究退役锂电材料宏观电化学特性和内部结构劣化的对应关系，建立相应的电池状态数据库，开发适用于退役锂离子电池的快筛快选技术和性能评价方法；同时针对不同类型的退役动力锂电池，在深入探究其失效机理及再生修复特性的基础上，综合考虑回收技术的环保经济性、回收工艺的系统稳定性和再生材料的安全性能，有针对性地研发并完善相应的再生修复及回收技术，并系统开展环境风险评估和循环经济模式优化，将是构建资源循环型电池生产及回收产业体系的重要任务。

本书在国家重点研发计划"退役三元锂电材料高效清洁回收利用技术与示范"（项目编号：2019YFC1907900）的支持下，从退役锂电池失效特征入手，提出正极材料"因材施策"定向转化与梯级回收思路，介绍了物理修复、有机酸浸出及高值转化等一些研究成果，可供退役动力锂电池回收领域的广大科研工作者、工程技术人员和教学人员阅读参考。本书第1章由孟奇副教授主要编写，林艳教授做了完善补充；第2～9章的内容主要由林艳教授和俞小花副教授编写。衷心感谢罗旭彪、李良彬、杨利明、李荐、王利华、彭爱平、黎永忠、侯晓川、王超强、韩久帅等诸位教授及企业专家的专业咨询、赐教与鼓励，诚挚感谢国家重点研发计划项目全体研究人员的帮助与支持，使本书更加充实与倍增光彩。衷心感谢参与研究工作的宁培超、王皓逸、邓聪、冯天意、崔鹏媛等研究生的辛勤付出，也诚挚感谢马路通、王雨、闫凤等研究生的支援和帮助。

志诚希望此书能为退役锂电池清洁回收再生领域的科学研究和技术升级提供一些启发，为我国实现城市矿山非常规资源高效利用和缓解战略金属资源危机提供智力支持，如能从旁给您提供一点有益的论点、想法及启发，我们将深感欣慰与鼓舞！真诚感谢您的阅读，也衷心期望从事废旧锂电池回收利用的广大科研、生产、应用、教学与管理工作者有更多更好的成果涌现，为我国新能源及新能源汽车产业的可持续发展添砖加瓦，作出巨大贡献！

　　由于编者水平有限，书中难免有所疏漏，敬请您的批评与指正！

　　　　　　　　　　　　　　　　　　　　　　　　林　艳

　　　　　　　　　　　　　　　　　　　　2023 年 10 月于昆明

目　录

第1章　废旧电池回收利用技术现状分析 ……………………001

1.1　引　言 ………………………………………………001

1.2　锂离子电池的构成和工作原理 …………………005

1.3　废旧锂离子电池产生及危害 ……………………009

1.4　废旧锂离子电池的失效原因 ……………………014

1.5　废旧三元锂离子电池回收的研究现状 …………025

1.6　废旧锂电池回收利用展望 ………………………049

参考文献 ………………………………………………050

第2章　退役三元动力锂电池失效特征及快速分选 …………069

2.1　退役锂电池宏观电化学性能及失效特征 ………070

2.2　退役锂离子电池状态的快速评价 ………………113

参考文献 ………………………………………………128

第3章　废旧三元锂电池正极材料的选择性氨浸研究 ………130

3.1　研究方案 …………………………………………130

3.2　预处理研究 ………………………………………132

3.3　废旧 $LiNi_{0.5}Co_{0.2}Mn_{0.2}O_2$ 材料浸出单因素实验分析 …135

3.4　浸出过程动力学研究 ……………………………140

3.5　物相结构成分分析及形貌表征 …………………142

3.6　废旧三元正极材料浸出前后的形貌分析 ………144

3.7　废旧三元正极材料浸出前后的微区成分分析 …145

本章小结 ………………………………………………147

参考文献 ………………………………………………148

第 4 章　废旧三元材料苹果酸常规浸出及氧化沉淀再生研究……150

4.1　研究方案……………………………………………………151

4.2　废旧三元锂电池正极材料的苹果酸浸出………………155

4.3　臭氧/氧气氧化沉淀镍、钴、锰………………………166

4.4　正极材料的再生研究……………………………………177

本章小结………………………………………………………195

参考文献………………………………………………………197

第 5 章　废旧三元材料超声强化酸浸出再生研究……………201

5.1　研究方案……………………………………………………201

5.2　预处理研究…………………………………………………203

5.3　废旧 $LiNi_{0.6}Co_{0.2}Mn_{0.2}O_2$ 材料浸出正交实验分析………206

5.4　废旧 $LiNi_{0.6}Co_{0.2}Mn_{0.2}O_2$ 材料浸出单因素条件实验分析………209

5.5　浸出过程动力学研究………………………………………214

5.6　超声强化反应过程…………………………………………219

5.7　碳酸盐共沉淀制备再生 $LiNi_{0.6}Co_{0.2}Mn_{0.2}O_2$ 正极材料………222

本章小结………………………………………………………229

参考文献………………………………………………………230

第 6 章　废旧锂电池正极材料苹果酸浸出液的萃取分离研究……234

6.1　研究方案……………………………………………………235

6.2　废旧锂电池正极材料苹果酸浸出液中锰的萃取研究………238

6.3　废旧锂电池正极材料苹果酸浸出液中钴的萃取研究………254

6.4　废旧锂电池正极材料苹果酸浸出液中镍的萃取研究………269

本章小结………………………………………………………283

参考文献………………………………………………………284

第 7 章　废旧三元材料喷雾干燥法再生研究 ·················· 288

7.1　研究方案 ··· 288

7.2　前驱体结构与形貌的研究 ························· 290

7.3　苹果酸添加量对再生 $LiNi_{0.6}Co_{0.2}Mn_{0.2}O_2$

　　　材料性能的影响 ······························· 291

7.4　煅烧温度对再生 $LiNi_{0.6}Co_{0.2}Mn_{0.2}O_2$

　　　材料性能的影响 ······························· 298

本章小结 ··· 308

参考文献 ··· 309

第 8 章　废旧三元材料球磨喷雾直接再生研究 ·············· 311

8.1　研究方案 ··· 312

8.2　添加剂对再生 NCM523 材料的影响 ·············· 313

8.3　球磨时间对再生 NCM523 材料的影响 ············ 319

8.4　补锂量对再生 NCM523 材料的影响 ·············· 326

本章小结 ··· 331

参考文献 ··· 332

第 9 章　废旧三元材料水热补锂-球磨细化-

　　　喷雾重塑再生研究 ······························· 334

9.1　研究方案 ··· 334

9.2　水热补锂对再生材料的影响 ····················· 335

9.3　再生前驱体结构与形貌的研究 ··················· 339

9.4 球磨时间对再生 $LiNi_{0.5}Co_{0.2}Mn_{0.3}O_2$ 材料性能的影响 ······················ 340

9.5 粘结剂用量对再生 $LiNi_{0.5}Co_{0.2}Mn_{0.3}O_2$ 材料的影响 ······················ 348

9.6 煅烧温度对再生 $LiNi_{0.5}Co_{0.2}Mn_{0.3}O_2$ 材料性能的影响 ······················ 351

本章小结 ······················ 359

参考文献 ······················ 360

第1章
废旧电池回收利用技术现状分析

1.1 引 言

习近平总书记指出：科技是国之利器。科学技术的长足进步保证了一个国家乃至世界生产力的稳步发展。然而生产力不断提升的同时，科技进步所引发的巨大能源、资源消耗以及严重的环境污染等问题日益显现。化石能源是当前人类赖以生存和发展的能源基础，其广泛使用所引发的一系列环境问题如温室效应、雾霾等已引发人类社会的广泛关注。为了解决这些问题，响应"绿色工业革命"的号召，开发利用更先进、更清洁的能源是未来需持续关注的重点。清洁能源需要与之匹配良好的储能设备才能使新能源的供给更加稳定可靠，因此研发高性能、长寿命、环保型的电池至关重要。图 1.1 展示了各种类型电池比容量的对比效果。从图 1.1 可知，锂离子电池的容量表现远高于铅酸电池、镍镉电池和镍氢电池，这使得锂离子电池成为最具开发潜力的储能装置。同时，锂离子电池因具有能量密度高、自放电率低、无记忆效应、循环性能好、环境相容性好等特点也成为当前科研工作者的研究重点[1]。锂离子电池是二次可充电电池的首选，被广泛应用于手机、笔记本电脑、新能源汽车及微小储能元件等众多产品[2]。在没有研发出新的可替代二次电池前，锂离子电池仍将在较长的时期内占据新能源电池的大部分市场份额。

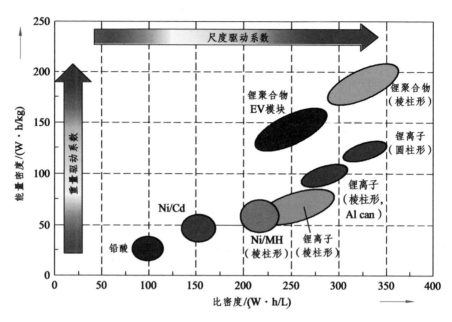

图 1.1　各种电池的质量比容量（W·h/kg 与体积比容量（W·h/L）对比示意图[8]

　　锂离子电池主要由正负极片、隔膜、电解质、外壳等组成。正、负极片是锂离子电池的重要部件，而对于正极极片来说，附着在铝箔上的正极材料是决定其电化学性能的关键。当前应用于锂离子电池的正极材料主要有 $LiCoO_2$（LCO）[3]、$LiNi_xCo_yMn_zO_2$（NCM）[4]，$LiMn_2O_4$（LMO）[5]，$LiNi_{0.8}Co_{0.15}Al_{0.05}O_2$（NCA）[6]、$LiFePO_4$（LFP）[7]和 $LiMn_xFe_{1-x}PO_4$（LMFP）。不同的正极材料各有优势和缺点，图 1.2 显示了常见正极材料的性能对比情况，图中评估了正极材料的高温性能、工作电压、理论比容量、循环性能、振实密度、倍率性能六个方面，可以看出，$LiMn_2O_4$ 比容量低、热稳定性差和振实密度低，$LiNi_{0.8}Co_{0.15}Al_{0.05}O_2$ 虽然容量较高但循环性能差，$LiCoO_2$ 与 $LiNi_xCo_yMn_zO_2$ 拥有最优的综合性能。$LiCoO_2$ 虽工作电压与振实密度等方面较优，但钴的价格昂贵（Co 在地壳中的丰度仅为 0.002 9%），使得钴酸锂正极材料的价格居高不下。$LiFePO_4$ 正极材料具有较突出的价格优势和极高的安全性，但其糟糕的离子电子电导率和劣化的低温性能有待进一步提升。$LiNi_xCo_yMn_zO_2$ 具有理论比容量高、倍率与循环性能良好、价格相对

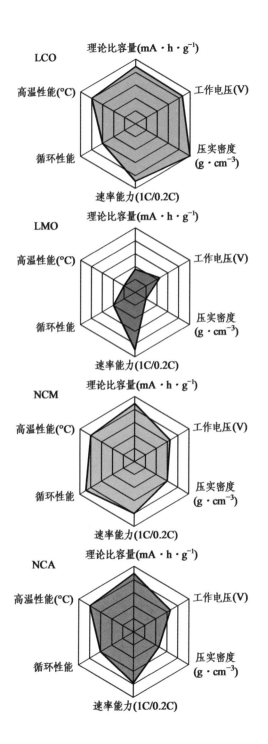

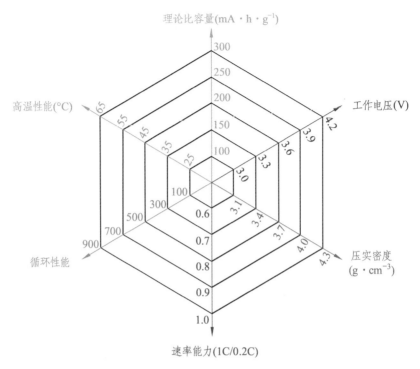

图 1.2　各种正极材料的性能对比[12]

较低等优点，成为头部新能源制造商优选的储能材料。磷酸锰铁锂是磷酸铁锂正极材料的升级版，其是在磷酸铁锂（LiFePO$_4$）的基础上掺杂一定比例的锰而形成的新型磷酸盐类锂离子电池正极材料，通过锰元素的掺杂，一方面兼具铁和锰两种元素的优势特点，另一方面由于锰和铁在元素周期表中都位于第四周期副族且相邻，离子半径相近，部分化学性质相似，因此磷酸锰铁锂保持了磷酸铁锂所具有的稳定的橄榄石型结构。相比磷酸铁锂，锰的高电压的特性使得磷酸锰铁锂具有更高的电压平台，因此在比容量相同时将具有更高的能量密度，在相同条件下其能量密度比磷酸铁锂高出 10% ~ 20%，但由于引入锰后造成材料的导电性能明显降低，而更高的电压平台意味着对电解液的要求也更高。由于磷酸锰铁锂的晶粒尺寸小，目前常将磷酸锰铁锂与三元正极材料、钴酸锂等材料复配使用，从而实现能量密度、低温性能、倍率性能和循环稳定性的提升。

1.2　锂离子电池的构成和工作原理

1.2.1　锂离子电池的构成

锂离子电池的构成部件有正极、负极、隔膜、电解质、集流器（铝箔和铜箔）、保护壳和外壳[9]。锂离子电池正极以铝箔作为集流体，然后将正极活性物质（金属氧化物粉末）、粘结剂和乙炔黑均匀涂抹在集流体两面再经过干燥、碾压、裁切制成正极片[10]。根据锂离子电池正极材料中 Ni∶Co∶Mn 的比值不同可将锂离子电池分为不同的类型，常见的三元锂离子电池有 NCM111/333、NCM523、NCM622、NCM811 等，由于具有能量密度高，高温性能好，安全性高等优点，在新能源电动汽车和其他储能领域获得广泛的应用[11]。

表 1.1 为几种锂离子电池性能参数的对比。锂离子电池负极通常为碳基材料，以铜箔作为集流体，按一定的比例与导电剂、粘结剂均匀混合后涂在铜箔两面，再采用与正极片相同的工序制成[13]。隔膜在锂电池中的作用是将正负极分开以防止正负极短路，在实验室中锂离子电池常用的隔膜有聚乙烯和聚丙烯。作为传输介质的电解质也是锂离子电池中不可缺少的部件，它是由有机电解质和有机溶剂按一定比例混合而成，常用的有机电解质有 $LiPF_6$、$LiBF_6$ 等，常用的有机溶剂有碳酸乙酯（EC）、碳酸丙烯酯（PC）、碳酸二甲酯（DMC）等。外壳的作用是保护锂离子电池以便更好地运输与放置，常用的外壳有不锈钢、铝外壳和镀镍钢壳等。图 1.3 为锂离子电池的结构和各物质所占的比例图。

表 1.1　几种常见的锂离子电池性能参数

正极材料	$LiCoO_2$	$LiMn_2O_4$	$LiNi_xCo_yMn_{1-x-y}O_2$	$LiFePO_4$
标准电压/V	3.7	3.8	3.6	3.2
电压范围/V	2.8 ~ 4.2	3.0 ~ 4.2	2.8 ~ 4.2	2.0 ~ 3.8
理论比容量 /(mA·h·g⁻¹)	274	148	273 ~ 285	170
实际比容量 /(mA·h·g⁻¹)	135 ~ 150	100 ~ 120	155 ~ 220	130 ~ 140

正极材料	LiCoO$_2$	LiMn$_2$O$_4$	LiNi$_x$Co$_y$Mn$_{1-x-y}$O$_2$	LiFePO$_4$
能量密度 /(kW·h·g^{-1})	高	低	高	低
晶体结构	层状	尖晶石	层状	橄榄石
循环性能	500~1 000	500~2 000	800~2 000	2 000~6 000
安全性	一般	一般	好	好
热稳定性	好	差	良好	优秀
优点	电压高、循环性能好	成本低	比容量高、低成本、循环性能好、安全性能较好	铁资源来源丰富，成本低、安全性能好
缺点	Co资源短缺、安全性能较差	比容量低、安全性能较差	耐高温性能差	比容量低、低温性能差

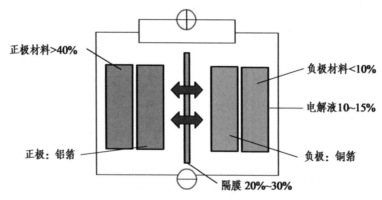

图 1.3　锂离子电池的构成和各组分所占比例

1.2.2　锂离子电池的工作原理

常用的锂离子电池正负极材料通常由金属氧化物粉末和碳材料构成[31]。锂离子电池的工作原理见图 1.4。

锂离子电池中 Li$^+$ 在正极金属氧化物和负极碳材料之间的穿梭并存在电子的转移现象就形成锂离子电池的充放电过程。锂离子电池在充放电过程中的反应包括：充电时，变价金属发生氧化反应，迫使 Li$^+$ 从正极晶格中脱出，然后通过电解液进入负极碳材料中得到电子变成金属 Li；放电时，逆反应自发进行，金属 Li 释放电子变成 Li^+ 离子，从负极通过电解质回到电池的正极；电子则通过负极的导电剂、集流体和外电路到达正极，使变价金属发生还原，电子产生的电流为负载供电。其反应原理如式（1.1）、（1.2）、（1.3）所示。

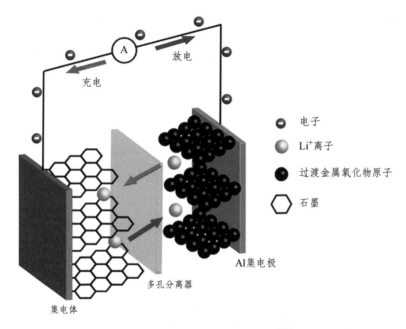

图 1.4　锂离子电池工作原理图[32]

$$负极：x Li^+ + x e^- + C \rightleftharpoons Li_xC \qquad (1.1)$$

$$正极：Li_xMO_2 \rightleftharpoons x Li^+ + x e^- + Li_{1-x}MO_2 \qquad (1.2)$$

$$电池总反应：LiMO_2 + C \rightleftharpoons Li_{1-x}MO_2 + Li_xC \qquad (1.3)$$

1.2.3　三元正极材料的结构特性

三元正极材料的组成元素除了 Li 和 O 之外主要由 Ni、Co 和 Mn 组成。Ni 可以提供容量，因此 Ni 含量越高，相应的容量越高；Mn 可以稳定晶体结构；Co 能够抑制 Ni^{2+} 与 Li^+ 的阳离子混排[33]。三种元素共同作用决定了正极材料的性能，目前市场上主流的三元正极材料包括 $LiNi_{0.8}Co_{0.1}Mn_{0.1}O_2$、$LiNi_{0.6}Co_{0.2}Mn_{0.2}O_2$ 和 $LiNi_{0.5}Co_{0.2}Mn_{0.3}O_2$。三元正极材料属于$\alpha$-$NaFeO_2$型晶体结构，空间群属于$R\bar{3}m$，其中过渡金属元素以无序状态分布在 3b 位上，$O^{2-}$位于 6c 位，Li 位于 3a 位[34]。3b 位置的 Ni、Co、Mn 与 6c 位的 O^{2-}形成 MO_6的八面体结构，Li^+则位于过渡金属与氧形成的八面体间隙中且在（111）晶面上层状排列。对于低镍三元材料（Ni 含量低于 50%），其中的过渡金属元素 Ni、Co、Mn 依次上升，分别为+2、+3、+4 价，充放电时的氧化还原反应对依次是 Ni^{2+}和 Ni^{3+}、Ni^{3+}和 Ni^{4+}、Co^{3+}和 Co^{4+}，Mn 保持+4 价不变以稳定结构。对于高镍三元材料（Ni 含量高于 60%），Ni 元素则表现为+2 和+3 价，Co 元素和 Mn 元素依然表现为+3 价和+4 价。

图 1.5 是典型的 $LiNi_{1/3}Co_{1/3}Mn_{1/3}O_2$ 正极材料的结构模型，Koyama 等人[35]认为 $LiNi_{1/3}Co_{1/3}Mn_{1/3}O_2$ 正极材料有两种模型，图 1.5（a）描绘的模型认为 $LiNi_{1/3}Co_{1/3}Mn_{1/3}O_2$ 是以三种过渡金属的固溶体形式$[Ni_{1/3}Co_{1/3}Mn_{1/3}]O_2$ 存在；图 1.5（b）描绘的模型认为该材料是以片层状的 CoO_2、NiO_2、MnO_2 三种氧化物有序地堆积而成。这种层状结构的材料提供了一个二维空隙通道，在充放电过程中，锂离子可在其中实现快速地脱嵌。

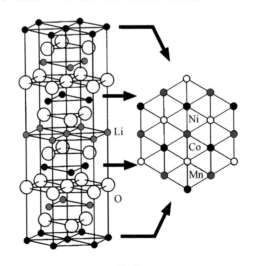

（a）

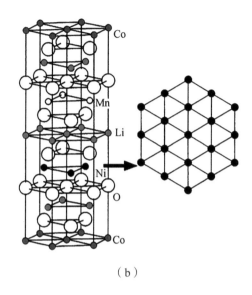

（b）

图 1.5　$LiNi_{1/3}Co_{1/3}Mn_{1/3}O_2$ 正极材料的晶体结构模型[35]

1.3　废旧锂离子电池产生及危害

三元锂离子电池经过长周期的循环使用后，其中的组件将不可避免地出现不可逆的损伤。一般锂离子电池的日历寿命约为 5 ~ 8 年，这期间包括搁置、老化、高低温、循环、使用工况等不同环节均会影响电池的寿命。根据国家标准《废旧电池回收技术规范》（GB/T 39224—2020）[14]，废旧电池包括工业生产过程中产生的报废电池、报废的半成品，以及工业用途、日常生活或者流通领域中产生的失去原有使用价值仍可用于其他目标领域的电池。随着新能源和新能源汽车产业的快速发展，废旧锂离子电池不仅包括退役的车载动力电池、储能电池及电子元器件，还包括电池厂和电池材料厂生产的边角料及废料。根据行业统计和预测，全球当年可回收电池、废料及边角料情况如表 1.2 所示[15]。而根据电动汽车制造商的经验，当能量密度功率密度降至其原始值的 70% ~ 80% 时，电池便已不适合在汽车中继续使用。据预测，到 2050 年报废的锂离子电池数量将呈指数增长，产出的废旧动力电池将突破 1500 万件，各年份动力电池需求量与退役量预测如图 1.6 所示。

表 1.2　全球当年可回收电池、废料及边角料情况估值

项目	类型	2021	2022	2023(E)	2024(E)	2025(E)	2026(E)	2027(E)	2028(E)	2029(E)	2030(E)
电池报废量/GW·h	三元	10.2	24.7	43.9	68.4	114.5	186.1	281.4	409.1	563.3	744.1
	333	2.5	5.3	7.9	9.6	10.3	11.7	12.6	15.2	18.7	23.4
	523	3.6	7.8	12.3	16.4	25.0	38.7	57.3	82.5	113.1	149.0
	622	3.8	9.7	17.8	29.3	44.0	68.2	100.5	142.4	190.8	245.0
	811	0.3	2.0	5.9	13.1	35.1	67.5	111.0	169.0	240.7	326.6
	铁锂	1.8	3.2	4.6	11.3	17.2	28.0	51.0	79.1	124.6	207.6
	钴酸锂	15.3	16.8	18.5	20.3	20.9	22.8	24.2	25.9	27.2	29.5
	小计	27.2	44.8	67.2	100.1	152.6	236.9	356.5	514.1	715.5	981.2
电池厂边角料/GW·h	三元	9.6	15.4	22.7	32.2	43.4	55.2	69.4	86.6	108.6	135.9
	333	0.4	0.6	0.7	1.0	1.3	1.6	2.1	2.6	3.3	4.1
	523	1.9	3.0	4.5	6.4	8.7	11.0	13.9	17.4	21.7	27.2
	622	3.4	5.4	7.9	11.0	14.4	17.8	21.7	26.2	31.6	38.1
	811	3.9	6.4	9.6	13.9	19.0	24.7	31.8	40.7	52.0	66.5
	铁锂	4.0	9.7	16.3	24.5	34.4	43.3	51.7	63.1	77.6	96.4
	钴酸锂	2.1	2.4	2.7	2.8	2.9	3.0	3.1	3.2	3.2	3.3
	小计	15.7	27.6	41.7	59.5	80.7	101.6	124.1	153.0	189.4	235.7
正极材料厂边角料/GW·h	三元	10.9	17.4	25.7	36.5	49.0	62.4	78.4	98.1	122.7	153.6
	333	0.5	0.7	0.8	1.1	1.4	1.9	2.3	2.9	3.7	4.6
	523	2.1	3.4	5.1	7.3	9.8	12.5	15.7	19.6	24.5	30.7
	622	3.8	6.1	9.0	12.4	16.3	20.1	24.5	29.6	35.7	43.1
	811	4.4	7.2	10.8	15.7	21.5	27.9	35.9	46.0	58.8	75.2
	铁锂	4.5	11.0	18.4	27.7	38.9	49.0	58.5	71.3	87.8	109.0
	钴酸锂	2.4	2.8	3.0	3.2	3.3	3.4	3.5	3.6	3.7	3.8
	小计	17.1	31.2	47.2	67.3	91.2	114.8	140.3	173.0	214.1	266.4
合计		60.6	103.6	156.1	226.9	324.5	453.3	621.0	840.1	1119.1	1483.3

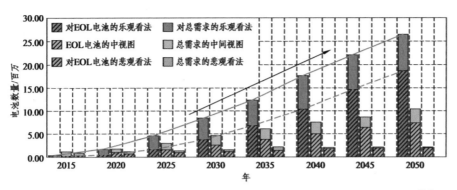

图 1.6　2015—2050 年动力电池的总需求量与退役动力电池逐年退役量预测[16]

废旧电池属于重要的环境污染源，其含有大量的重金属和有机物，各类电池中有价金属的含量如表 1.3 所示，如若处置不当，不仅会严重污染环境，还将造成有价元素的重大损失。因此，对废旧电池的回收与再利用不仅是资源安全供给的现实保障，更是生态文明建设的战略需求。

表 1.3　各类电池的有价金属含量[17]

电池类型	镍	钴	锰	锂	稀土
镍氢电池	35.00%	4.00%	1.00%	—	8.00%
钴酸锂电池	—	18.00%	—	2.00%	—
磷酸铁锂电池	—	—	—	1.10%	—
锰酸锂电池	—	—	10.70%	1.40%	—
三元锂离子电池	12.00%	5.00%	7.00%	1.20%	—

废旧锂离子电池的正极材料含有高价值的 Li、Ni、Co、Mn 等金属，属于重要的战略资源，回收经济效益好。负极的碳材与石墨，如丢弃会造成相当程度的粉尘污染。电解质含有六氟磷酸锂（$LiPF_6$），若与水反应会生成 HF[18]（反应方程如式 1.4 所示），将污染大气并严重危害人类健康。

$$LiPF_6 + H_2O \Longrightarrow LiF + POF_3 + 2HF \quad\quad (1.4)$$

综上所述，绿色环保、经济有效地回收数量庞大的废旧锂离子电池，是有色金属领域重要的冶金和环保课题，也是践行"绿水青山就是金山银山"

发展理念、落实国家有色金属行业"节约资源、环境友好"战略方针的重要举措。目前，国内外对于废旧锂离子电池的回收系统不完善，随着大量废旧锂离子电池的产生，废旧锂离子电池的回收问题迫在眉睫[19]。

1.3.1　废旧锂离子电池的产生及报废量

锂离子电池作为二次电池有较好的电化学性能，因此应用非常广泛，不仅是消费电子领域的重要器件，也是新能源电动汽车的核心部件[20]。据统计，2015 年中国的动力锂离子电池产量为 16.9 GW·h，到 2021 年产量增加到 220 GW·h，预计 2025 年产量将增加到 431 GW·h[21]。受环境温度、荷电状态、充放电倍率、程度截止电压及放电窗口等因素影响，小型储能型锂离子电池的平均寿命为 3～5 年，车载动力锂离子电池的平均寿命为 6～8 年。因此，当锂离子电池使用到一定年限后将进入报废流程。据统计，2019 年中国废旧锂离子电池的报废量已达到 5.3 GW·h，预计 2025 年中国废旧锂离子电池的报废量还将大幅度增长，有望达到 111.7 GW·h[22]。

1.3.2　废旧锂电池的资源性与危害性

资源性：废旧锂离子电池的有价金属元素主要集中在正极材料中，其成分为 Ni 10%～20%、Co 5%～10%、Mn 10%～15%、Li 2%～6%[23]。随着新能源汽车产业的发展，对锂、镍、钴、锰等电池原材料的需求快速增长。我国虽金属矿产资源丰富，但贫矿多、富矿少，尤其是锂、镍、钴、铜等金属矿产品的对外依存度均超过 75%，如图 1.7 所示。

从锂资源储量和需求量的角度考虑，一辆电动汽车需求锂约 3～20 kg。根据《新能源汽车产业发展规划（2021—2035 年）》布局，到 2025 年我国新能源汽车新车销售量达到汽车新车销售总量的 20% 左右（预计 258 万辆），我国电动汽车锂需求量将达到 5.5 万吨[25]。尽管我国锂矿资源丰富，但主要集中在青海、西藏等高海拔、高寒地区。一方面开采环境较恶劣，另一方面当地的基础设施建设也较薄弱。因此我国虽然锂储量占全球 22%，锂矿石却严重依赖进口[26]。随着新能源汽车产业的快速发展，锂资源紧缺态势愈加严

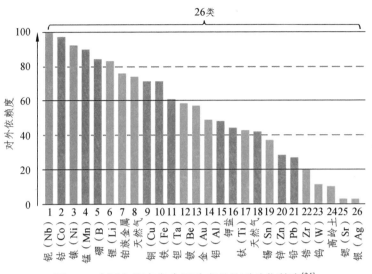

图 1.7　中国主要有色金属矿产品的对外依赖度[24]

峻，也导致锂价格的快速攀升，国内电池级碳酸锂价格已从 2015 年年初的大约 4.2 万元/吨，增长到 2023 年 3 月的 25 万元/吨，涨幅超过 500%。与越来越难开采和提取的固体锂矿石相比，从退役锂电池中回收锂将是保障我国锂资源安全的重要途径之一。受下游新能源电池迅猛发展的影响，我国镍消费量也逐年增长，2021 年中国镍消费量约 143.85 万吨，同比增长5.69%。但我国镍资源储量仅占全球总量的 3.7%，并且主要分布在甘肃省，国内镍矿多以硫化镍为主，多用于生产纯镍。受三元锂离子电池需求增长量价齐升，2021 年我国硫酸镍产量达 28.73 万金属吨，同比 2020 年增长近100%，但由于我国自有镍矿的储量和品位均较低，开采成本较高，因此我国镍资源进口依赖程度高。钴作为新能源矿产的主要品种之一，全球钴资源供给和产量近年来也出现了较大增长，2022 年全球钴原料产量达到 19.4万吨，同比增长 18%。我国是全球钴冶炼中心，据安泰科统计，2022 年，我国硫酸钴产量 7.68 万吨，同比增长 21%。但我国钴资源也存在严重的供应不足，国内产量不足 2 000 吨，2022 年我国钴矿产资源的对外依存度高达 98%。综上所述，对废旧锂离子电池的综合回收可以解决我国钴、镍、锂资源的短缺问题[27]。

危害性：由于废旧锂离子电池保留了部分电量，对它们的处理不当可能导致爆炸并对生态环境和人类健康造成巨大的安全危害[28-29]。废旧锂离子电池存在严重的重金属污染（如 Cu、Ni 和 Co 等）和有机化学物质污染（$LiBF_4$、$LiClO_4$、$LiPF_6$ 等易燃电解质）。正极材料中的有毒重金属不能降解，负极材料中的碳材料粉尘遇到明火或高温可能发生爆炸，电解质中的 $LiPF_6$、$LiBF_4$ 有强腐蚀性，遇水产生 HF，电解质的溶剂和隔膜会产生有机物污染，燃烧会产生 CO_2、CO、二噁英等有毒或有害气体。表 1.4 列举了废旧锂电池中的主要成分及其危害性。因此，从资源短缺和环境污染的双重压力下，开发清洁高效的废旧锂离子电池回收技术刻不容缓[30]。

表 1.4　废旧锂电池中的主要成分及其危害性

有害物质	主要危害
铜、镍、钴等重金属	有较强的渗入性，容易引起皮肤炎、肺部病变
石墨、乙炔黑等碳材料	燃烧产生 CO、CO_2 等气体，污染环境
电解质中锂盐	有强腐蚀性，会产生 HF（剧毒）
电解质溶剂	燃烧产生 CO、CO_2 等气体污染环境
隔膜	难以降解，产生有机污染。

1.4　废旧锂离子电池的失效原因

从电池结构分析，锂离子电池故障乃至报废的主要原因可以从正极、负极、电解质和隔膜四个部件的劣化来说明，各部件的失效机制如图 1.8 所示。根据研究，锂离子电池正负极常见的失效原因有电极材料结构的坍塌和颗粒开裂、集流体受到腐蚀与粘合剂分离、正极材料中过渡金属的溶出、负极材料表面固态电解质（SEI 膜）的过度生长和其导致的电池内部系统中 Li 元素的缺失、树枝状晶体在负极处过度聚集引起的电池短路或爆炸等。对于电解质来讲，电池经长周期的充放电反应，电解质因副反应将导致分解和变质。而隔膜则因为长循环过程中老化、被刺穿和堵塞，使得电池性能迅速下降。

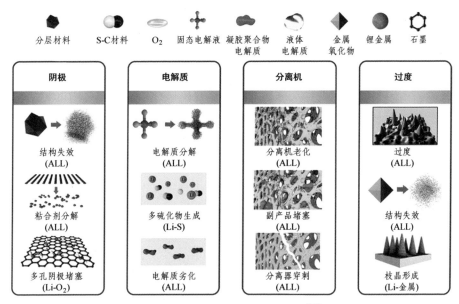

图 1.8　电池的失效机制示意图[36]

1.4.1　锂离子电池失效的原因

锂离子电池失效的原因，可分为以下几类：

1．内部短路

在活性正极材料的制备中混入杂质金属、集流体不光滑、阴极形成锂枝晶、电池受到外力挤压等，这些都会使得锂离子电池内部短路。当电池内部出现短路，电池组内部释放大量的热，将造成热失控并引发爆炸，出现重大安全事故。

2．电路故障

电路故障也是引起锂离子电池失效的主要原因之一，其可分为内部故障和外部故障。当电路发生故障时，会产生过压充电、过度放电、电池外部短路等问题，这些问题的产生还会引起着火、爆炸等安全问题。在过压充电过程中，充电电压高于电池的额定电压，从而造成电池内发生剧烈的化学反应，而且在化学反应中产生大量的热。这些行为也将使电池的内部电解液分解，产出气体使电池外壳膨胀变形，严重时产生热失控并引发链式反应。

3. 电池滥用

电池滥用包括机械滥用和电气滥用。破坏性变形和位移是机械滥用的两个共同特征。车辆碰撞和随之而来的电池组挤压或穿刺是机械滥用的典型案例。当电动汽车发生交通事故时，电池隔膜被撕裂并发生内部短路，易燃电解质泄露，都将可能引起燃烧和爆炸。电气滥用包括外部短路和过充过放。外部短路可能是由于汽车碰撞引起的变形、浸水、导体污染或维护期间的电击等。由于缺乏对电池性能的了解，用户在使用电池过程中，会对电池过充电或过放电。热量和气体产生是过充电过程中的两个共同特征。在过充电过程中，由于过量锂的嵌入，锂枝晶在阳极表面生长，轻微时会造成负极析锂死锂，降低电池的容量，严重时造成电池发热和氧释放，促使电解质分解并产气，引发热失控及链式反应。过放电是另一种可能的电气滥用状况。通常，电池组内电池之间的电压不一致是不可避免的。在过放电期间，电池组中具有最低电压的电池可以被串联连接的其他电池强制放电。在强制放电期间，极点反转，电池电压变为负值，导致过放电电池异常发热。此外，在过度放电的过程中，阳极的过度脱锂会导致 SEI 膜分解，从而产生 CO 或 CO_2 等气体，导致电池膨胀。一旦电池在过放电后再充电，将在阳极表面形成新的 SEI 膜，再生的 SEI 膜将改变阳极电化学性能，引起电池内阻增加，容量下降。在过放电过程中，阴极形态也将发生变化。在电化学驱动下，阴极过渡金属化合物可能发生固态非晶化和结构不稳定，造成材料失活和容量快速降低，过放电还可能导致铜集流体的溶解，溶解的铜离子迁移通过隔膜并在阴极侧形成具有较低电位的铜枝晶，可能穿透隔膜而引发严重的起火或爆炸事故。

4. 内阻增大

锂离子电池经过长期使用后经常会出现内阻增大的现象。内阻增大可能的原因是：通常在锂离子电池中常伴随有浓差极化和电化学极化，这些极化现象将使电池的内阻增大。锂离子电池在长期充放电过程中，Li^+ 在正极材料中的不断穿梭反应，会使正极材料结构发生改变，严重时引发正极活性材料发生破碎或微裂纹，导致电池容量下降，从而引发电池失效[37]。造成锂离子电池失效的原因还有负极石墨材料长期暴露在电解质中，导致其性能下降、电解液分解、集流体腐蚀，从而导致电池失效。

1.4.2　三元锂离子电池正极材料失效的机制

对于正极材料，其失效模式主要包括活性颗粒破碎粉化、晶体结构变化、金属离子溶解等活性材料的物相变化失效，以及集流体腐蚀、接触点损失、粘结剂失效、正极 CEI 膜变化等界面反应失效，而正极材料失效模式可能是单一机制引起的，也可能伴随多种失效模式的共同作用。

1．阳离子混排

三元正极材料的结构稳定与阳离子混排程度关系密切，阳离子混排主要表现在过渡金属位与锂位之间阳离子的无序占位[38]。如图 1.9 所示，层状正极材料由氧原子层—锂原子层—氧原子层—过渡金属原子层的顺序沿斜方六面体[001]方向堆叠而成。理想的 $R\bar{3}m$ 结构具有明显分离的过渡金属位点（3b）和锂位点（3a），但 Ni 元素倾向于以 Ni^{2+} 而不是 Ni^{3+} 的形式存在，根据晶体场理论，e 轨道的电子自旋不成对导致 FCC 八面体位点的 Ni^{3+} 不能稳定存在。Ni^{2+} 的离子半径为 0.69 Å（1 Å = 10^{-7} mm），与 0.76 Å 的 Li^+ 半径相类似，原本应该在 3b 位置上的 Ni^{2+} 可能会有部分占据 3a 位，这样就出现了阳

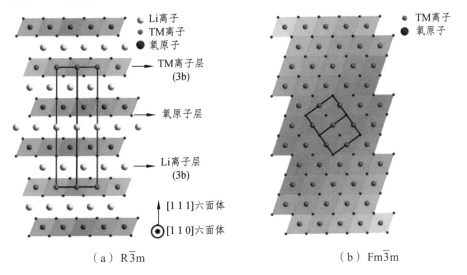

（a）$R\bar{3}m$　　　　　　　　　　（b）$Fm\bar{3}m$

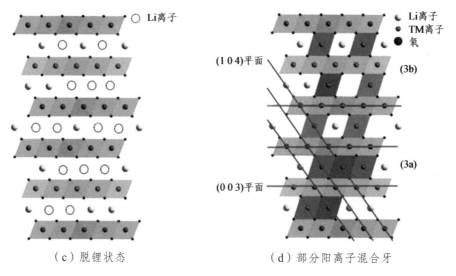

（c）脱锂状态　　　　　　　　　　（d）部分阳离子混合牙

图 1.9　层状锂金属氧化物中有序与无序相的示意图及其结构转变[39]

离子混排现象。相较于最优状态，阳离子混排的存在会导致晶体结构中的锂原子层的层间距减小，增加锂离子迁徙所需要的活化能，过渡金属原子占据了锂离子的位置，阻碍了锂离子的扩散。伴随着阳离子混排程度的增加，更多的锂离子无法正常嵌回到晶格结构中导致正极材料的充放电比容量逐步降低，倍率性能逐步恶化。

2. 微裂纹

三元正极材料一般是类球型的二次颗粒，二次颗粒又由纳米级的一次颗粒团聚而成。在充放电循环过程当中，三元正极材料的结构会随着锂离子的重复脱嵌发生多次相变：六方相至单斜相（H3→M）、单斜相至六方相（M→H2）、六方相至六方相的结构转变（H2→H3）等，然而，H2→H3 的结构转变会引起材料体积的剧烈变化，导致结构不稳定从而在颗粒内部的晶界处产生微裂纹。随着循环次数的增加，内部微裂纹不断扩展，暴露出的新表面与电解液发生副反应，造成颗粒的破碎，大幅降低正极材料的可逆比容量[40]。同时，在循环过程中，正极材料颗粒微裂纹的形成还与充放电深度有密切的关系，充放电深度越深，微裂纹的产生与扩展就越快，容量降低就越快。

3．热稳定性差

研究表明，对于三元正极材料，Ni 含量越高，材料的能量密度越高，但 Ni 含量增大的同时，材料的热稳定性急剧下降[41]，而热稳定性直接关系到电池的安全性能。热稳定性越低，意味着材料的热分解温度越低，越易发生热失控。相较于 $LiCoO_2$ 和 $LiMn_2O_4$，$LiNiO_2$ 在截止电压为 4.3 V 的充电状态下拥有最低的分解峰值温度，仅为 232 ℃，而却能放出最多的热量。高镍正极材料在充放电过程中，有时会产生 Ni^{4+}，强氧化性的 Ni^{4+} 可与电解液发生副反应放出气体，自身也会受热分解释放出 O_2。当热量与气体在电池密闭的内部聚集到一定程度时，就会引发爆炸等重大安全事故。

4．表面结构不稳定

正极材料的脱锂过程是先从表面区域开始，随着充电过程进行，表层结构中会出现过度脱锂的现象，同时高镍三元材料的层状结构向尖晶石结构和惰性岩盐相结构转变[42]，经过数次充放电循环之后，材料表层就会形成较厚的 NiO 惰性层，这种电化学惰性的表层结构会严重阻碍锂离子的正常扩散，导致电池的极化增大、容量迅速衰减。高镍三元正极材料在储存过程和充放电过程中，都可能发生界面副反应。在正极材料的储存过程中，由于其表面的 Ni 元素为碱性，极易吸附空气中的水分和 CO_2，与材料表面残留的 Li 发生反应生成 LiOH 和 Li_2CO_3，使材料表面 pH 值增加，从而影响正极材料的电化学性能[43]。

5．缺锂引起的晶体结构变化

三元 NCM 材料根据过渡金属含量可分为 111、523、622 和 811 等类型，其充放电过程中锂的缺失会造成一系列的晶体结构演变。在 NCM 晶体结构中，Ni、Co、Mn 离子依据材料配比，规律地分布于 3b 位点上，与 Li^+ 在立方密堆的氧晶格中交替占据八面体位[44]。Choi 和 Manthiram 研究发现脱锂状态的 $Li_xNi_{1/3}Co_{1/3}Mn_{1/3}O_2$，在 $0.2 \leqslant x \leqslant 1$ 时正极材料体相均为 O3 结构，直至 $x = 0$ 时，NCM 才演变为 O1 晶型结构，NCM 拥有稳定的脱锂区间[45]。正常退役的三元正极材料在锂缺失情况下层状结构坍塌的概率较小。在三元正极材料中，过渡金属元素 Ni 可以提供更高的可逆容量，但深充电过程中，其可能引发晶体结构的不稳定性。在 Li^+ 循环脱嵌过程中，阳离子混排的 Ni 离子易与 3a 位点的 Mn 离子发生铁磁体干扰，以 3b 位点的 Ni 离子缺陷为中心，形成 Ni^{2+}-Mn^{4+} 铁磁体簇，造成 NCM 晶体结构的微观变化[46]；此外镍离子的极易氧化，也是造成 NCM 层状结构局部坍塌和致使电池容量衰减和极化增大的原因之一。Yan 等人[47]通过有限元法模拟分析了 NCM 正极材料微裂纹形成和生长的模型，模拟结果表明，微裂纹形成的主要原因是活性物质中晶体结构间 Li^+ 分布不均，致使晶体结构的化学应力在裂纹尖端聚集，从而使晶体结构发生变化，活性颗粒间微裂纹聚集，严重时可使活性物质破裂，进而影响电池的电化学性能。三元 NCA 材料与 NCM 一样，具有比容量高、稳定性好等优点，但其倍率性能和高温热稳定性较差成为其规模化应用的限制因素。在锂离子电池循环充放电过程中，随着 Li^+ 不断脱嵌，NCA 活性材料的晶体结构也出现一系列的结构演变。Bak 等人[48]利用原位 XRD 和 MS 技术对充电后脱锂的 NCA 正极材料进行研究，结果表明在 NCA 结构崩塌破坏过程中物相演变主要经历三个步骤：层状结构（R-3m）→无序尖晶石结构（Fd-3m）→盐岩结构（Fd-3m）。脱锂状态的 NCA 材料在热分解过程中经历了与 NCM 类似的晶体结构演变路径。运用原位检测手段分析可知，热分解过程中晶格氧和二氧化碳的释放与 NCA 材料相变密切相关，尤其是在有序层状结构转变为无序尖晶石结构过程中伴随着大量晶格氧的释放。在不同脱锂状态的 NCA 正极材料（$Li_xNi_{0.8}Co_{0.15}Al_{0.05}O_2$，$x = 0.5$，0.33，0.1）热分解过程中，即使 NCA 体系中仅剩余 10% 的 Li^+，体系也可以维持层状结构，但随着 Li^+ 的脱离，NCA 正极活性材料的热力学稳定性在逐渐下降，无序尖晶石结构的正极材料相对稳定区间也逐渐缩小。此外，在热分解过程中，过渡金属表现出不同的物相演变特征，NCA 活性材料中的 Ni 倾向于直接形成盐岩结构，而 Co 则倾向于先转化为尖晶石结构，然后随着温度升高逐渐转变为盐岩结构。

6. 杂质元素引起的晶格结构变化

除了 Li^+ 脱嵌引起晶体结构无序化、不可逆相变和微裂纹的形成外，活性物质中存在的杂质元素也可能影响正极材料晶体结构的稳定性，进而影响电池的电化学性能。最常见的杂质元素包括 Al、Cu、Fe、Na、P、K、Ca 等，Al 和 Cu 主要是集流体腐蚀引起的，其他杂质元素主要是前驱体和锂盐引入的，P 主要是电解质污染，这些杂质的存在会对正极材料带来负面影响，在充放电过程中可能使正极材料的晶体结构趋于亚稳定的状态，从而使电池迅速失效。当正极材料中存在 Fe、Cu 等金属杂质时，在电池充放电过程的电压达到这些金属元素的氧化还原电位，这些金属就会在正极氧化，再到负极还原，往复积累后金属沉积就会刺穿隔膜，造成电池短路。少量 Al 等杂质离子掺杂正极材料会提高材料的热稳定性和电池电化学性能，对电池电化学性能影响较小。上述这类杂质引起的正极材料失效一般与电池出厂的生产缺陷相关，但在正常退役的电池循环失效中影响较小。

7. 界面反应失效

除了正极材料活性物质失效外，界面失效也是造成正极材料失效的主要原因之一。界面失效反应主要与电解液交互作用、界面接触失效等有关。正极材料与电解液的反应可能有多种反应形式，如金属溶解沉积、正极 CEI 膜生成及增厚。界面失效主要包括正极活性材料与电解液、集流体等接触物质之间的失效，粘接剂失效引起的正极粉脱落也是常见的退役锂电池性能衰退的原因之一。

CEI 膜形成与增厚失效：正极材料与电解液接触的不稳定性将引发多种界面非均相化学反应，从而影响电池的正常性能释放。在充放电过程中，正极材料中的活性物质与电解液之间易发生副反应，其交互作用主要表现为含 Ni、Mn 的正极材料在充放电过程中，由于电荷补偿制度产生的高氧化态过渡金属离子，会与电解液发生反应，高价态金属离子被还原为低价态离子，并形成阻抗较大的副产物，从而影响电池的电化学性能。随着正极材料中镍元素含量的升高，正极材料与电解液的反应活性增强，会产生多种离子绝缘副产物，如图 1.10 所示，活性物质与电解液（$LiPF_6$ 为锂盐，EC 和 DMC 为溶剂）发生副反应，产物主要是含 P、F、O 的化合物（取决于电解液成分），这些副产物堆积在正极材料表面，阻碍锂离子的扩散，进而影响电化学性能。CEI 膜是由电解液和正极材料相互作用生成的产物，因而电解液的组分很大程度上决定了 CEI 膜的特性，同时 CEI 膜的组成、结构、致密性、厚度还与电池工作状态有关，如工作温度、充放电电流密度等[49]。相比于本体体相的晶体结构及微观结构改变，界面 CEI 膜引起的失效状态，可通过超声波、表面活化等手段实现正极材料的表界面修复。

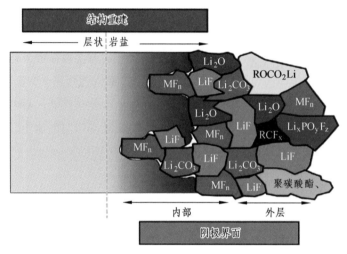

图 1.10　循环充放电时正极与电解质界面复杂的结构和物质的示意图[50]

界面接触失效：正极材料的界面接触失效主要包括集流体腐蚀、粘接剂失效等。现有锂离子电池的集流体一般会经过酸化、防腐涂层、导电涂层等预处理以提高其附着能力和减少腐蚀速度，因此集流体腐蚀而导致的电池内阻增大、容量衰减等失效现象影响较小。在电池充放电过程中，正极材料经多次体积收缩/膨胀变化后，极易在活性物质与集流体接触界面形成机械应力集中，产生微裂纹，此时粘接剂也可能脱落，使正极活性物质与集流体间失去有效接触，从而使电池电化学性能降低，这一失效机制在长周期服役后的退役三元正极材料性能衰减中也较为常见。

正极材料失效不是某种单一失效机制作用下的产物，而是多种失效机制耦合作用的结果，因此在判断电池失效机制时，应建立不同失效机制下的耦合关联模型，同时筛选出主要的失效原因，从而为后续失效材料的资源化利用提供理论指导。

1.4.3　负极材料的失效机制

目前退役动力锂离子电池的负极材料主要是天然/人造石墨。在锂离子电池循环充放电过程中，负极材料失效主要由活性物质失效和界面反应失效等多种失效机制造成。负极材料失效或老化后，石墨颗粒发生破裂及粉化，致使 Li^+ 的扩散阻力增加，导致倍率性能较差，而快速充电或电池卷绕时的工艺缺陷则可能使石墨表面沉积形成析锂甚至严重的锂枝晶，造成安全隐患。

1. 活性物质失效

以石墨为负极的锂离子电池，在 Li^+ 脱嵌过程中，石墨体积效应变化较小（视材料而定，通常在 10% 或更小）[42]，所以锂离子脱嵌对其可逆性影响较小。然而，石墨晶体结构的变化会产生缺陷和机械应力，在缺陷和应力集中的条件下，可能破坏晶体结构或形成微裂纹。随着石墨与电解液之间界面反应的发生，在石墨中会形成溶剂共插层，导致石墨层出现破裂或脱落；沿着石墨破裂形成的裂纹，电解液在石墨内部继续反应，进而导致石墨结构快速崩塌。在石墨的老化机制中，溶液共插层的形成对其影响较大，也是造成负极材料快速失效的主要原因之一。

对于复合电极材料来说，失效主要源于材料内部的接触损耗，导致电池阻抗增加，进而影响电池的电化学性能。接触损耗的原因之一是负极活性材料的体积效应，这可能导致复合电极内部活性颗粒破裂，从而导致以下接触部分产生接触损耗：① 石墨颗粒之间；② 集流体与石墨之间；③ 粘接剂与石墨之间；④ 粘接剂与集流体之间。此外，复合电极的孔隙度也会影响负极活性材料的失效行为，电解液可以通过材料间的孔隙进入活性材料内部，加剧充放电过程的体积效应。而且复合电极材料会与含氟的粘接剂发生界面反应形成 LiF，导致电极材料的机械性能下降。如果复合电极材料与电解液发生反应，或者负极电位相对于 Li/Li^+ 过高，则可能发生电极腐蚀。此外，如果复合电极材料与电解液发生反应，较低电导率的腐蚀产物会引起过电势，导致电流和电势分布不均匀，进而导致局部析锂反应。

2．SEI 膜界面反应

在锂离子电池首周充放电过程中，电解液和电极活性物质在固液相界面上会发生反应，形成一层覆盖于电极材料表面稳定且具有保护作用的 SEI 钝化膜。这层钝化膜是一种界面层，厚度一般为 $100 \sim 120$ nm，其组成主要包括各种无机成分（如 Li_2CO_3、LiF、Li_2O、LiOH 等）和各种有机成分（如 $ROCO_2Li$、ROLi 等），其具有固体电解质的特征，可将负极和电解液隔开，避免电解液氧化反应或溶剂化 Li^+ 插入反应的发生。钝化膜的结构很复杂，并且随着使用时间和电解液组成的不同而变化。在电池服役过程中，如果钝化膜上产生裂纹，则溶剂分子能渗入使钝化膜增厚，这样不但会消耗更多的锂，而且有可能阻塞碳表面上的微孔，导致 Li^+ 无法顺利嵌入或脱出，造成不可逆的容量损失。同时，随着电池服役时间延长和充放电循环周期的增加，SEI 膜也会逐渐增厚，在石墨电极表面形成电化学惰性的钝化层，使部分石墨颗粒与整个电极发生隔离而失活，引起容量损失。

3．局部析锂反应

锂金属沉积可能会在高充电速率（可能导致电极极化严重，从而达到金属锂沉积电位）、较低工作温度或者电流电势局部分布不均匀（如卷绕过程存在工艺缺陷时电极片存在折曲部位）发生，从而发生局部析锂或锂枝晶，严重时将造成内部短路等安全隐患。此外，沉积的锂会形成其自身的 SEI 膜，消耗电解质并降低界面孔隙率，造成反应动力学速度减慢或电池中活性 Li^+ 损失，最终导致锂离子电池功率密度和能量密度降低、内阻增大。

4．粘接剂失效

在电池充放电过程中，负极材料在体积收缩/膨胀变化后，也极易在活性物质与集流体接触界面形成机械应力集中，导致粘接剂失效及脱落，使负极活性物质与集流体间失去有效接触，从而使电池电化学性能降低。

5．电化学腐蚀

电解液对集流体和电极材料的腐蚀，会导致正极材料中的过渡金属 Ni、Co、Mn 的溶出和 Al、Cu 集流体的腐蚀，这些杂质会在负极上析出，造成电池容量降低或安全隐患。

1.5　废旧三元锂离子电池回收的研究现状

随着新能源电动汽车和电子产品的大规模普及，废旧锂离子电池报废量与日俱增，因此，对其回收处理成为研究热点。传统的填埋和焚烧处理不仅对环境造成污染，也会造成大量有价金属的浪费。针对废旧锂离子电池，常用的回收方法大致可分为两类：火法工艺和湿法工艺。火法工艺存在有价金属回收率低、易产生污染性气体、能耗大等缺点，而限制了其工业化应用。湿法回收工艺的操作条件相对比较安全，并且具有综合回收率高、污染物排放少等优点，使得它在处理废旧锂离子电池中得到了广泛的应用。目前，废旧锂离子电池的回收流程大致分为预处理（预放电和拆解分离组分）、有价金属分离、有价金属提取等步骤。

1.5.1　废旧三元锂离子电池预处理

西方发达国家在锂电池回收产业上起步较早，已建立相对完善的法律法规和技术体系，开展了诸多动力电池回收再利用方面的实验研究及工程应用[51]。我国在废旧锂电池的回收与利用方面，与欧美等发达国家还存在一定的差距，主要停留在示范项目阶段，目前商业化的回收技术仍有待提高。在经济效益的驱使下，退役锂离子电池的回收重心一直集中在正极材料尤其是钴元素的回收上[52]。近年来，随着三元锂离子电池的爆发式退役，企业及科研人员逐步开展了退役三元锂电池全元素的回收研究，工业化应用的难点和首要环节主要是预处理及拆解分选技术。

1．预放电处理

废旧锂离子电池一般仍含有少量的余电，如不进行正确的预放电处理，容易在拆解过程发生爆炸，因此首先要进行预放电处理[53]。废旧锂离子电池要将残余电量放至安全电压的原因是：废旧锂离子电池的残余电量可能导致拆解和破碎时正负极之间发生短路引发热失控，造成安全问题[54-55]。目前，预放电的方法根据原理，可分为化学放电和物理放电[56]。化学放电是将废旧锂离子电池放入盐溶液（$NaCl$、Na_2SO_4 等），使锂离子电池在盐溶液或导电物料中进行自放电，一般放电后的电压在 0.5 V 以下[57]。Bankole 等人[58]采用 10% 的 NaCl 对废旧锂离子电池进行预放电，将废旧锂离子电池放电 24 h 后降至安全电压。YAO 等人[59]分别采用不同的盐溶液（NaCl、$FeSO_4$ 和 $MnSO_4$）对电池进行预放电处理，在放电过程中，硫酸亚铁产生的热量最少，在 125 min 时就可以把电池的残留电压降至 1.0 V，在 183 min 内将残余电压降低到 0.5 V。Xiao 等人[60]利用硫酸锰溶液对退役锂电池进行温和放电。通过搅拌和滴加 H_2SO_4 溶液控制酸碱度，进一步加快放电速率。同时提出氧控制机制来解释硫酸锰溶液中的电池放电，锰离子可以转化形成隔离层，减少氧与阳极的接触，有效避免电偶腐蚀和有机液体泄漏，实现了清洁、温和且更高效的电池放电技术。张治安等人[61]在含有搅拌装置的箱体中加入再生石墨粉和细砂，再将待处理的废旧锂离子电池加入其中，搅拌一定时间后停止，让电池静置 12 h 后再进行放电。但是仅通过水电解，电池的放电效率较低。物理放电是通过外接负载消电，即通过电池与电阻相连，电池中的电量通过放热消耗。物理放电不适合大规模放电且危险性高[62-63]。化学放电是实验室常用的放电方式，使用化学放电不仅放电效率较高，而且可以吸收电池放电过程中产生的大量热，更加安全[64]。

2. 拆解分离

废旧锂离子电池的拆解分离是将锂电池的外壳去除，以便于后续金属回收过程。但由于锂离子电池的正极材料种类不同、服务面向不同，使得锂离子电池的规格和尺寸千差万别，给拆解分离实现规模化和自动化造成困难。一般废旧锂离子电池在拆解分离之前，常需要先进行分类。废旧锂离子电池经过拆解分离后，有价成分将会富集，分离后的材料经除杂后可用于金属提取过程[65]。

目前，废旧锂离子电池的拆解分离主要有人工拆解和机械拆解两种。实验室规模，常采用人工拆解的方式[66]。而工业化应用，则通常采用机械法分离，效率更高也更可靠。机械拆解分离由破碎和筛分两部分组成，机械破碎过程存在较大的安全隐患，由于破碎过程，正负极会发生接触可能诱发短路现象，造成锂离子电池发生爆炸[67]。当电池在破碎过程发生短路时，由于电池内部的温度剧烈升高，在高温下，电解质会发生分解并产生大量的污染性气体[68]。采用机械分离方式，实现正极材料的分选，然后用湿法工艺将其中的有价金属 Li 和 Co 分离出来。Shin 等人[69]研究了一种回收金属 Li、Co 的工艺。该工艺通过机械破碎后进行筛分、再通过磁选、二次破碎、分级分离等步骤对锂离子电池进行拆解分离，分选后的物料采用湿法处理工艺回收 Li、Co，获得较高的回收率。

智能化机器人拆解技术是一种既可以解决安全问题也可以提高生产效率的技术，其工业化应用可提高经济效益。Zhou L 等人[70]研究了一种基于 UR5 工业机器人处理废旧锂离子电池的工艺，该机器人收集测试仪所测试的数据，通过自身数据驱动方式，依据废旧电池的寿命和性能进行分类，通过机械手臂结合计算机视觉技术实现了废旧锂离子电池的智能拆解分离。在拆解同样的电池组时，机器人拆解的速率是手工拆解的 1.8 倍。智能化机器人拆解技术虽然安全性高，但相比于机械法拆解分离，因较高的设备投资和较低的拆解速率，限制了大规模的工业化应用。

当电池破碎筛分后，虽然电池的有价成分被初步富集，但正极材料中还可能掺杂有某些杂质如导电炭、电解质、粘结剂，铝箔等，可根据各杂质的物理性质进行进一步的分离。对于粘结剂、导电炭和电解质等杂质，可采用高温热解的方式使其从有价成分中脱除[71]。也可以采用酸或碱使有机粘结剂失效，使活性物质从铝箔上脱离，该方法有利于正极材料脱除铝箔[72]。He 等人[73]采用 N-甲基吡咯烷酮浸泡废旧三元正极片，在 70 ℃下浸泡一定时间后，可通过超声波将正极活性物质从铝箔上脱离下来。Song D[74]将退役电池正极片在 450 ℃下煅烧 2 h，除去 PVDF，然后搅拌后过 400 目筛得到正极材料富集物。用碱溶液处理正极片简单有效，而利用有机溶剂浸泡的处理温度较高，容易造成有机溶剂挥发损失，且可能污染环境。

法国 Recupyl SA 公司在惰性气体中采用拆解、低速破碎和高速粉碎，随后通过振动、磁选、气流分选筛分出不同物料。美国 Toxco 公司，采用液氮对废旧电池进行低温预处理（ - 198 ℃）使其失活，而后安全破碎[75]。国内主要采用机械物理法，通过多级破碎-分选或风选实现金属与非金属的分离。天津赛德美公司自主开发了智能物理拆解技术，采用色选-重选技术可实现废旧电板正负极片的选择性分离。由于正负极材料与集流体是通过粘接剂结合，正极活性物质与铝箔之间一般是采用 PVDF 等有机粘接剂，而负极材料与铜箔采用的则是水溶性粘接剂，因此在废旧电池分选中，正极活性物质和铝的有效分离是技术难点。目前，一般是利用 NaOH 溶液与铝箔反应生成 H_2 和 $NaAlO_2$，从而将活性物质剥离下来[76]。Wang 等人[77]采用低温熔融盐处理有机粘结剂，研究发现无毒的反应介质（$AlCl_3$-NaCl）熔融盐体系可以高效熔化 PVDF，并确定剥离铝箔的最佳条件为温度 160 ℃，熔融盐:正极极片的质量比 10：1，保温时间 20 min。在此条件下，正极材料的最高剥离率达到 99.8%。此外，研究工作者还开发了机械粉碎研磨、离心分离等技术，均可实现铝箔和正极材料的分离，但获得的正极粉产率和纯度较低，不利于大规模工业化推广应用。表 1.5 为废旧三元材料正极片预处理方法的比较。

表 1.5　废旧三元锂离子电池正极片的预处理方法

预处理方法	预处理条件	文献
碱溶液浸泡	NaOH	[75]
有机溶剂浸泡	NMP，70 ℃，240 W，90 min	[78]
热处理	450 ℃，2 h 热处理正极片，搅拌后过 400 目筛	[74]
$AlCl_3$-NaCl 熔融盐	温度：160 ℃，时间：20 min，$AlCl_3$-NaCl 熔融盐：正极片质量比为 10：1	[77]
离心分离	水压力：0.025 MPa，旋转频率：50.00 Hz，粒径：0.045～0.09 mm	[79]
静电分离	辊转速：20 rpm，电极电压：25 kV，极距：6 cm，	[80]

1.5.2　废旧锂电池正极材料的回收利用研究现状

废旧锂离子电池经预处理后得到含有价金属组分的正极材料。针对有价金属回收，目前主要有机械物理法[81]、火法冶金[82]、湿法冶金[83]、火法-湿法联合法等工艺。

1.5.2.1　废旧锂电池正极材料火法回收技术现状

废旧锂离子电池的火法工艺，可分为两类：（1）高温熔融法：在高温作用下，将电池中的有机物燃烧除去，Co、Ni、Mn 等以化合物形式回收利用；（2）高温还原法：在高温还原性气氛下，电池正极活性材料从氧化物直接被还原成合金回收利用。

任国兴等人[84]以废旧高锰三元锂电池为原料，以 CaO-SiO$_2$-Al$_2$O$_3$-MgO 渣型为造渣剂，在最佳熔炼条件即 CaO/SiO$_2$ 比为 0.75，MgO 含量为 5%，造渣剂和焦粉用量分别为电池质量的 2.0 倍和 0.1 倍，熔炼温度 1 450 °C，熔炼时间 0.25 h，Co、Ni、Cu 以合金形式回收，回收率分别为 96.03%、96.42%、93.40%。

Hanisch 等人[85]在 550 °C 下热分解 30 min 去除粘合剂，用空气喷射分离机分离出涂层粉末使剩余颗粒聚集，采用蒸馏法处理挥发气体，外壳则采用磁选方式分离，经过一系列筛选后，经马弗炉焙烧，随后在风选机中分选，有价金属的选出率达到 97.1%。

1.5.2.2　废旧锂电池正极材料湿法回收技术现状

湿法冶金由于具有综合回收率高、成本相对较低、环境友好等优点，在废旧锂离子电池回收中获得广泛应用。根据湿法浸出原理和浸出液体系，可分为酸浸出、碱浸出及生物浸出等三种方法，均可实现废旧锂离子电池正极材料中有价元素的浸出提取[86]，不同浸出体系及效果如表 1.6 所示。

表 1.6　废旧 NCM 正极材料在不同浸出体系下的浸出效果

浸出体系类别	浸出体系	浸出效果	文献
酸浸	H$_2$SO$_4$	93.4%Li、96.3%Ni、66.2%Co 和 50.2%Mn	[87]
	H$_2$SO$_4$+H$_2$O$_2$	100%Li、96.79%Ni、98.62%Co 和 97%Mn	[88]
	H$_3$PO$_4$	99.1%Li、1.2%Ni、4.5%Co 和 96.3%Mn	[89]
	丙二酸 + H$_2$O$_2$	95.74%Li、98.72%Ni、98.06%Co 和 98.54%Mn	[90]
	橘皮粉(OP)+柠檬酸	76%Li、100%Ni、89%Co 和 100%Mn	[91]
	超声+DL-苹果酸+H$_2$O$_2$	98%Li、97.8%Ni、97.6%Co 和 97.3%Mn	[92]

续表

浸出体系类别	浸出体系	浸出效果	文献
氨浸	$NH_3 \cdot H_2O + (NH_4)_2SO_3 + (NH_4)_2CO_3$	30%Ni、92%Co 和 4%Mn	[93]
	$NH_3 \cdot H_2O + (NH_4)_2SO_4 + Na_2SO_3$	95.3%Li、89.8%Ni、80.7%Co 和 4.3%Mn	[94]
	$NH_3 \cdot H_2O + NH_4HCO_3$	81.2%Li、96.4%Ni、96.3%Co	[94]
	两步氨浸 $NH_3 \cdot H_2O + (NH_4)_2SO_4 + Na_2SO_3$	93.3%Li、98.2%Ni、97.9%Co	[96]
微生物浸出	耐受金属的氧化亚铁硫杆菌	99.64%Ni、99.9%Co	[97]
	黑曲霉真菌	100%Li、45%Ni、38%Co 和 72%Mn	[98]
	自养嗜酸氧化亚铁硫杆菌	94%Co、60%Li	[99]

1. 废旧锂电池正极材料的碱浸

废旧锂电池正极材料的碱浸是利用强碱溶液作为浸出剂提取退役正极材料中的有价金属，形成富含金属离子的浸出液以及不溶性金属盐，可降低分离和纯化的难度，提高再生物质的纯度。氨水是一种常用的浸出剂，可选择性浸出部分有价金属，开创了退役正极材料回收的新领域。也有采用铵盐溶液，在浸出过程中金属离子与 NH_3 形成氨络合物促进选择性浸出与分离。

李新月[100]采用 $NH_3 \cdot H_2O + (NH_4)_2SO_4 + Na_2SO_3$ 对废旧三元锂离子电池正极材料进行一步浸出，利用正交实验和单因素实验优化浸出工艺参数，在最佳工艺条件下，正极材料中的镍、钴以镍氨、钴氨络合物浸出到液相中，Ni 和 Co 的浸出率分别达到 97.25% 和 93.05%。

Ku 等人[93]将 $NH_3 \cdot H_2O$、$(NH_4)_2SO_3$、$(NH_4)_2CO_3$ 配置成氨浸出剂，研究了正极材料中有价金属的浸出行为，在最佳实验条件：1 mol/L $NH_3 \cdot H_2O$、0.5 mol/L $(NH_4)_2SO_3$、1 mol/L $(NH_4)_2CO_3$、温度 80 ℃、时间 1 h，钴和铜完全浸出，锰和铝几乎不浸出，但镍的浸出率较低。镍和钴的浸出行为遵循反应控制的收缩核模型，两者的活化能分别为 57.4 kJ/mol 和 60.4 kJ/mol。Zheng[101]等人采用硫酸铵和氨水作为浸出液，亚硫酸钠为还原剂，得到的最佳条件为：NH_3 4 mol/L、$(NH_4)_2SO_4$ 1.5 mol/L、Na_2SO_3 0.5 mol/L、温度 80 ℃、固液比 10 g/L、时间 5 h；在此条件下，Ni、Li、Co 和 Mn 的浸出率分别为 89.8%，95.3%，80.7% 和 4.3%。锰从 Mn^{4+} 还原成 Mn^{2+}，以

$(NH_4)_2Mn(SO_3)_2 \cdot H_2O$ 的形式沉淀到残留物中，镍、钴和锂被浸出并以金属离子存在于氨浸液，该方法可选择性浸出退役正极材料中的有价金属。Wang 等人[95]采用 $NH_3 \cdot H_2O + NH_4HCO_3$ 溶液从废旧正极材料粉中选择性浸出 Li、Ni 和 Co，浸出率分别达到 81.2%、96.4% 和 96.3%；随后采用锰型锂离子筛从浸出溶液中吸附 99.9% 的 Li，Li、Ni 和 Co 的最终回收率分别达到 76.19%、96.23% 和 94.57%，氨可实现闭环循环，并最终获得 Li_2CO_3、$NiSO_4$ 和 $CoSO_4$ 等高值化产物。

　　氨浸退役正极材料作为较为新颖的研究方向，具有绿色环保等优点，但也存在浸出率不高的缺点，因此研究人员通过采用两步氨浸法进行退役正极材料的处理，以期达到更高的浸出率（如图 1.10）。Meng 等人[96]使用氨溶液作为浸出剂，亚硫酸钠作为还原剂，采用两步氨浸工艺，Li、Ni 和 Co 的浸出率分别达到 93.3%、98.2% 和 97.9%，分析滤渣成分发现，Mn 先以二价锰进入浸出液，然后在 Na_2SO_3 的作用下，转化为 Mn_3O_4，继而形成 $(NH_4)_2Mn(SO_3)_2 \cdot H_2O$ 沉淀。通常一步氨浸法能够快速生成 $(NH_4)_2Mn(SO_3)_2 \cdot H_2O$，该物质紧密包裹在未反应的退役正极材料表面，大大降低了正极材料的反应比表面积；而两步氨浸法首先形成松散多孔的 Mn_3O_4，更有利于离子扩散和浸出反应的持续进行。两步氨浸法的反应过程如式（1.5）、（1.6）和（1.7）。该方法的浸出率远高于一步氨浸法，为大规模工业化处理废旧锂电池正极材料提供了可行的路径。

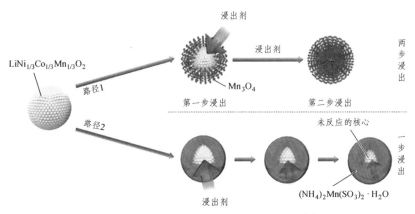

图 1.11　两步选择性氨浸的原理示意图[91]

$$Mn^{2+} + 2OH^- \Longrightarrow Mn(OH)_2 \tag{1.5}$$

$$6Mn(OH)_2 + O_2 \Longrightarrow 2Mn_3O_4 + 6H_2O \tag{1.6}$$

$$Mn^{2+} + 2NH_4^+ + 2SO_3^{2-} + H_2O \Longrightarrow (NH_4)_2Mn(SO_3)_2 \cdot H_2O \tag{1.7}$$

氨浸法作为一种可选择性浸出有价金属的新工艺，可降低分离和纯化难度，获得纯度较高的再生产物，且回收成本较低，具有一定的工业应用价值，但由于氨的损耗较大，仍存在着技术瓶颈。Li 等人[102]采用三步工艺法将氨浸液中的有价金属共沉淀得到再生的 $LiNi_{0.5}Co_{0.5}O_2$。首先通过添加 $NiCl_2 \cdot 6H_2O$ 和 $CoCl_2 \cdot 6H_2O$ 调节有价金属比例，继而在 pH = 11.25 的条件，让氨浸液与 NaOH 溶液共沉淀得到 $Ni_{0.5}Co_{0.5}(OH)_2$ 前驱体；而后通过球磨混锂-高温煅烧再生出电化学性能较为优异的 $LiNi_{0.5}Co_{0.5}O_2$ 正极材料。昆明理工大学林艳等人[103]发明了一种蒸氨工艺，通过控制溶液的酸碱度和氨浓度，不仅实现主金属锂镍钴和掺杂金属（锰或铝）的分段浸出，同时还能调控合成过程中镍、钴和掺杂盐的配比，通过蒸氨手段进一步合成不同系列的三元正极材料前驱体。该技术应用前景广阔，具有较好的工业应用前景。

2. 废旧锂电池正极材料的酸浸

酸浸是采用各类酸溶液从废旧锂电池正极材料中提取锂、镍、钴、锰等有价金属，形成富含金属离子的浸出液。目前商业浸出所采用的酸大部分是无机酸，科研院所更趋向于使用有机酸来进行浸出。

（1）无机酸浸出。

针对锂电池正极材料，常用的无机酸有 H_2SO_4[87]、HNO_3[104]、HCl[105]、H_3PO_4[106]等。由于高价态的金属离子不易被浸出，针对废旧锂电池正极材料中有价金属的价态高，常需要添加还原剂，使高价离子还原为低价离子以促进浸出。可用于将高价 Co^{3+}、Mn^{4+} 还原为低价 Co^{2+}、Mn^{2+} 的还原剂主要有 H_2O_2、$Na_2S_2O_3$、Na_2SO_3、$NaHSO_3$、$FeSO_4$ 及抗坏血酸等[20]。

Meshram 等人[87]以硫酸作为浸出剂，比较了有添加和无添加还原剂两种情况下的浸出效率，验证了还原剂的重要性。在不添加还原剂时，最佳浸出条件为：硫酸浓度 1 mol/L、浸出温度 95 ℃、固液比 50 g/L、浸出时间 4 h，在此条件下，锂、钴、镍、锰的浸出率分别为 93.4%、66.2%、96.3%、50.2%。

而后在其他条件均不变的情况下，向浸出液中加入 0.075 mol/L 的 NaHSO₃ 作为还原剂，在还原剂作用下，Li、Co、Ni 和 Mn 的浸出率分别达到 96.7%、91.6%、96.4%、87.9%。根据研究结果，在废旧三元锂电池正极材料的浸出过程中，还原剂对浸出率的提高有很大的促进作用。

Barik 等人[107]使用盐酸作为浸出剂，研究了有价金属元素的浸出行为，系统研究了 HCl 浓度、反应温度、浸出时间对有价金属浸出率的影响，得出最佳浸出条件即还原剂用量为 0，HCl 浓度 1.75 mol/L，浸出时间 90 min、浸出温度 50 ℃，Co 和 Mn 的浸出率均达到 99%。该体系下，还原剂对浸出效果影响不大的原因可能是因为该废旧锂电池正极材料中 Co 和 Mn 主要以+2 价存在。

Pinna 等人[108]以磷酸作为浸出剂，双氧水作为还原剂，浸出废旧锂电池的正极材料，通过单因素条件实验确定了最佳浸出条件，锂和钴的浸出率接近 100%。

Lee 等人[109]以硝酸作为浸出剂，研究了还原剂的添加量对浸出效率的影响。结果表明，在 1 mol/L HNO₃ 且无还原剂（H₂O₂）的情况下，锂浸出率只有 75%，而钴浸出率只有 40%，随后在相同条件下，添加 H₂O₂ 作为还原剂，锂、钴的浸出率升高到 85%。通过条件实验获得了最佳的工艺条件为：HNO₃ 浓度 1 mol/L、固液比 20 g/L、$V_{H_2O_2}$ =1.7%、浸出时间 1 h、浸出温度 75 ℃。

Pratima 等人[87]在没有还原剂的条件下，采用 H₂SO₄ 对废旧三元正极材料 NCM 进行浸出，获得最佳浸出条件：H₂SO₄ 浓度 1 mol/L、浸出温度 95 ℃、固液比 50 g/L、浸出时间 240 min。在此条件下，Li、Ni、Co 和 Mn 的浸出率分别为 93.4%、96.3%、66.2% 和 50.2%。由于 Co 和 Mn 以高价态形式存在，因此 Co 和 Mn 的浸出率不高。为了进一步提高浸出效率，陆修远等人[88]通过添加还原剂来观察对有价金属浸出的影响，在 H₂SO₄ 浓度为 2 mol/L、固液比 100 g/L、还原剂 H₂O₂ 添加量 4.5%、浸出时间 2 h、浸出温度 40 ℃、搅拌速度 500 r/min 的条件下，Li、Co、Ni 和 Mn 的浸出率分别为 100%、96.79%、98.62% 和 97.00%。由于 H₂O₂ 有较强的还原性，能够将 Ni^{3+}、Mn^{4+} 和 Co^{3+} 还原成相应的低价离子，可获得较高的金属浸出率。

Zhang 等人[89]结合可控碳热还原和选择性浸出沉淀，提出了一种新的处理废旧锂电池正极材料的方法（见图 1.12）。将退役正极材料与回收的石墨在 750 °C 下焙烧 3 h，得到镍钴合金、锰和氧化锂。随后进行 10 min 的浸出实验，使用 2.75 mol/L 的 H_3PO_4 在 40 °C 下选择性浸出 99.1% 的锂和 96.3% 的锰，仅溶解 4.5% 的钴和 1.2% 的镍。后续通过简单地调节浸出液的酸碱度，得到 Li_3PO_4、$Mn_3(PO_4)_2 \cdot 3H_2O$ 和 $MnHPO_4 \cdot 3H_2O$ 的化合物。这种回收工艺在一次浸出过程中将退役三元正极材料中最有价值的钴和镍、锂和锰分为两类，即可溶性锰盐、锂盐以及固体镍钴合金。

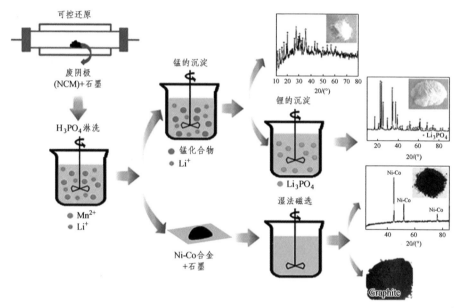

图 1.12　碳热还原和选择性浸出沉淀的组合方法流程图[110]

（2）有机酸浸出。

无机酸有较高的酸性，可提高金属的浸出率，但由于无机酸浸出可能造成酸污染、有害气体排放（主要是 Cl_2、SO_3 及 NO_x 等）、废酸液难处理等环境问题[111]，且无机酸具有不易被回收、具有较强的腐蚀性等缺点，近年来科研院所致力于开发新型环境友好的有机酸浸出体系，以实现清洁高效回收废旧锂电池正极材料[112-113]。目前，针对锂离子电池正极材料，可采用的有机酸体系有柠檬酸[114-115]、草酸[116]、琥珀酸[117]、抗坏血酸[118]、酒石酸[119]等。

He 等人[110]通过双氧水-酒石酸体系对废旧锂电池正极材料进行浸出，在最佳浸出条件下，锂、镍、钴的浸出率均可达到 99% 以上。

Li 等人[120]借助抗坏血酸的还原性，以抗坏血酸作为浸出剂和还原剂，开展了废旧钴酸锂的浸出研究，考察了酸度、温度、时间、固液比对浸出效果的影响规律，获得最佳的工艺条件：抗坏血酸浓度 1.25 mol/L、浸出温度 70 ℃、浸出时间 20 min、固液比 25 g/L，在此条件下，钴和锂的浸出率分别达到 94.8% 和 98.5%。

Sun 等人[121]采用草酸作为浸出剂和沉钴剂，分离废旧钴酸锂正极材料中的钴和锂，在最佳的浸出条件：固液比 50 g/L、温度 80 ℃、草酸浓度 1.0 mol/L、时间 2 h，锂和钴的浸出率均达到 98% 以上，并且 Co^{2+} 和 $C_2O_4^{2-}$ 结合为 CoC_2O_4 沉淀，最后通过向溶液中加入碳酸钠形成碳酸锂沉淀以回收 Li^+，该方法实现了钴和锂的高效分离。

钱王等人[122]用柠檬酸浸出废旧锂离子电池的正极材料，证明超声波可实现强化浸出，获得最优浸出条件：酸浓度 = 2 mol/L，$V_{H_2O_2}$ = 4 vol%、固液比 20 g/L、超声时间 1 h、超声功率 320 W。

Gao 等人[123]研究了一种闭环回收系统，用苹果酸和抗坏血酸的混合有机酸来浸出废旧三元锂电池正极材料，随后浸出液直接通过溶胶凝胶法再生成正极材料。在苹果酸浓度 0.4 mol/L、抗坏血酸浓度 0.1 mol/L、浸出温度 70 ℃，反应时间 30 min，固液比 20 g/L 的最佳工艺条件下，Li、Ni、Co 和 Mn 的浸出率分别为 99.06%、97.11%、96.46%、97.22%。

Ersha 等人[124]以丙二酸和过氧化氢为浸出体系对废旧三元正极材料进行浸出，获得最优工艺条件：H_2O_2 添加量 0.5 vol%、丙二酸浓度 1.5 mol/L、固液比 20 g/L、浸出温度 70 ℃、反应时间 20 min，在此条件下，Ni、Co、Mn 和 Li 的浸出率分别达到 98.27%、98.06%、98.54% 和 95.74%。

Wu 等人[125]以废弃桔皮粉（OP）替代具有高爆炸性 H_2O_2 作为还原剂，用柠檬酸（H_3Cit）作为浸出剂，开展了废旧锂电池正极材料的浸出试验，获得最佳浸出条件：OP 浓度 200 g/L、浸出温度 100 ℃、H_3Cit 浓度 1.5 mol/L、反应时间 4 h 和固液比 25 g/mL。在此条件下，Ni、Co、Mn 和 Li 的浸出率分别达到 100%、89%、100% 和 76%。

为进一步提高浸出率，在添加 H_2O_2 等还原剂的情况下，研究工作者辅助超声波等外场强化工艺进一步提高有价金属的浸出率。Ning 等人[126]利用超声波工艺辅助 DL-苹果酸和过氧化氢（H_2O_2）浸出废旧 NCM 正极材料。在最优条件即超声强度 90 W，DL-苹果酸浓度 1.0 mol/L，固液比 5 g/L，反应温度 80 ℃，H_2O_2 浓度 4 vol% 和浸出时间 30 min 时，Ni、Co、Mn 和 Li 的浸出率分别达到 97.8%、97.6%、97.3% 和 98%，浸出率得到了较大的提升。分析超声浸出的机理可知，超声空化形成的高压和高温对正极材料颗粒造成一定的损伤，降低颗粒团聚，同时高压和冲击波可以帮助浸出剂扩散到退役正极材料颗粒的表面，进一步提高浸出效率[127]。

柑橘类水果汁也可用于浸出废旧锂离子电池的正极材料，这是由于果汁中含有各类有机酸，有些还含有抗坏血酸，这样可减少还原剂的用量。这些有机酸可电离出氢离子，因此，这类果汁符合浸出废旧锂离子电池所浸出的必备条件[128]。Pant 等人[129]采用果汁对废旧锂离子电池正极活性物质进行浸出实验，在 90 ℃ 下浸出 0.5 h 后，锂、钴、锰、镍的浸出率分别达到 100%、94%、99%、98%，证明了使用柑橘类果汁作为浸出剂，对锂离子电池正极材料进行浸出是可行的，具有绿色环保、浸出率高等优点，但由于果汁价格高、来源有限，不易被工业化应用。

Roshanfar 等人[130]采用葡萄糖酸和乳酸体系，通过响应曲面法（RSM）优化浸出参数，研究了有机酸种类、酸浓度、固液比、温度和过氧化氢浓度对浸出过程的影响规律，研究结果表明，针对锂和钴的浸出，乳酸的浸出效率均高于葡萄糖酸。在最佳条件：浸出温度 79 ℃，乳酸浓度 1.52 mol/L，固液比 16.3 g/L、过氧化氢浓度 4.84 vol%，锂和钴的浸出率分别达到 100% 和 97.36%。

3．生物浸出

生物浸出是利用微生物在生命活动中自身的氧化还原特性，使废旧锂电池正极材料中的镍、钴、锰、锂、铝和铜等有价组分氧化或还原，形成离子态或沉淀的形式与其他物质分离的回收技术。张颢竞等人[97]经过长期筛选驯化，获得金属耐受能力较强的氧化亚铁硫杆菌，用酸浸-生物浸出工艺从废旧锂离子电池正极材料中回收金属钴和镍，Co 和 Ni 的浸出率分别达到 99.93% 和 99.46%。Nazanin 等人[131]培育了适合重金属浸出的黑曲霉真菌，利用生物产生的葡萄糖酸浸出废旧锂电池正极材料中的有价金属，最终在矿浆浓度为 1% 的情况下，Li、Cu、Mn、Al、Ni 和 Co 的浸出率分别为 100%、94%、72%、62%、45% 和 38%。Roy 等人[132]培育了自养嗜酸氧化亚铁硫杆菌（Acidithiobacillus ferrooxidans），在 100 g/L 的矿浆浓度下对混合废旧锂电池正极材料进行了浸出。经过三个周期的细菌补给，72 h 内回收了 94% 的 Co 和 60% 的 Li。这些研究均表明生物浸出具有一定的可行性，反应条件温和且能耗较低，是一种较为绿色环保的工艺，然而当前该技术仍处于基础研发阶段，动力学反应缓慢以及菌种不易培养是该技术运用于工业生产时需要解决的技术瓶颈。

1.5.2.3　废旧锂电池正极材料火法-湿法联合技术现状

火法-湿法联合法处理废旧锂电池正极材料，是将正极材料通过高温煅烧得到各有价金属的混合氧化物，混合氧化物再经过湿法浸出，最终获得富含各有价金属离子的浸出溶液。

楚玮[133]以废旧三元锂电池正极材料为原料，首先经过高温煅烧、筛分得到镍、钴、锰的混合氧化物。后将混合氧化物在 H_2SO_4 和 H_2O_2 的体系下浸出获得含 Ni^{2+}、Co^{2+}、Mn^{2+}、Li^+ 的浸出溶液。Xiao 等人[134]以 $LiMn_2O_4$ 和石墨为混合原料，在 1073 K 下煅烧 45 min，Li、Mn 原位转化为 Li_2CO_3 和 MnO。通过水浸法以 Li_2CO_3 形式回收 91.3% 的 Li，浸锂后渣在空气中焚烧去除石墨，得到纯度为 95.11% 的 Mn_3O_4。

1.5.2.4　浸出液中有价元素的分离提纯

1. 化学沉淀法

从废旧三元锂电池正极材料的浸出液中提取有价金属，通常采用化学沉淀法，其原理是利用各沉淀物的溶度积差异，使浸出液中的有价金属离子与沉淀剂提供的 OH^-、$C_2O_4^{2-}$ 或 CO_3^{2-} 等结合，生成不溶于浸出液的沉淀物[135]。

Meshram 等人[136]采用草酸和碳酸钠实现浸出液中有价金属的分离，首先向浸出液中加入草酸获得草酸钴沉淀来回收钴，钴沉淀率可达到 96%；随后锰和镍的分离是通过加入碳酸钠并调节不同的 pH 值来实现分离和回收，当 pH 为 7.5 时，锰离子沉淀为碳酸锰，当 pH 为 9 时，镍离子沉淀为碳酸镍，最后向溶液中加入碳酸钠，得到碳酸锂。

Pant 等人[137]也采用草酸和碳酸钠以分步沉淀废旧三元锂电池浸出液中的有价元素，操作方法如下：向浸出液中加入草酸，调节 pH 为 1.5，使钴以草酸钴的形式沉淀；继续向浸出液中逐滴加入碳酸钠并将 pH 调至 7.5 以沉淀碳酸锰，随后进一步调节 pH 至 9 以沉淀碳酸镍，最终调节 pH 至 14，沉淀碳酸锂。

Wang[138]采用高锰酸钾、丁二酮肟、Na_2CO_3 和 NaOH 对废旧三元锂电池浸出液中的 Mn^{2+}、Ni^{2+}、Li^+、Co^{2+} 进行分步沉淀。首先，向浸出液中加入高锰酸钾并控制摩尔比 Mn^{2+} ：$KMnO_4$ = 2 ：1，在 pH = 2，温度 = 40℃的条件下反应一段时间，Mn^{2+}的沉淀率达到 99.5%。而对于镍的分离，首先向浸出液中加入氨水使其形成$[Ni(NH_3)_6]^{2+}$配位体，随后加入丁二酮肟沉淀 Ni^{2+}，镍的沉淀率可达 99%。进一步向分离出镍和锰的浸出液中加入 Na_2CO_3 和 NaOH 来沉淀回收锂和钴。

Cai 等人[139]采用硫化钠沉淀浸出液中的 Co^{2+} 和 Mn^{2+}，形成 CoS 和 MnS 沉淀，此时溶液中只剩下 Li^+，再向溶液中加入磷酸钠，使其生成磷酸锂沉淀。而对于 CoS 和 MnS 的分离，则根据 MnS 能够溶于乙酸而 CoS 不会溶解的性质来进行分离。沉淀分离法虽然沉淀率高，但由于镍、钴、锰存在共沉现象，且沉淀可能携带水分并吸附 Li^+离子，使得产品纯度不高，Li 综合回收率低，此外沉淀分离操作也比较复杂[140]。

2．溶剂萃取法

溶剂萃取法是利用不同金属在水相和有机相中的溶解度差异和不等量分配来分离有价金属，通常采用不同的萃取剂与浸出液中有价金属离子形成配合物从而将金属离子萃取到有机溶剂中。金属离子萃取到有机溶剂中后，再通过反萃液进行反萃，使金属离子从有机萃取剂中又转入到水相中，从而实现各有价金属离子的分离[141]。

Chen 等人[142]采用萃取法从废旧三元锂电池正极材料的浸出液中回收并

分离镍、钴、锰。首先采用 Na-Cyanex272 将浸出液中的钴和锰萃取到有机相中，然后再用硫酸溶液进行反萃，将萃取剂中的钴和锰反萃到硫酸溶液中，用 D2EHPA 将锰离子从硫酸溶液中萃取出来，从而得到高纯度的含钴溶液，载锰有机相经过反萃获得含锰溶液。浸出液中的镍则是根据 DMG 对镍有一定选择性，实现镍的回收。浸出液中的锂使用碳酸钠进行沉淀，该流程可实现锂、镍、钴、锰等金属的较好分离。

易爱飞等人[143]研究了一种新型的萃取工艺流程，采用 Aliquat336+TPB/煤油萃取体系，将钴和锰从溶液萃取出来从而与镍和锂进行很好的分离，该方法不需要调节 pH。通过优化条件，可以实现锰和钴的高萃取率，与镍和锂的分离效果也好。

Yang 等人[144]采用 D2EHPA+煤油的萃取体系来进行酸性浸出液的除杂和金属分离。首先实现对 Ni、Co、Mn 的分离，并用 0.5 mol/L H_2SO_4 反萃有机负载相得到 Ni、Co、Mn 溶液，然后从萃余液中回收了纯度为 99.2% 的 Li_2CO_3。最后通过共沉淀法直接从反萃液中再生制备出 $LiNi_{1/3}Co_{1/3}Mn_{1/3}O_2$ 的前驱体。结果表明，通过该萃取体系可以实现 100% 的 Mn、99% 的 Co、85% 的 Ni 与 Li 分离。再生制备的三元材料为球形，无任何杂质且具有良好的电化学性能。此外，还引入了废旧电池管理模型，以保证废旧电池回收的材料供应。

Zhao 等人[145]从硫酸浸出液中对 Li、Co、Mn 进行单独分离，用 Cyanex 272+PC-88A 萃取体系并调节 pH 为 5.2～5.4 将溶液中的钴和锰萃取到有机相中，再用硫酸溶液进行反萃形成 $CoSO_4$ 和 $MnSO_4$ 的金属盐溶液。再利用 EDTA 对锰和钴的萃取选择性，将金属硫酸盐溶液中的锰离子萃取出来，而钴离子存在于溶液中，从而使得锰和钴进行了很好的分离。

Chen[146]提出了一种从废旧三元锂电池浸出液中回收有价金属的方法，采用沉淀和有机萃取相结合的方法，对有价金属进行了很好的分离。采用丁二酮肟对镍进行萃取，在 pH 为 6、摩尔比 Ni^{2+}：丁二酮肟 = 0.5 的条件下，镍的萃取率为 98%，而其他金属的损失率较低。随后对浸出液中的钴采用草酸沉淀将其提取，在 55 ℃ 下、pH 为 6、$C_2O_4^{2+}$ 与 Co^{2+} 摩尔比为 1.2 的条件下，钴的回收率为 97%。随后使用 D2EHPA，对浸出液中的锰进行萃取，在最佳条件下,锰的萃取率可达到97%,然后经过硫酸反萃形成硫酸锰溶液。锂离子则通过加入磷酸钠形成磷酸锂沉淀得以回收。

1.5.3 废旧锂电池正极材料的再生研究

采用传统的湿法冶金工艺回收处理废旧锂离子电池,可分级获得各种金属盐,但富含金属离子的浸出液分离过程较复杂,流程较长,能耗较大,因此研究工作者从材料合成的角度,尝试直接利用浸出液或者分离下来的固体活性物质,通过不同工艺再生新的锂离子电池正极材料,以期实现整个回收过程的闭路循环,最大限度地提高回收产品的经济价值。目前,常用的废旧正极材料循环再生的方法主要有沉淀法、溶胶-凝胶法和喷雾热解法[147]。

1.5.3.1 共沉淀法再生正极材料

当废旧锂离子电池的正极材料经浸出后,通过分步沉淀各金属的流程复杂,因此很多研究者将各金属离子采用共沉淀法将其沉淀出来再合成正极材料,这种方法回收率高、回收流程简单,经济成本高。共沉淀法是向浸出液中加入可以使镍、钴、锰离子沉淀的化学试剂,形成锂电池正极材料前驱体的一种方法[148]。再生过程主要包括如下步骤:(1)通过沉淀或使用萃取法除去湿法工艺浸出液中的杂质元素;(2)通过加入一定量的相应金属盐溶液来调节浸出液的组成;(3)向浸出溶液中添加沉淀剂,采用共沉淀反应生成前驱体;(4)将前驱体与一定量的锂源混合,通过固相烧结法再生出正极材料[149]。常见的共沉淀法主要分为氢氧化物共沉淀、碳酸盐共沉淀和草酸盐共沉淀,下面以合成$LiNi_{0.5}Co_{0.2}Mn_{0.3}O_2$的前驱体为例,其反应机理如下。

① 氢氧化物沉淀法。

反应机理如式(1.8)、式(1.9)所示:

$$0.5Ni_{aq}^{2+} + 0.2Co_{aq}^{2+} + 0.3Mn_{aq}^{2+} + nNH_3 \cdot H_2O_{aq} \Longrightarrow$$
$$[Ni_{0.5}Co_{0.2}Mn_{0.3}(NH_3)_n]_{aq}^{2+} + nH_2O \tag{1.8}$$

$$[Ni_{0.5}Co_{0.2}Mn_{0.3}(NH_3)_n]^{2+}_{aq} + 2OH^- =\!=\!=\!=$$
$$Ni_{0.5}Co_{0.2}Mn_{0.3}(OH)_2 + nNH_3 \tag{1.9}$$

② 碳酸盐沉淀法。

反应机理如式（1.10）、式（1.11）所示：

$$0.5Ni^{2+}_{aq} + 0.2Co^{2+}_{aq} + 0.3Mn^{2+}_{aq} + nNH_3 \cdot H_2O_{aq} =\!=\!=\!=$$
$$[Ni_{0.5}Co_{0.2}Mn_{0.3}(NH_3)_n]^{2+}_{aq} + nH_2 \tag{1.10}$$
$$[Ni_{0.5}Co_{0.2}Mn_{0.3}(NH_3)_n]^{2+}_{aq} + CO_3^{2-} + nH_2O =\!=\!=\!=$$
$$(Ni_{0.5}Co_{0.2}Mn_{0.3})CO_3 + nNH_3 \cdot H_2O_a \tag{1.11}$$

③ 草酸盐沉淀法。

反应机理如式（1.12）所示：

$$4H_2C_2O_4 + 2LiNi_{0.5}Co_{0.2}Mn_{0.3}O_2 =\!=\!=\!=$$
$$2(Ni_{0.5}Co_{0.2}Mn_{0.3})C_2O_4 + 4H_2O + 2CO_2 \tag{1.12}$$

Yang 等人[150]采用氢氧化物共沉淀法再生正极材料，首先调节浸出液的 pH 至 4.8，初步简单去除 Al^{3+}、Fe^{3+} 和 Cu^{2+} 等杂质离子，然后在 O：A = 1：2，pH = 2 的条件下，用 10% E2DHPA 为萃取剂，采用溶剂萃取法深度去除杂质离子。再加入钴盐、锰盐和镍盐调节浸出液中离子比，将镍、钴和锰的混合溶液、氢氧化钠溶液和氢氧化铵同时加入搅拌反应器中（N_2 氛围），沉淀出粒度和结晶度均良好的球形前驱体，将其与锂盐混合固相烧结，再生出电化学性能优秀的三元正极材料（见图 1.13）。

电化学测试结果显示，再生的 NCM 材料循环在 1 C 的电流密度下循环 50 次后具有 167.0 mA·h·g^{-1} 的放电比容量，容量保持率为 80%。虽然氢氧化物共沉淀是制备电化学性能优异的正极材料最常用的方法，但由于氢氧化物前驱体抑制剂不稳定，前驱体中的二价锰离子容易氧化成三价锰离子，导致物相成分不均匀，从而影响共沉淀反应的效果。因此，研究工作者都在保护性气氛下进行实验，以防止 Mn^{2+} 氧化。

相比之下，碳酸盐共沉淀法比氢氧化物共沉淀法具有以下优势：添加 CO_3^{2-} 不容易改变金属离子的氧化态，碳酸锰在溶液中比较稳定可以保留

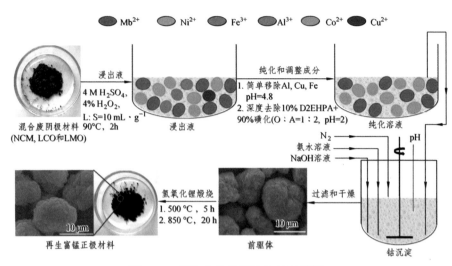

图 1.13　氢氧化物共沉淀法的示意图

Mn^{2+}的化学状态，合成过程不需要保护气体（N_2）等严苛要求下进行材料再生，合成反应与氢氧化物共沉淀相比易于控制等优势。Yang 等人[151]将湿法工艺的浸出液通过碳酸盐共沉淀法直接再生碳酸盐前驱体材料，再通过850 ℃ 混锂煅烧，再生出比容量高、倍率性能好、循环性能优异的正极材料 $LiNi_{0.6}Co_{0.2}Mn_{0.2}O_2$，再生材料 NCM622 的首圈放电比容量为173.4 mA·h·g^{-1}，在 1 C 的电流密度下循环 100 次后容量保持率仍可以达到 93.6%。但碳酸盐沉淀法制备过程容易造成组分离析，不能保证组分分布的均匀性，对三元正极材料的电化学性能有负面影响，因此引入了草酸盐共沉淀法[152]。Gao 等人[153]通过混合酸浸、草酸盐共沉淀和高温固相法成功再生了锂离子电池正极材料 NCM523。实验结果表明制备前驱体的最佳条件为反应温度 50 ℃，pH 为 1.98，Li/Me 摩尔比为 1.20，在此条件下镍、钴和锰的沉淀率接近 100%。再生后 NCM523 材料在 0.2 C 的电流密度下的首圈放电比容量为 149.528 mA·h·g^{-1}，在 1 C 电流密度下的首圈放电比容量为 135.351 mA·h·g^{-1}，100 圈循环后容量保持率为 85.45%。草酸盐沉淀法合成工艺简单，溶液中的各种组分可按化学计量比沉淀，可实现前驱体纯度和颗粒大小的控制，且液态混合实现了分子甚至原子级的均匀混合。

He 等人[154]对废旧三元锂电池的硫酸浸出液进行了再生研究，通过向浸出液补加相应的硫酸盐使得镍、钴、锰的比例为 1 : 1 : 1。调制好的浸出液用碳酸钠来进行共沉淀，在 60 ℃下反应 12 h，其间保持 pH 为 7.5，从而合成 111 型正极材料前驱体。该前驱体经过煅烧后与 Li_2CO_3 混合并进行分段煅烧从而形成正极材料。对再生的正极材料进行充放电测试，在 0.1 C 下的首次放电比容量为 163.5 mA·h·g^{-1}，1 C 的放电比容量为 135.1 mA·h·g^{-1}，循环 50 次后容量保持率为 94.1%，该再生 $LiNi_{1/3}Co_{1/3}Mn_{1/3}O_2$ 与新合成的正极材料具有相当的电化学性能。

曹玲[155]用磷酸浸出废旧三元锂电池正极材料，得到最佳浸出条件后进行了正极材料的再合成研究。通过向浸出液中补加相应离子，用草酸溶液沉淀镍、钴、锰，其间保持一定的 pH，形成 $(Ni_{1/3}Co_{1/3}Mn_{1/3})C_2O_4$，再通过补加碳酸锂，煅烧合成正极材料。通过研究煅烧温度对正极材料性能的影响，确定了最佳煅烧条件为 800 ℃。在此条件下，初次放电比容量可达 136.4 mA·h·g^{-1}，在 0.2 C 下经过 50 圈循环后容量保持率为 97.2%。

Chu 等人[156]用硫酸和双氧水体系浸出废旧三元电池正极材料，通过向浸出液中添加 $NiSO_4·6H_2O$ 和 $CoSO_4·7H_2O$，将 Ni : Mn : Co 的摩尔比调制为 6 : 2 : 2。用 $NH_3·H_2O$ 和 NaOH 将溶液中的镍、钴、锰以前驱体的形式共沉淀出来，将前驱体混锂后在 500 ℃下煅烧 4 h，再在 800 ℃下煅烧 15 h 后再生成 $LiNi_{0.6}Co_{0.2}Mn_{0.2}O_2$ 正极材料。在 0.2 C 下，第一次充放电比容量分别为 196.26 mA·h·g^{-1} 和 180.072 mA·h·g^{-1}，首次库仑效率约为 90%。

何晶晶等人[157]采用苹果酸对废旧三元锂电池正极材料进行浸出，然后将浸液中 Ni : Co : Mn 的摩尔比调至 5 : 2 : 3，而后利用滴管滴加 2 mol/L 的氨水，控制溶液 pH 为 8.5 左右，沉淀 12 h 后过滤干燥 10 h 形成三元锂电前驱体，前驱体经混锂后在 400 ℃下煅烧 2.5 h，随后在 850 ℃下煅烧 15 h 得到再生 $LiNi_{0.5}Co_{0.2}Mn_{0.3}O_2$ 正极材料。再生正极材料 $LiNi_{0.5}Co_{0.2}Mn_{0.3}O_2$ 的初始放电比容量为 175.5 mA·h·g^{-1}，经 200 次循环后降为 126.3 mA·h·g^{-1}，容量保持率为 71.96%。

共沉淀法避免了多种有价金属逐步分离的难题，再生的锂电池正极材料具有优异的电化学性能，能达到相当于商业前驱体的质量，有利于产业化推广应用。

1.5.3.2 溶胶凝胶法再生正极材料

当废旧锂离子电池正极材料的浸出剂为有机酸时，常常考虑直接采用溶胶凝胶法再生正极材料，这是由于有机酸可以进行水解、缩合反应，形成湿凝胶。湿凝胶经干燥煅烧可再生成正极材料[158]。溶胶-凝胶再生工艺主要包括如下步骤：（1）首先将络合剂加入到湿法工艺的浸出液中以引发水解和聚合反应形成溶胶；（2）制备成具有一定空间结构的凝胶；（3）产品经烧结获得再生。溶胶-凝胶法最突出的优点在于实现浸出液中金属离子在分子水平上的均匀混合。

Li 等人[159]采用柠檬酸作为浸出剂，以 H_2O_2 为还原剂，将废旧锂离子电池的混合物料进行浸出。浸出液采用溶胶凝胶法对正极材料进行再合成，再生正极材料经电化学性能测试，在 0.2 C 下，初始放电比容量为 149.8 mA·h·g^{-1}，经过 160 圈后放电比容量为 121.2 mA·h·g^{-1}。

Li 等人[160]采用乳酸作为浸出剂对 111 型三元正极材料进行了浸出研究。浸出液以乳酸作为络合剂，采用溶胶凝胶法再生正极材料。再生的 $LiNi_{1/3}Co_{1/3}Mn_{1/3}O_2$ 在 0.5 C 下经过 100 次循环后容量保持率为 96%，与新材料电化学性能相当。

姚路[161]分别采用苹果酸和柠檬酸作为浸出液和凝胶剂，浸出液通过溶胶凝胶法再生三元锂电池正极材料。以苹果酸浸出液为原料，通过补加金属离子并调节 pH 为 8，在 80 ℃ 下搅拌成湿凝胶，湿凝胶在 110 ℃ 下 24 h 烘干为干凝胶。探究了煅烧温度对锂离子电池正极材料性能的影响，结果表明在 850 ℃ 下合成的正极材料电化学性能最佳，首次放电比容量为 147.2 mA·h·g^{-1}。以柠檬酸浸出液为原料，采用上述相同的合成方法再生获得正极材料，首次放电比容量为 147 mA·h·g^{-1}。

Zhang 等人[162]通过溶胶-凝胶法合成并改性正极材料 $LiNi_{1/3-x}Co_{1/3}Mn_{1/3}Al_xO_2$。首先调节湿法浸出液中 Li∶Ni∶Co∶Mn∶Al 的摩尔比为 1.05∶1/3-x∶1/3∶1/3∶x（x = 0.02，0.04），加入氨水调节溶液 pH 至 8.0，并在 85 ℃ 下进一步搅拌以获得黏性凝胶，然后将凝胶在 110 ℃ 干燥 12 h，并在 450 ℃ 煅烧 6 h 以除去硝酸盐、碳酸盐和苹果酸盐，所获得的前驱体经过精细研磨，而后在 850 ℃ 煅烧 12 h 制备出具有明显层状结构的 $LiNi_{1/3-x}Co_{1/3}Mn_{1/3}Al_xO_2$。电化学结果表明，$Al^{3+}$ 的掺杂有效抑制了阳离子混排，在 0.2 C 的电流密度下循环 100 圈后仍保持了 148.1 mA·h·g^{-1} 的高可逆放电比容量。使用溶胶-凝胶法再生的电极材料可以保持形貌均一的同时，电化学性能也稳定；然而，该工艺操作复杂，制备时间较长，导致高能耗和较高的生产成本。因此，溶胶-凝胶法主要适用于电极材料的基础科学研究，目前未能在工业上进行大规模应用。

1.5.3.3　喷雾热解法再生正极材料

喷雾热解再生法是一种高效快速制备正极材料的可行方法，该再生过程主要包括如下步骤：（1）通过沉淀或萃取法除去湿法工艺浸出液中的杂质元素；（2）通过加入一定量的相应金属盐溶液来调节浸出液的化学计量比；（3）将浸出液通过喷雾热解再生制备出前驱体；（4）通过高温煅烧将前驱体合成再生材料。喷雾热解法是以液相溶液为前驱体的气溶胶工艺，兼有气相法和液相法的优点，尤其适合制备出超细的材料粉体。Zheng 等人[163]先用乙酸和 H_2O_2 浸出废旧锂电池中的金属离子，然后用喷雾热解法从浸出液中直接再生出球状正极材料前驱体，最后将前驱体经过高温煅烧，制备出具有优良层状结构的新材料。该 NCM 材料呈纳米级、均匀的颗粒和球型形态，组装的锂电池具有较为优异的电化学性能，半电池和全电池的初始放电比容量分别达到 157.1 mA·h·g^{-1} 和 154.3 mA·h·g^{-1}。喷雾热解再生法可以高效迅速地再生粉体材料，同时避免了生产过程的粉尘污染，具有生产效率高、操作人员少、适合工业化大规模应用等优点，但也存在大型设备热效率不高、热消耗大、喷雾获得的球型多为空心结构等缺点。

1.5.4　废旧三元正极材料的物理修复再生研究

物理修复法是一种能够快速重塑退役正极材料结构、恢复其电化学性能的新型再生技术，该技术通常适合于处理缺失部分活性锂、电化学性能衰减不严重的三元正极材料。主要的修复方法包括固相法、溶剂（水）热补锂法和熔盐修复法。

1．固相法

固相法是将预处理得到的正极材料，通过添加化学计量的锂盐调整材料内金属离子的比例，再经过高温固相烧结得到再生材料。杨桃等人[164]将废旧 $LiNi_{0.6}Co_{0.2}Mn_{0.2}O_2$ 与 Li_2CO_3 混合球磨后，在 800 ℃ 下固相烧结出再生正极材料，最佳补锂条件为 $n(Li)/n(Ni + Co + Mn) = 1.05$，再生的正极材料在 0.2 C 电流密度下放电比容量为 173.8 mA·h·g^{-1}，循环 55 圈容量保持率达 99.5%，研究结果表明缺失活性锂的退役三元正极材料通过添加锂源和高温固相烧结，可使锂重新填充到锂空位，修复后的正极材料性能达到商业要求。Meng 等人[165]结合机械化学活化和固态烧结法，开发了一种直接再生 $LiNi_{1-x-y}Co_xMn_yO_2$ 的新方法，利用喷雾干燥技术在正极材料表面包覆一层 V_2O_5。该方法可以增强再生材料的锂离子扩散能力并恢复三元层状结构。这种再生的 NCM 材料在 0.2 C 的电流密度下，首圈放电容量可达 165 mA·h·g^{-1}，经 100 圈循环后容量保持在 80% 以上。固相修复法的优点在于工艺简单，可以对电池行业生产过程中的边角废料进行很好的再生；缺点是再生材料分布不均匀可能掺夹着杂质，导致再生的正极材料化学活性和安全性降低。

2．溶剂（水）热补锂法

溶剂（水）热补锂法是充分利用溶剂特性和浓度梯度，将锂离子重新填充到锂空位，再经过高温烧结再生出形貌和电化学优异的再生材料，原理如图 1.14 所示。Shi 等人[166]利用水热处理-高温烧结法重塑出化学成分和微观结构都达到要求的三元正极材料。首先将退役正极材料粉末与过饱和的 LiOH 溶液在高压釜 220 ℃ 水热锂化 4 h，然后再与 Li 过量 5% 的 Li_2CO_3 高温烧结 4 h，再生的正极材料具有较高的容量和良好的循环稳定性。水热法具有更低的能耗和更短的反应时间，操作简单，成本低。离子液体具有可忽略的蒸汽压、较小的可燃性、良好的热稳定性和较大的合成灵活性等优点，是一种对材料形貌扰动最小的流动介质。Wang 等人[167]将退役正极材料粉末和氯化锂或其他锂盐混合在盛有离子液体的玻璃瓶中。搅拌后将装有混合物的玻璃瓶加热至 150 ℃ ~ 250 ℃，并在此温度下再保持 6 ~ 24 h。通过过滤将处理后的材料从离子液体中分离出来，处理后的正极材料用丙酮洗涤多次，置于

100 ℃ 干燥烘箱中干燥 2 h，再生出的正极材料首圈放电比容量达到 173.6 mA·h·g^{-1}。该方法以廉价的卤化锂为锂源，以可回收的离子液体为溶剂，具有绿色环保的优点，且再生的正极材料颗粒能够保持初始形态和结构，与需高温固相烧结再生的材料相比，具有更好的电化学性能。但离子液体成本高、黏度大、与正极材料分离过程损失量大，且操作环境要求高、回收过程较为繁琐，这些缺点限制了其工业化应用。

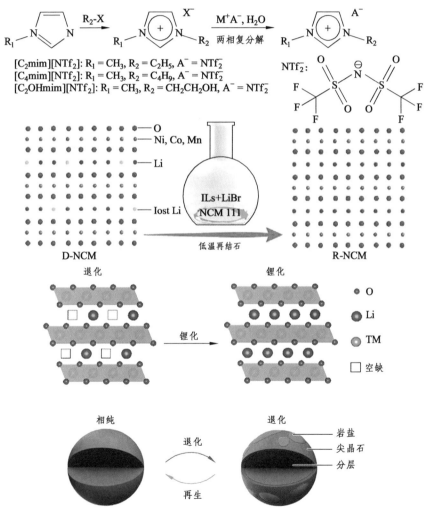

图 1.14　溶剂（水）热补锂法示意图[168-169]

3．熔盐修复法

熔盐修复法是利用共熔混合物具有低共熔点的优势来降低反应温度，使得反应可以在固-液间进行，此时离子扩散的速度远比固-固反应更快，从而达到修复退役三元正极材料晶体结构和电化学性能的目的[170]。楼平等人[171]在空气气氛中，采用低共熔 $LiNO_3$-$LiOH$ 熔融盐对废旧 $LiNi_{0.5}Co_{0.2}Mn_{0.3}O_2$ 正极材料进行了补锂修复。首先将废旧正极材料粉末与过量的熔融盐混合，并置于坩埚中于 300 ℃ 下加热 3 h 进行补锂，经过滤、干燥后，再加入 5% 过量的 Li_2CO_3 在 850 ℃ 氧气气氛中煅烧 4 h。再生的 NCM523 正极材料经电化学测试，在 0.1 C 电流密度下首次放电比容量达到 161.2 mA·h·g^{-1}，库仑效率为 87.8%，循环 100 圈后放电比容量为 132.6 mA·h·g^{-1}。Ma 等人[172]将正极材料粉末与混合熔融盐（$LiOH$：$LiNO_3$ 的摩尔比为 3：2）置于 320 ℃ 下煅烧 4 h，并在 850 ℃ 下保温 4 h，待熔融盐辅助修复后，水洗过滤干燥获得再生 NCM523 正极材料。经电化学测试，该再生 NCM523 正极材料在 0.2 C 电流密度下首次放电比容量达到 152.5 mA·h·g^{-1}，经 100 次循环后仍保持 86% 的容量。采用共晶熔融盐低温修复可制备出形貌较为规整、结晶度高、阳离子混排小、层状结构较好的锂离子正极材料，具有一定的工业化应用前景。

4．其他方法

（1）离子交换。

是将废旧锂离子电池正极材料浸出后溶液中的离子与离子交换剂中的离子进行交换，从而来回收废旧锂离子电池正极材料浸出液中的有价金属离子的一种方法。

Badawy 等人[173]采用螯合树脂法对废旧钴酸锂正极材料的浸出液进行分离钴实验，通过条件实验确定了最佳工艺参数为树脂比例 0.04 g/mL、pH = 5.5 和吸附时间为 30 min，在此条件下，钴的回收率达到了 97%。

（2）电沉积法。

在废旧锂离子电池正极材料的浸出液中施加外电源，以溶液中的阴阳离子的迁移作为电流，在电极上发生氧化还原反应，从而使得有价金属析出。

申勇峰[174]研究了在硫酸浸出液中采用电积的方法回收浸出液中的钴。

首先,确定了硫酸浸出钴的最佳条件,当 H_2SO_4 浓度为 10 mol/L、T = 70 ℃, t = 1 h 时,钴的浸出率接近 100%。随后对浸出液中的杂质元素进行水解脱除。在电流密度 235 A·m^{-2}、T = 55~60 ℃ 下进行电积,阴极产物为金属钴,质量符合电钴标准。

1.6　废旧锂电池回收利用展望

受环境保护和经济效益驱使,退役锂离子电池的回收再生已成为世界各大科研机构及企业的研究热点。随着新能源和新能源汽车产业的蓬勃发展,随着"双碳"战略目标的持续推进,退役锂离子电池尤其是三元锂电池的绿色高效回收是打好污染防治攻坚战的重点任务。对于锂电池回收产业,欧美日等发达国家起步较早,建立了相对完善的法律法规和制度体系,而我国在退役锂电池回收利用方面与欧美等发达国家尚有一定的差距,目前废旧锂离子电池处理的挑战如下:

(1)我国具有环保理念但落地不足,推动退役锂电池回收再生的政策扶持力度不够。

锂离子电池未实现真正意义上的"绿色电池",目前我国针对废旧锂离子电池回收行业虽出台了一系列扶持政策,但惠及范围较窄,同时还存在着骗补现象。

(2)废旧锂离子电池回收技术水平有待提高,尤其是拆解和选择性除杂技术有待提高。

未来 2~3 年内,将面临动力电池的井喷式退役,安全自动化的拆解技术是主要难题。开发选择性分选和高效除杂技术,是实现退役电池回收产品高值化、满足动力电池级产品纯度的迫切需求。

(3)退役锂电池梯次回收未建立系统完善的行业或国家标准,亟需建立标准化退役锂电池检测机构。

我国已逐步建立和完善退役电池回收体系,已相继制定《新能源汽车废旧动力蓄电池综合利用行业规范条件》等政策,已公布 5 批次共计 156 家电池回收企业白名单,但目前在电池生产、使用与回收环节中没有执行统一标准，还缺乏系统科学的行业或国家标准。在电池生产、使用与回收环节，建立电池身份全球护照，建设标准化的电池检测机构，并逐步建立电池诊断和共享数据系统，是实现动力电池梯级利用和"因材施教"再生回收的基础。

（4）退役锂电材料成分复杂，不同材料混合回收对退役电池"因材施策"回收造成困难。

目前，针对单一正极材料的回收再生技术已取得较好进展，但由于我国退役电池市场较为混乱，市场上流通的基本都是混合料，工业上采用的主要是"一锅法"处理，未能实现分级分质处理，因此开发适应不同退役特征的锂电池材料高效清洁回收利用技术体系及装备，协同构建全过程污染控制技术体系，形成"精细分类-高效转化-清洁利用-精深加工-精准控污"系统性解决方案，是后续研究的重点。

（5）亟需建立退役电池回收网络，实现全民、全过程、全方位电池回收体系。

电池制造者、销售商、使用者和回收者的环境保护积极性不够，需加强电池行业工作者的环保意识，必要时通过经济激励等政策以吸引更多的群众参与到废旧锂离子电池的回收中。

综上所述，解决退役锂电池材料高效清洁回收核心科学问题、突破"因材施策"的退役锂电池材料回收技术瓶颈，针对性研发适应不同锂电池失效特征的绿色高效回收再生技术，协同构建全过程污染控制耦合洁净技术，是实现城市矿山非常规资源高效利用和缓解我国战略金属资源危机的重要技术支撑，必将有力推动我国退役电池回收技术由"并跑"向"领跑"发展。

参考文献

［1］ Xu Q, Li X, Kheimeh Sari H M, et al. Surface engineering of LiNi0.8Mn0.1Co0.1O2 towards boosting lithium storage: Bimetallic oxides versus monometallic oxides[J]. Nano Energy, 2020, 77.

［2］ Gao G, Luo X, Lou X, et al. Efficient sulfuric acid-Vitamin C leaching system: Towards enhanced extraction of cobalt from spent lithium-ion batteries[J]. Journal of Material Cycles and Waste Management, 2019: 1-8.

[3]　Wang C W, Zhou Y, You J H, et al. High-Voltage LiCoO2 Material Encapsulated in a Li(4)Ti(5)O(12)Ultrathin Layer by High-Speed Solid-Phase Coating Process[J]. Acs Applied Energy Materials, 2020, 3: 2593-2603.

[4]　Weigel T, Schipper F, Erickson E M, et al. Structural and Electrochemical Aspects of LiNi0.8Co0.1Mn0.1O2 Cathode Materials Doped by Various Cations[J]. ACS Energy Letters, 2019, 4: 508-516.

[5]　Xu G, Liu Z, Zhang C, et al. Strategies for improving the cyclability and thermo-stability of LiMn2O4-based batteries at elevated temperatures[J]. Journal of Materials Chemistry A, 2015, 3: 4092-4123.

[6]　Kim U H, Park N Y, Park G T, et al. High-Energy W-Doped Li[Ni0.95Co0.04Al0.01]O2 Cathodes for Next-Generation Electric Vehicles[J]. Energy Storage Materials, 2020, 33: 399-407.

[7]　Liang Q, Yue H F, Wang S F, et al. Recycling and crystal regeneration of commercial used LiFePO$_4$ cathode materials[J]. Electrochimica Acta, 2020, 330: 135-323.

[8]　Abada S, Marlair G, Lecocq A, et al. Safety focused modeling of lithium-ion batteries: A review[J]. Journal of Power Sources, 2016, 306: 178-192.

[9]　董仲珍，冯强，李本盛. 三元锂离子电池正极材料浸出回收工艺进展[J]. 中国环境管理干部学院学报，2018，28（06）：59-62+70.

[10]　张雪，王铨，张婷等. 锂离子电池三元正极材料的研究进展[J]. 石油和化工设备，2016，19（11）：41-43+49.

[11]　马璨，吕迎春，李泓. 锂离子电池基础科学问题（VII）——正极材料[J]. 储能科学与技术，2014，3（01）：53-65.

[12]　Wang L, Chen B, Ma J, et al. Reviving lithium cobalt oxide-based lithium secondary batteries-toward a higher energy density[J]. Chemical Society Reviews, 2018, 47: 6505-6602.

[13]　李振源. 锂离子电池的发展应用分析[J]. 当代化工研究，2018（11）：1-2.

[14] GB/T 39224-2020，废旧电池回收技术规范[S].

[15] 小牛行研（hangyan.co）https://www.hangyan.co/charts/29031217034606 68735.

[16] Zhang X, Li L, Fan E, et al. Toward sustainable and systematic recycling of spent rechargeable batteries[J]. Chemical Society Reviews, 2018, 47: 7239-7302.

[17] Zhang P, Yokoyama T, Itabashi O, et al. Hydrometallurgical process for recovery of metal values from spent nickel-metal hydride secondary batteries[J]. Hydrometallurgy, 1998, 50(1): 61-75.

[18] He K, Zhang Z Y, Alai L, et al. A green process for exfoliating electrode materials and simultaneously extracting electrolyte from spent lithium-ion batteries[J]. Journal of hazardous materials, 2019, 375: 43-51.

[19] 胡国琛，胡年香，伍继君，等. 锂离子电池正极材料中有价金属回收研究进展[J]. 中国有色金属学报，2021，31（11）：3320-3343.

[20] 朱显峰，赵瑞瑞，常毅，等. 废旧锂离子电池三元正极材料酸浸研究[J]. 电池，2017，47（02）：105-108.

[21] Zeng X, Li J, Singh N. Recycling of Spent Lithium-Ion Battery: A Critical Review[J]. Critical Reviews in Environmental ence& Technology, 2014, 44(10): 1129-1165.

[22] 钟雪虎，陈玲玲，韩俊伟，等. 废旧锂离子电池资源现状及回收利用[J]. 工程科学学报，2021，43（2）：161-169.

[23] Gratz E, Apelian D, Zou H Y, et al. A novel method to recycle mixed cathode materials for lithium ion batteries[J]. Green chemistry, 2013, 15(5): 1183-1191.

[24] Mineral Resource Science in China: Review and perspective, Geography and Sustainability, 2021,2:107-114.

[25] Wanger Thomas Cherico. The Lithium future-resources, recycling, and the environment. Conservation Letters, 2011, 4(3): 202-206.

[26]　钟财富，刘坚，吕斌，等. 我国新能源汽车产业锂资源需求分析及政策建议[J]. 中国能源，2018，40（10）：12-15+24.

[27]　Zeng X L, Li J H. Spent rechargeable lithium batteries in e-waste: composition and its implications[J]. Frontiers of Environmental Science & Engineering, 2014, 8(5): 792-796.

[28]　Lisbona D, Snee T. A review of hazards associated with primary lithium and lithium-ion batteries. Process Saf Environ Prot, 2011, 89(6): 434-442.

[29]　Zeng X L, Li J H, Liu L L. Solving spent lithium-ion battery problems in China: Opportunities and challenges[J]. Renewable and Sustainable Energy Reviews, 2015, 52: 1759-1767.

[30]　卫寿平，孙杰，周添，等. 废旧锂离子电池中金属材料回收技术研究进展[J]. 储能科学与技术，2017, 6（6）：1196-1207.

[31]　SHI G, CHENG J, WANG J, et al. A comprehensive review of full recycling and utilization of cathode and anode as well as electrolyte from spent lithium-ion batteries[J]. Journal of Energy Storage, 2023, 72: 108486.

[32]　Or T, Gourley S W D, Kaliyappan K,et al. Recycling of mixed cathode lithium ion batteries for electric vehicles: Current status and future outlook[J]. Carbon Energy, 2020.

[33]　Choi J U, Voronina N, Sun Y K, et al. Recent Progress and Perspective of Advanced High-Energy Co-Less Ni-Rich Cathodes for Li-Ion Batteries: Yesterday, Today, and Tomorrow[J]. Advanced Energy Materials, 2020.

[34]　Qiu X Y, Zhuang Q C, Zhang Q Q, et al. Reprint of "Investigation of layered LiNi1/3Co1/3Mn1/3O2 cathode of lithium ion battery by electrochemical impedance spectroscopy"[J]. Journal of Electroanalytical Chemistry, 2013, 688: 393-402.

[35]　Koyama Y, Tanaka I, Adachi H, et al. Crystal and electronic structures of superstructural Li1−x[Co1/3Ni1/3Mn1/3]O2 (0 ≤ x ≤ 1)[J]. Journal of

Power Sources, 2003, 119-121: 644-648.

[36] LIU C, LIN J, CAO H, et al. Recycling of spent lithium-ion batteries in view of lithium recovery: A critical review[J]. 2019, 228: 801-813.

[37] Isidor A, Buchmann C. Batteries: what causes them to fail?[J]. Biomedical Instrumentation & Technology, 2003, 37(3): 205.

[38] Lin F, Markus I M, Nordlund D, et al. Surface reconstruction and chemical evolution of stoichiometric layered cathode materials for lithium-ion batteries[J]. Nat Commun, 2014, 5: 3529.

[39] Liu W, Oh P, Liu X, et al. Nickel-rich layered lithium transition-metal oxide for high-energy lithium-ion batteries[J]. Angew Chem Int Ed Engl, 2015, 54: 4440-4457.

[40] Noh H J, Youn S, Yoon C S, et al. Comparison of the structural and electrochemical properties of layered Li[NixCoyMnz]O2 (x = 1/3, 0.5, 0.6, 0.7, 0.8 and 0.85) cathode material for lithium-ion batteries[J]. Journal of Power Sources, 2013, 233: 121-130.

[41] Liang C, Kong F, Longo R C, et al. Unraveling the Origin of Instability in Ni-Rich LiNi1−2xCoxMnxO2 (NCM) Cathode Materials[J]. The Journal of Physical Chemistry C, 2016, 120: 6383-6393.

[42] Park K J, Jung H G, Kuo L Y, et al. Improved Cycling Stability of Li[Ni0.90Co0.05Mn0.05]O2 Through Microstructure Modification by Boron Doping for Li Ion Batteries[J]. Advanced Energy Materials, 2018, 8: 1801202.

[43] Lee Y J, Choi H Y, Ha C W, et al. Cycle life modeling and the capacity fading mechanisms in a graphite/LiNi0.6Co0.2Mn0.2O2 cell[J]. Journal of Applied Electrochemistry, 2015, 45: 419-426.

[44] 周格. 锂离子电池失效分析——过渡金属溶解沉积及产气研究[D]. 中国科学院大学（中国科学院物理研究所），2019.

[45] 陈晓轩，李晟，胡泳钢，等. 锂离子电池三元层状氧化物正极材料失

效模式分析[J]. 储能科学与技术，2019，8（6）：1003-1016.

[46]　Choi J, Manthiram A. Investigation of the irreversible capacity loss in the layered LiNi1/3Mn1/3Co1/3O2 cathodes[J]. Electrochemical and Solid-State Letters, 2005,8(8): 102-105.

[47]　Yan P F, Zheng J M, Chen T W, et al. Coupling of electrochemically triggered thermal and mechanical effects to aggravate failure in a layered cathode[J]. Nature Communications, 2018, 9(1): 1-8.

[48]　Bak S M, Nam K W, Chang W, et al. Correlating structural changes and gas evolution during the thermal decomposition of charged LixNi0.8Co0.15Al0.05O2 cathode materials[J]. Chemistry of Materials, 2013, 25(3): 337-351.

[49]　王坤，赵洪，刘大凡，等. 锂离子电池电极材料 SEI 膜的研究概况[J]. 无机盐工业，2013，45（10）：56.

[50]　Li W, Dolocan A, Oh P, et al. Dynamic behaviour of interphases and its implication on high-energy-density cathode materials in lithium-ion batteries[J]. Nat Commun, 2017, 8: 14589.

[51]　Koyama Y, Tanaka I, Adachi H, et al. Crystal and electronic structures of superstructural Li1– x[Co1/3Ni1/3Mn1/3]O2 （0≤x≤1）[J]. Journal of Power Sources, 2003, 119-121: 644-648.

[52]　Lin F, Markus I M, Nordlund D, et al. Surface reconstruction and chemical evolution of stoichiometric layered cathode materials for lithium-ion batteries[J]. Nat Commun, 2014, 5: 3529.

[53]　Liu W, Oh P, Liu X,et al. Nickel-rich layered lithium transition-metal oxide for high-energy lithium-ion batteries[J]. Angew Chem Int Ed Engl, 2015, 54: 4440-4457.

[54]　王光旭，李佳，许振明. 废旧锂离子电池中有价金属回收工艺的研究进展[J]. 材料导报，2015，29（7）：113-123.

[55]　Xu J, Thomas H R, Francis R W, et al. A review of processes and

technologies for the recycling of lithium-ion secondary batteries. Journal of Power Sources[J], 177(2): 512-527.

[56] 王洪彩,郑茹娟,贾铮,路密,戴长松. 废旧锂离子电池资源化回收及再利用发展动态[J]. 电池工业,2013,18(2):173-176.

[57] Noh H J, Youn S, Yoon C S, et al. Comparison of the structural and electrochemical properties of layered Li[NixCoyMnz]O2 (x = 1/3, 0.5, 0.6, 0.7, 0.8 and 0.85) cathode material for lithium-ion batteries[J]. Journal of Power Sources, 2013, 233: 121-130.

[58] Bankole O E,Lei L. Recovery of LiMn1/3Ni1/3Co1/3O2 from spent lithium-ion battery using a specially designed device[J]. Environmental engineering and management journal, 2018, 17(5): 1043-1051

[59] Yao L P, Zeng Q, Qi T, et ali. An environmentally friendly discharge technology to pretreat spent lithium-ion batteries[J]. Journal of Cleaner Production, 2019, 245(3): 118820.

[60] Park K J, Jung H G, Kuo L Y, et al. Improved Cycling Stability of Li[Ni0.90Co0.05Mn0.05]O2 Through Microstructure Modification by Boron Doping for Li Ion Batteries[J]. Advanced Energy Materials, 2018, 8: 1801202.

[61] 张治安,赖延清,宋俊肖,等. 一种废旧锂离子电池高效安全放电的方法[P]. 中国:CN106816663B,2020-09-08.

[62] Song X L, Dai S Q, Xu. Experimental study on the discharge of the waste lithium ion battery[J]. Applied Chemical Industry, 2015, 44(4): 594-597.

[63] Nie H, Xu L, Song D, et al. LiCoO2: Recycling from spent batteries and regeneration with solid state synthesis. Green Chemistry[J]. 2015, 17(2), 1276-1280.

[64] Granata G, Moscardini E, Pagnanelli F, et al. Product recovery from Li-ion battery wastes coming from an industrial pre-treatment plant: Lab scale tests and process simulations[J]. Journal of Power Sources, 2012,

206: 393-401.

[65]　da Costa Ana Javorsky, Matos Jose Fidel, Bernardes Andrea Moura，et al. Beneficiation of cobalt, copper and aluminum from wasted lithium-ion batteries by mechanical processing[J]. International Journal of Mineral Processing. 2015, 145: 77-82.

[66]　穆德颖，刘铸，金珊，等. 废旧锂离子电池正极材料及电解液的全过程回收及再利用[J]. 化学进展，2020，32（7）：950-965.

[67]　Diekmann J, Hanisch C, Frobse L, et al. Ecological recycling of lithium-ion batteries from electric vehicles with focus on mechanical processes[J]. Journal of The Electrochemical Society. 2017, 164（1）:A6184-A6191.

[68]　Zhang T, He Y, Wang F, et al. Surface analysis of cobalt-enriched crushed products of spent lithium-ion batteries by X-ray photoelectron spectroscopy[J]. Separation and Purification Technology, 2014, 138: 21-27.

[69]　Shin S M, Kim N H, Sohn J S, et al. Development of a Metal Recovery Process from Li-Ion Battery Wastes[J]. Hydrometallurgy, 2005, 79(3-4): 172-181.

[70]　Zhou L, Garg A, Zheng J, et al. Battery pack recycling challenges for the year 2030: Recommended solutions based on intelligent robotics for safe and efficient disassembly, residual energy detection, and secondary utilization[J]. Energy Storage, 2020, e190: 1-12.

[71]　江洪，陈亚杨，刘义鹤. 国际锂离子电池回收技术路线及企业概况[J]. 新材料产业，2018，3：26-30.

[72]　程绪信，黄景天，陈晓明. 废旧锂离子电池的预处理技术现状[J]. 肇庆学院学报，2021，42（5）：11-17.

[73]　He L P, Sun S Y, Song X F,et al. Recovery of cathode materials and Al from spent lithium-ion batteries by ultrasonic cleaning[J]. Waste Management, 2015, 46: 523-528.

[74] Song D, Wang X, Zhou E, et al. Recovery and heat treatment of the Li（Ni1/3Co1/3Mn1/3）O2 cathode scrap material for lithium ion battery[J]. Journal of Power Sources, 2013, 232: 348-352

[75] Lin F, Markus I M, Nordlund D, et al. Surface reconstruction and chemical evolution of stoichiometric layered cathode materials for lithium-ion batteries[J]. Nat Commun, 2014, 5: 3529.

[76] Wang Y A, Diao W Y, Fan C Y, et al. Benign Recycling of Spent Batteries towards All-Solid-State Lithium Batteries[J]. Chem-Eur J, 2019, 25（38）: 8975-8981

[77] Wang M M, Tan Q Y, Liu L L, et al. Efficient Separation of Aluminum Foil and Cathode Materials from Spent Lithium-Ion Batteries Using a Low-Temperature Molten Salt[J]. ACS Sustain Chem Eng, 2019, 7(9): 8287-8294.

[78] He L P, Sun S Y, Mu Y Y, et al. Recovery of Lithium, Nickel, Cobalt, and Manganese from Spent Lithium-Ion Batteries Using L-Tartaric Acid as a Leachant[J]. ACS Sustain Chem Eng, 2017, 5(1): 714-721.

[79] Li H Y, Li S W, Peng J H,et al. Ultrasound augmented leaching of nickel sulfate in sulfuric acid and hydrogen peroxide media[J]. Ultrason Sonochem, 2018, 40: 1021-1030.

[80] Silveira A V M, Santana M P, Tanabe E H, et al. Recovery of valuable materials from spent lithium ion batteries using electrostatic separation[J]. International Journal Of Mineral Processing, 2017, 169: 91-98.

[81] Wang X, Gaustad G, Babbitt C W. Targeting high value metals in lithium-ion battery recycling via shredding and size-based separation[J], Waste Management,2016, 51: 204-213.

[82] 高桂兰，贺欣，李亚光，等. 废旧车用动力锂离子电池的回收利用现状[J]. 环境工程，2017, 35（10）: 135-140.

[83] Xin Y Y, Guo X M, Chen S, et al. Bioleaching of valuable metals Li, Co,

Ni and Mn from spent electric vehicle Li-ion batteries for the purpose of recovery[J].Journal of Cleaner Production, 2016, 116, 249-258.

[84]　任国兴，潘炳，谢美求，等. 含锰废旧聚合物锂离子电池还原熔炼回收有价金属试验研究[J]. 矿冶工程，2015，35（03）：75-78.

[85]　Hanisch C, Loellhoeffel T, Diekmann J, et al. Recycling of lithium-ion batteries: a novel method to separate coating and foil of electrodes[J]. Journal of Cleaner Production, 2015, 108(A): 301-311.

[86]　郝涛. 废旧 LiNi0.6Co0.2Mn0.2O2 正极材料的回收再生研究[D]. 昆明: 昆明理工大学, 2019.

[87]　Meshram P, Pandey B D, Mankhand T R. Recovery of valuable metals from cathodic active material of spent lithium ion batteries: Leaching and kinetic aspects[J]. Waste Manage, 2015, 45: 306-313.

[88]　陆修远，张贵清，曹佐英，等. 采用硫酸-还原剂浸出工艺从废旧锂离子电池中回收 LiNi0.6Mn0.2Co0.2O2[J]. 稀有金属与硬质合金，2017，（06）：14-23.

[89]　Zhang Y, Wang W, Hu J, et al. Stepwise Recovery of Valuable Metals from Spent Lithium Ion Batteries by Controllable Reduction and Selective Leaching and Precipitation[J]. ACS Sustain Chem Eng, 2020, 8(41): 15496-15506.

[90]　Fan E S, Yang J B, Huang Y X, et al. Leaching Mechanisms of Recycling Valuable Metals from Spent Lithium-Ion Batteries by a Malonic Acid-Based Leaching System[J]. ACS Appl Energ Mater, 2020, 3(9): 8532-8542.

[91]　Wu Z R, Soh T, Chan J J, et al. Repurposing of Fruit Peel Waste as a Green Reductant for Recycling of Spent Lithium-Ion Batteries[J]. Environ Sci Technol, 2020, 54(15): 9681-9692.

[92]　Ning P C, Meng Q, Dong P, et al. Recycling of cathode material from spent lithium ion batteries using an ultrasound-assisted DL-malic acid

leaching system[J]. Waste Manage, 2020, 103: 52-60.

[93]　Ku H, Jung Y, Jo M,et al. Recycling of spent lithium-ion battery cathode materials by ammoniacal leaching[J]. Journal of Hazardous Materials, 2016, 313: 138-146.

[94]　Zheng X H, Gao W F, Zhang X, et al. Spent lithium-ion battery recycling - Reductive ammonia leaching of metals from cathode scrap by sodium sulphite[J]. Waste Manage, 2017, 60: 680-688.

[95]　Wang H Y, Huang K, Zhang Y, et al. Recovery of Lithium, Nickel, and Cobalt from Spent Lithium-Ion Battery Powders by Selective Ammonia Leaching and an Adsorption Separation System[J]. ACS Sustain Chem Eng, 2017, 5(12): 11489-11495.

[96]　Meng K, Cao Y, Zhang B, et al. Comparison of the Ammoniacal Leaching Behavior of Layered LiNixCoyMn1-x-yO2 (x=1/3, 0.5, 0.8) Cathode Materials[J]. ACS Sustain Chem Eng, 2019, 7(8): 7750-7759.

[97]　张颢竞，程洁红，朱铖，等. 用酸浸—生物浸出工艺从废锂离子电池电极材料中回收金属钴铜镍[J]. 2019：

[98]　Bahaloo-Horeh N, Mousavi S M, Baniasadi M. Use of adapted metal tolerant Aspergillus niger to enhance bioleaching efficiency of valuable metals from spent lithium-ion mobile phone batteries[J]. Journal of Cleaner Production, 2018, 197: 1546-1557.

[99]　Roy J J,Madhavi S, Cao B. Metal extraction from spent lithium-ion batteries (LIBs) at high pulp density by environmentally friendly bioleaching process[J]. Journal of Cleaner Production, 2020, 280: 124242.

[100]　李新月. 废旧三元电池正极材料中镍钴锰的回收工艺研究[D]. 哈尔滨：哈尔滨工业大学，2019.

[101]　ZHENG X H, GAO W F, ZHANG X, et al. Spent lithium-ion battery recycling - Reductive ammonia leaching of metals from cathode scrap by sodium sulphite[J]. Waste Manage, 2017, 60: 680-8.

[102] LI B, WU C, HU D, et al. Copper extraction from the ammonia leach liquor of spent lithium ion batteries for regenerating LiNi0.5Co0.5O2 by co-precipitation[J]. Hydrometallurgy, 2020, 193: 105310.

[103] 林艳，段建国，张英杰，等. 一种利用废旧三元锂电池制备正极材料前驱体的方法[Z]. 2019.

[104] Li L, Chen R J, Sun F, et al. Preparation of LiCoO2 films from spent lithium-ion batteries by a combined recycling process[J]. Hydrometallurgy, 2011, 108(34): 220-225.

[105] Gao W F, Song J L, Cao H B, et al. Selective ecovery of valuable metals from spent lithium-ion batteries-Process development and kinetics evaluation[J]. Journal of Cleaner Production, 2018, 178: 33-845.

[106] Chen X P, Ma H R, Luo C B, et al. Recovery of valuable metals from waste cathode materials of spent lithium-ion batteries using mild phosphoric acid[J]. Journal of Hazardous Materials, 2017, 326(15): 77-86.

[107] Barik S P，Prabaharan G，Kumar L. Leaching and separation of Co and Mn from electrode materials of spent lithium-ion batteries using hydrochloric acid: Laboratory and pilot scale study[J]. Journal of Cleaner Production, 2017, 20, 147: 37-43.

[108] Pinna E G, Ruiz M C, Ojeda M W, et al. Cathodes of spent Li-ion batteries: Dissolution with phosphoric acid and recovery of lithium and cobalt from leach liquors[J]. Hydrometallurgy, 2017, 167: 66-71.

[109] Lee C K, Rhee K I. Preparation of LiCoO2 from spent lithium-ion batteries[J]. Journal of Power Sources, 2002, 109(1): 17-21.

[110] He L P, Sun S Y, Mu Y Y, et al. Recovery of Lithium, Nickel, Cobalt, and Manganese from Spent Lithium-Ion Batteries Using L-Tartaric Acid as a Leachant[J]. ACS Sustain Chem Eng, 2017, 5(1): 714-721.

[111] 杨健，秦吉涛，李芳成，等. 废旧锂离子电池的湿法回收研究进展[J]. 中南大学学报（自然科学版），2020，51（12）：3261-3278.

[112] 方荣华，张文华，欧阳志昭，陈哲. 酸浸回收锂离子电池有价金属的研究现状[J]. 电池，2021，51（3）：300-304.

[113] Li L, Bian Y F, Zhang X X,et al. Economical recycling process for spent lithium-ion batteries and macro-and micro-scale mechanistic study[J]. Journal of Power Sources, 2018, 377(15): 70-79.

[114] 史红彩. 废旧锂离子动力电池中镍钴锰酸锂正极材料的回收及再利用[D]. 郑州：郑州大学，2017.

[115] Zheng Q X, Watanabe M, Iwatate Y, et al. Hydrothermal leaching of ternary and binary lithium-ion battery cathode materials with citric acid and the kinetic study[J]. The Journal of Supercritical Fluids, 2020, 165: 104990.

[116] Golmoh R, Rashchi F, Vahidi E. Recovery of lithium and cobalt from spent lithium-ion batteries using organic acids: Process optimization and kinetic aspects[J]. Waste Management, 2017, 64: 244-254.

[117] Li L, Qu W J, Zhang X X, et al. Succinic acid-based leaching system: A sustainable process for recovery of valuable metals from spent Li-ion batteries[J]. Journal of Power Sources, 2015, 282: 544-551.

[118] 刘银玲，赵璐璐，郭琳娜，等. 维生素 C 溶解废旧锂离子电池正极材料锰酸锂的研究[J]. 南阳师范学院学报，2015，14（9）：27-31.

[119] Chen X P, Kang D Z, Cao L, et al. Separation and recovery of valuable metals from spent lithium ion batteries: Simultaneous recovery of Li and Co in a single step[J]. Separation and Purification Technology, 2019, 210: 690-697.

[120] Li L, Lu J, Ren Y, et al. Ascorbic-acid-assisted recovery of cobalt and lithium from spent Li-ion batteries[J]. Journal of Power Sources, 2012, 218: 21-27.

[121] Sun L,Qiu K Q. Organic oxalate as leachant and precipitant for the recovery of valuable metals from spent lithium-ion batteries[J]. Waste Management, 2012, 32(8): 1575-1582.

[122] 钱王，张婉玉，董慧娴，等. 超声波强化有机酸浸出废旧锂离子电池中钴的实验研究[J]. 广东化工，2021，48（09）：48-49+84.

[123] Gao R C, Sun C H, Xu L J, et al. Recycling LiNi0.5Co0.2Mn0.3O2 material from spent lithium-ion batteries by oxalate co-precipitation[J]. Vacuum, 2020, 173: 109181.

[124] Fan E S, Yang J B, Huang Y X,et al. Leaching Mechanisms of Recycling Valuable Metals from Spent Lithium-Ion Batteries by a Malonic Acid-Based Leaching System[J]. ACS Appl Energ Mater, 2020, 3(9): 8532-8542.

[125] Wu Z R, Soh T, Chan J J, et al. Repurposing of Fruit Peel Waste as a Green Reductant for Recycling of Spent Lithium-Ion Batteries[J]. Environ Sci Technol, 2020, 54(15): 9681-9692.

[126] Ning P C, Meng Q, Dong P,et al. Recycling of cathode material from spent lithium ion batteries using an ultrasound-assisted DL-malic acid leaching system[J]. Waste Manage, 2020, 103: 52-60.

[127] Chen B, Bao S X, Zhang Y M, et al. A high-efficiency and sustainable leaching process of vanadium from shale in sulfuric acid systems enhanced by ultrasound[J]. Sep Purif Technol, 2020, 240: 9.

[128] 邹超，潘君丽，刘维桥，等. 湿法回收锂离子电池三元正极材料的进展[J]. 电池，2018，48（2）：130-134.

[129] Pant D, Dolker T. Green and facile method for the recovery of spent lithium nickel manganese cobalt oxide (NMC) based lithiumion batteries[J]. Waste Management, 2016, 60: 689-695.

[130] Roshanfar M, Golmohammadzadeh R, Rashchi F. An environmentally friendly method for recovery of lithium and cobalt from spent lithium-ion batteries using gluconic and lactic acids[J]. Journal of Environmental Chemical Engineering, 2019, 7(1): 102794-102794.

[131] Bahaloo-Horeh N, Mousavi S M, Baniasadi M. Use of adapted metal

tolerant Aspergillus niger to enhance bioleaching efficiency of valuable metals from spent lithium-ion mobile phone batteries[J]. J Clean Prod, 2018, 197: 1546-1557.

[132] Roy J J,Madhavi S, Cao B. Metal extraction from spent lithium-ion batteries (LIBs) at high pulp density by environmentally friendly bioleaching process[J]. J Clean Prod, 2020, 280.

[133] 楚玮. 废旧锂电池正极片中有价金属回收与 LiNi0.6Co0.2Mn.2O2 正极材料再制备技术研究[D]. 淄博：山东理工大学，2021.

[134] Xiao J F, Li J, Xu Z M. Recycling metals from lithium ion battery by mechanical separation and vacuum metallurgy[J]. Journal of Hazardous Materials, 2017, 338: 124-131.

[135] 田庆华，邹艾玲，童汇，等. 废旧三元锂离子电池正极材料回收技术研究进展[J]. 材料导报，2021，35（1）：1011-1022.

[136] Meshram P, Pandey B D, Mankhand T R. Hydrometallurgical processing of spent lithium ion batteries (LIBs) in the presence of a reducing agent with emphasis on kinetics of leaching[J]. Chemical Engineering Journal, 2015, 281: 418-427.

[137] Pant D, Dolker T. Green and facile method for the recovery of spent lithium nickel manganese cobalt oxide (NMC) based lithiumion batteries[J]. Waste Management, 2016, 60: 689-695.

[138] Wang R C, Lin Y C, Wu S H. A novel recovery process of metal values from the cathode active materials of the lithium-ion secondary batteries[J]. Hydrometallurgy, 2009, 99(3-4): 194-201.

[139] Cai G, Fung K Y, Ng K M, et al. Process development for the recycle of spent lithium ion batteries by chemical precipitation[J]. Industrial & Engineering ChemistryResearch, 2014, 53(47): 18245-18259.

[140] 谭燊，缪畅，聂炎，等. 废旧锂离子电池三元正极材料的回收与再利用工艺研究进展[J]. 人工晶体学报，2020，49（10）：1944-1951.

[141] 易爱飞，张健，朱兆武，等. 废旧锂电池正极活性材料硫酸浸出液萃取纯化[J]. 东北大学学报（自然科学版），2019，40（10）：1430-1436.

[142] Chen W S, Hsing-Jung H. Recovery of Valuable Metals from Lithium-Ion Batteries NMC Cathode Waste Materials by Hydrometallurgical Methods[J]. Metals,2018, 8(5): 321.

[143] 易爱飞，朱兆武，张健，等. 废旧三元电池正极活性材料盐酸浸出液中钴锰共萃取分离镍锂[J]. 有色设备, 2018, 4: 4-9+25

[144] YANG Y, XU S, HE Y. Lithium recycling and cathode material regeneration from acid leach liquor of spent lithium-ion battery via facile co-extraction and co-precipitation processes[J]. Waste Manag, 2017, 64: 219-27.

[145] Zhao J M, Shen X Y, Deng F L, et al. Synergistic extraction and separation of valuable metals from waste cathodic material of lithium ion batteries using Cyanex272 and PC-88A[J]. Separation and Purification Technology, 2011, 78(3): 345-351.

[146] Chen X P, Zhou T, Kong J R, et al. Separation and recovery of metal values from leach liquor of waste lithium nickel cobalt manganese oxide based cathodes[J]. Separation & Purification Technology, 2015, 141: 76-83.

[147] 雷舒雅，徐睿，孙伟，等. 废旧锂离子电池回收利用[J]. 中国有色金属学报，2021，31（11）：3303-3319.

[148] 郝雅卓，胡娟，常丽娟，等. 退役三元 NCM 锂离子电池正极材料资源化回收研究进展[J]. 四川大学学报（自然科学版），2021，58（4）：143-148.

[149] Zhao Y, Yuan X, Jiang L,et al. Regeneration and reutilization of cathode materials from spent lithium-ion batteries[J]. Chem Eng J, 2020, 383.

[150] Yang Y, Song S L, Jiang F, et al. Short process for regenerating Mn-rich cathode material with high voltage from mixed-type spent cathode

materials via a facile approach[J]. J Clean Prod, 2018, 186: 123-130.

[151] Yang X, Dong P, Hao T, et al. A Combined Method of Leaching and Co-Precipitation for Recycling Spent LiNi（0.6）Co（0.2）Mn（0.2）O（2）Cathode Materials: Process Optimization and Performance Aspects[J]. Jom: 10.

[152] Zybert M, Ronduda H, Szczesna A, et al. Different strategies of introduction of lithium ions into nickel-manganese-cobalt carbonate resulting in LiNi0.6Mn0.2Co0.2O2（NMC622） cathode material for Li-ion batteries[J]. Solid State Ion, 2020, 348: 10.

[153] Gao R C, Sun C H, Xu L J, et al. Recycling LiNi0.5Co0.2Mn0.3O2 material from spent lithium-ion batteries by oxalate co-precipitation[J]. Vacuum, 2020, 173: 12.

[154] He L P, Sun S Y, Yu J G. Performance of LiNi1/3Co1/3Mn1/3O2 prepared from spent lithium-ion batteries by a carbonate co-precipitation method[J]. Ceramics International, 2018, 44(1): 351-357.

[155] 曹玲, 刘雅丽, 康铎之, 等. 废旧锂电池中有价金属回收及三元正极材料的再制备[J]. 化工进展, 2019, 38（05）: 2499-2505.

[156] Chu W, Zhang Y L, Chen X, et al. Synthesis of LiNi0.6Co0.2Mn0.2O2 from mixed cathode materials of spent lithium-ion batteries[J]. Journal of Power Sources, 2020, 449, 227567.

[157] 何晶晶, 费子桐, 孟奇, 等. 废旧 LiNi0.5Co0.2Mn0.3O2 正极材料还原酸浸与沉淀再生研究[J]. 稀有金属与硬质合金, 2021, 49（2）: 47-51

[158] 张英杰, 宁培超, 杨轩, 等. 废旧三元锂离子电池回收技术研究新进展[J]. 化工进展, 2020, 39（7）: 2828-2840

[159] Bian Y, Zhang X, Guan Y, et al. Process for recycling mixed-cathode materials from spent lithium-ion batteries and kinetics of leaching[J]. Waste Management, 2018, 71: 362-371

[160] Li L, Fan E, Guan Y, et al. Sustainable recovery of cathode materials from

spent lithium-ion batteries using lactic acid leaching system[J]. ACS Sustainable Chemistry & amp; Engineering, 2017, 5(6): 5224-5233.

[161] 姚路. 废旧锂离子电池正极材料回收再利用研究[D]. 郑州：河南师范大学，2016.

[162] Zhang Z H, Yu M, Yang B, et al. Regeneration of of Al-doped LiNi1/3Co1/3Mn1/3O2 cathode material via a sustainable method from spent Li-ion batteries[J]. Mater Res Bull, 2020, 126: 7.

[163] ZHENG Y, WANG S, GAO Y, et al. Lithium Nickel Cobalt Manganese Oxide Recovery Via Spray Pyrolysis Directly from The Leachate of Spent Cathode Scraps[J]. ACS Appl Energ Mater, 2019, 2(9).

[164] 杨桃，林辉，刘婷. 动力锂离子电池镍钴锰酸锂正极材料新型回收再生技术[J]. 电池工业，2018，022（006）：311-314.

[165] Meng X Q, Cao H B, Hao J, et al. Sustainable Preparation of LiNi (1/3) Co (1/3) Mn (1/3) O (2)-V2O5 Cathode Materials by Recycling Waste Materials of Spent Lithium-Ion Battery and Vanadium-Bearing Slag[J]. ACS Sustain Chem Eng, 2018, 6(5): 5797-5805.

[166] Shi Y, Chen G, Liu F, et al. Resolving the Compositional and Structural Defects of Degraded LiNixCoyMnzO2 Particles to Directly Regenerate High-Performance Lithium-Ion Battery Cathodes[J]. ACS Energy Lett, 2018, 3(7): 1683-1692.

[167] Wang T, Luo H M, Bai Y C, et al. Direct Recycling of Spent NCM Cathodes through Ionothermal Lithiation[J]. Adv Energy Mater, 2020, 10(30): 6.

[168] Yang X, Dong P, Hao T, et al. A combined method of leaching and co-precipitation for recycling spent LiNi0.6Co0.2Mn0.2O2 cathode materials: process optimization and performance aspects[J]. 2020, 72(11): 3843-3852.

[169] Zybert M, Ronduda H, Szczesna A, et al. Different strategies of

introduction of lithium ions into nickel-manganese-cobalt carbonate resulting in LiNi0.6Mn0.2Co0.2O2 (NMC622) cathode material for Li-ion batteries[J]. 2020, 348: 115273.

[170] Xie Z, Song Q, Xie H, et al. Chemically driven synthesis of Ti3+ self-doped Li4Ti5O12 spincl in molten salt[J]. Journal of the American Ceramic Society, 2021(2): 104.

[171] 楼平，徐国华，岳灵平，等. 熔盐法再生修复退役三元动力电池正极材料[J]. 储能科学与技术, 2020, (3): 8.

[172] MA T F, GUO Z X, SHEN Z, et al. Molten salt-assisted regeneration and characterization of submicron-sized LiNi0.5Co0.2Mn0.3O2 crystals from spent lithium ion batteries[J]. Journal of Alloys and Compounds, 2020, 848: 9.

[173] Badawy S M, Nayl A A, Khashab R. Cobalt separation from waste mobile phone batteries using selective precipitation and chelating resin[J]. Journal of Material Cycles and Waste Management, 2014, 16(4): 739-746.

[174] 申勇峰. 从废锂离子电池中回收钴[J]. 有色金属, 2002, 4: 69-70+77.

第2章
退役三元动力锂电池失效特征及
快速分选

    锂离子电池在服役过程中关键性能不断老化，致使其电化学性能降低，甚至引发安全事故，因此锂离子电池性能降低到一定程度时需退役报废。目前退役电池回收处理前的检测一般是简单电压测试，易造成退役电池状态判断不清，同时现行回收技术一般很少根据退役电池实际状态进行最优回收路线匹配，常造成技术选取不合理、回收工艺流程长、成本高、能耗大等问题[1]。因此，对退役锂电池进行失效分析，确认其失效模式、分析失效机理、明确失效原因，开展电池关键材料状态评估，建立电池性能衰减与失效影响因素之间的对应关系，并建立与回收技术之间的内在耦合关联，是实现退役锂电池因材施策回收技术的前提和关键。本章主要介绍退役三元动力锂电池的失效性能测试和分选方法。

    锂离子电池在使用过程中，随着充放电次数的增加、使用环境（高/低温、撞击等）的改变以及不规范使用充电设备（如过充、充电规格不匹配等），其电化学性能会发生严重衰退，当锂离子电池无法为设备提供正常稳定的电量供应时，应进入失效报废流程。锂离子电池的失效报废是电池材料和使用工况等多因素综合作用的结果，其外在原因是外部环境的改变致使电池内部关键材料发生物理化学变化，其内在原因是电极材料本身出现了失效或者老化。在锂离子电池充放电循环过程中，伴随着各种副反应，尤其是在 Li⁺循环脱嵌过程中，电极材料始终发生着变化，还可能与周围环境中的电解质等介质发生物理化学反应，当副反应造成电极材料发生不可逆影响时，锂离子电池就开始逐步失效，当累积到一定程度时，电池材料会发生不可逆相变，导致材料的晶体结构、微观结构及活性颗粒尺度结构等发生变化，从而导致电池电化学性能严重衰减，严重时可能引发电池产气及热失控等一系列安全问题。对于锂离子电池材料回收方法及策略选择而言，分析锂离子电池正、负极材料的失效机制是有必要的，通过电池材料的失效机制及状态评估，可为后续物理修复、重塑再生或湿法回收等路径的选择提供依据。

2.1 退役锂电池宏观电化学性能及失效特征

2.1.1 单体动力电池测试平台

1. 单体电池充放电测试设备

电池充放电性能测试通过加载特定的测试程序或车用工况，可获得动力电池电压、功率、容量、能量、内阻、温度以及这些参数的衍生和计算表达等，从而考察所测试动力电池的基础性能指标。采用的电池测试设备可为美国 Arbin 公司生产的 Arbin BT-5HC -5V-100A-8 Equation Chapter（Next）Section 1 型多功能电池测试系统，具体技术指标如表 2.1 所示。

表 2.1　多功能电池测试系统的技术指标

电压范围	电压控制精度	电流范围	电流控制精度	三电流量程	电流上升时间	辅助温度测试通道
0~5 V	+/-0.05% FSR（满量程）	-100A~ +100A	+/-0.05% FSR（满量程）	100 A/10 A/ 1 A	（0~100 A） <5 mS	8 个
温度测试范围	控制标准类型	每个程序可编程步骤	每个程序可执行循环次数	最小脉宽	最快采样速度	
-200 ℃ 至 + 500 ℃，测试精度：+/-1 ℃	恒流、恒压、斜坡等	>3 000 步	>69 999	10 ms	10 ms	

2．高低温交变性能测试设备

采用的温度控制设备为上海品顿实验设备有限公司生产的 GDJS-540 型高低温交变湿热试验箱，具体技术指标如表 2.2 所示。

表 2.2　高低温交变湿热试验箱的技术指标

温度范围	湿度范围	温度均匀度	温度波动度
− 70 ～ + 150 ℃	20% ～ 98% RH	± 2 ℃	± 0.5 ℃
温度偏差	湿度偏差		工作室尺寸（mm）
± 2 ℃	± 3% RH（低于 75% RH 时为 ± 5% RH）		800×750×900（深×宽×高）

3．交流阻抗测试设备

采用的测试仪器为 Ivium Technologies 生产的 IviumStat.h 电化学工作站，如图 2.1（a）所示。交流阻抗测试的具体技术指标如表 2.3 所示。采用的测试夹具为自主制作的适用方形电池的专用充电夹具，最大测试电流为 80 A，如图 2.1（b）所示。

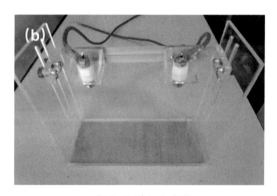

（a）电化学工作站　　　　　　　　　（b）方形电池夹具

图 2.1　交流阻抗测试设备

表 2.3　交流阻抗测试的技术指标

测量电压	最大电流	最大输出电压	施加电位范围	施加电位精度	电流范围
10 V	± 5 A	± 10 V	± 20 V	0.2%	10 nA ～ 10 A

续表

测量电压	最大电流	最大输出电压	施加电位范围	施加电位精度	电流范围
交流阻抗频率范围	测量电流分辨率	施加电流分辨率	施加电流精度	电位范围	测量电位分辨率
10 μHz ~ 8 MHz	0.015%，最小0.15 fA	0.033%	0.2%	±1 mV，±10 mV，±100 mV，±1 V，±10 V	0.003%，最小40 nV

4．测试防爆箱

由于测试样品均为退役电池，测试过程极易发生自燃或爆炸，因此自主设计并定制了钛制测试防爆箱，如图 2.2 所示。

图 2.2　防爆箱

5．单体动力电池测试平台

单体电池测试平台包含由美国德克萨斯州 Arbin 仪器公司生产的单体电池测试仪 BT-5HC、中国上海品顿实验设备有限公司生产的高低温交变湿热试验箱和电脑主机组成，其测试平台结构如图 2.3 所示。其中，单体电池测试仪 BT-5HC 有 8 个独立可编程通道，每个通道最大充放电电流为 100 A，测量精度为 ±0.05%；电压测量范围为 0 ~ 5 V，测量精度为 ±0.05%；每个通道还配备一个热电偶传感器，温度测量范围为 – 200 ℃ ~ 500 ℃，测量精度为 ±1 ℃。该设备可进行可控电流、电压、功率以及动态工况等仿真测试，可实时计算充放电容量，最快采样精度 10 ms。高低温交变湿热试验箱可用于模拟电池的实验温度和湿度，温度控制范围为 – 70 ℃ ~ 150 ℃，温度偏差

≤2 ℃。电脑主机通过 TCP/IP 方式连接单体电池测试仪，主机上安装 Arbin MITS PRO 软件实现 Arbin 设备的控制和电池数据的存储。

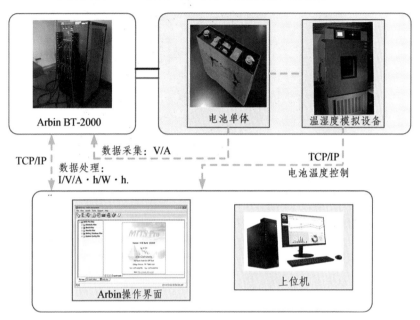

图 2.3　单体动力电池测试平台

在该动力电池测试平台中，主体采用主从式两级控制结构，由上位机和下位机组成。上位机采用相关软件控制下位机完成各种动力电池测试，其中下位机包括动力电池充放电性能测试设备；同时，为保证外部环境的稳定性和多变性，动力电池通常需要放置在温箱里进行实验，实现目标温、湿度并保持恒定；采集模块则负责采集动力电池电压、电流、温度等信号传输给上位机完成数据采集。该平台的搭建为动力电池的测试设计提供了硬件基础。

2.1.2　测试对象

测试对象为正常退役的方形三元锂电池，如图 2.4 所示，由国内某车企提供，外形规格较为一致。外尺寸为 170 mm × 50 mm × 11 0mm（长 × 宽 × 高），两极柱之间约为 130 mm。

图 2.4　测试对象-退役三元锂电池

2.1.3　退役锂电池电性能测试方法

1. 动力电池单体测试体系

动力电池单体测试体系，如表 2.4 所示。

（1）外观测试：在良好的光线条件下，用目测法检查蓄电池单体的外观。外观不得有变形及裂纹，表面无毛刺、干燥、无外伤、无污物，且宜有清晰、正确的标志。

（2）极性测试：用电压表检测蓄电池单体极性，端子极性标识应正确、清晰。

（3）外形尺寸及质量测试：用量具和衡器测量蓄电池单体的外形尺寸及质量。蓄电池单体外形尺寸、质量应符合企业提供的产品技术条件。

（4）室温放电容量测试：将待测电池静置在恒温箱中，待电池温度上升稳定至规定环境温度后开始进行测试。本测试主要对待测锂电池进行初始端电压测试和容量测试。端电压测试为采用万用表对电池的两极进行直流电压测试，取三次相同条件下测得的均值作为端电压值。容量测试分两种测试标准，一种充放电电流为 50 A，一种充放电电流为 7 A。具体测试方法如下：

① 以 50A/7A 放电至企业规定的放电终止条件；

② 搁置 5 min；

表 2.4　单体动力电池测试体系

序号	项目类别	检验项目	样品数量
1	基本性能	外观	100%（300 只）
		极性	
		外形尺寸及质量	1%（300 只）
		室温放电容量	按电压平台分组，每组 1~2 只
2	环境适应性	低温（−10 ℃）放电容量	
		高温（50 ℃）放电容量	
		高温（50 ℃）FUDS 测试	
		室温 FUDS 测试	
		低温（−10 ℃）FUDS 测试	
		高温（50 ℃）混合动力脉冲测试	
		室温混合动力脉冲测试	
		低温（−10 ℃）混合动力脉冲测试	
3	阻抗分析测试	通过电化学阻抗谱分析锂电池的阻抗特性	

③ 按照标准充电方法充电；

④ 搁置 5 min；

⑤ 循环①~④步骤 2 次；

⑥ 计算步骤⑤所得两次放电容量的均值（以 A·h 计）。

以充放电 7 A 的测试电流为例，对测试对象所加载的电压电流如图 2.5 所示。

（5）混合动力脉冲测试依据美国《Freedom Car 电池测试手册》的 HPPC（Hybrid Pulse Power Characterization）方法进行测试。HPPC 测试可测得电池的功率性能，开路电压，直流内阻等重要特性。其测试步骤如下：

① 将电池以恒流恒压充电方式将电池充满；

② 以 0.5 C 恒流放电 10% 放电深度（Depth of Discharge, DOD），静置 1 h；

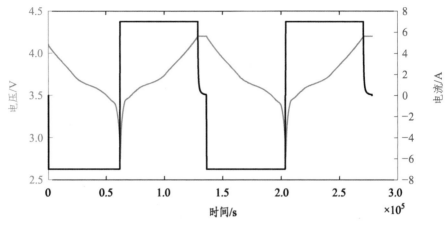

图 2.5　测试设定的电压电流值

③ 以 0.5 C 电流放电 10 s，休眠 40 s，以 0.5 × 0.75 C 充电 10 s；

④ 以 0.5 C 恒流放电 10% DOD，静置 1 h；

⑤ 以 0.5 C 电流放电 10 s，休眠 40 s，以 0.5 × 0.75 C 充电 10 s；

⑥ 继续循环以上步骤，直到电池端电压下降到放电截止电压 2.75 V 后静置 1 h。

（6）阻抗分析测试：采用交流阻抗法测试电池的阻抗，使得电极交流电位以小幅度的正弦波规律变化来测量电池的交流阻抗、计算相关的电化学参数。在使用电化学工作站测试阻抗谱的过程中，把电池看作是一个稳定的线性系统。线性、稳定性、因果性是交流阻抗测试必须满足的三个基本条件。假设给予电池一个正弦波信号 X，其角频率为 ω，电池系统会有一个输出信号 Y，其角频率同样为 ω。可以得到输出信号 Y 和输入信号 X 的关系。

$$Y = G(\omega)X \qquad (2.1)$$

当 X 为电流信号时，Y 为电压信号。上式中的频率响应 G 就是测得的电化学阻抗谱。

（7）工况测试：电池 DST 测试根据《USABC 电动汽车电池测试程序手册》中的 DST 测试进行，先将电池使用 CC-CV 方式充满电，然后再采用 DST 的测试电流进行测试。

2．电池电性能测试评价技术指标

动力电池电性能评价技术指标如表 2.5 所示。

表 2.5　退役锂电池的电性能评价技术指标

序号	指标名称	指标说明	单位
1	额定容量	室温下完全充电的蓄电池以 1 C 电流放电,达到终止电压时所放出的容量	A·h
2	额定能量	室温下完全充电的蓄电池以 1 C 电流放电,达到终止电压时所放出的能量	W·h
3	功率和内阻	主要表征不同 SOC 状态下电池的充放电能力。功率和内阻特性直接关系到电池在特定状态下的最大可用功率,对电动汽车的整车动力性能起决定作用	W 和 mΩ
4	高低温充放电性能	电池在不同高低温条件下充电或放电性能,主要以充放电容量为考核指标,从而体现是否可以满足消费者不同环境条件下的使用需求	A·h

2.1.4　退役锂电池的初步电性能测试

2.1.4.1　初始端电压及容量测试

对国内某著名车企提供的 300 块退役动力锂电池进行初筛,从外观观察,有 147 块退役动力锂电池存在肉眼可见的形变、电池损坏和电池严重腐蚀,153 块退役动力锂电池外观形貌良好。对上述 153 块外观形貌良好的退役锂电池进行了初始端电压测试和容量测试,结果如表 2.6 所示。其中 1#和 27#锂电池在测试过程中出现故障,因此未能完成测试。

表 2.6　退役锂电池的端电压及容量测试结果

编号	初始端电压/V	容量/A·h	编号	初始端电压/V	容量/A·h
1	未完成测试		2	4.18	130.438
3	3.35	120.508	4	4.12	129.391
5	4.08	130.837	6	3.76	123.542

续表

编号	初始端电压/V	容量/A·h	编号	初始端电压/V	容量/A·h
7	4.08	130.414	8	4.13	130.358
9	3.71	133.330	10	4.09	130.499
11	4.09	130.824	12	4.09	131.645
13	3.70	132.324	14	3.71	132.690
15	4.05	131.146	16	3.72	131.982
17	4.09	128.966	18	3.64	133.632
19	4.20	128.144	20	3.74	132.198
21	3.73	130.687	22	3.30	119.851
23	4.09	129.414	24	3.28	118.432
25	4.09	128.562	26	4.09	129.720
27	未完成测试		28	4.09	129.578
29	4.09	129.553	30	4.09	129.637
31	4.08	129.159	32	3.01	117.475
33	2.81	115.918	34	4.10	128.426
35	4.12	129.549	36	3.71	131.395
37	3.71	130.143	38	3.22	116.229
39	4.09	129.581	40	4.09	128.276
41	4.10	129.124	42	4.10	128.090
43	4.09	127.608	44	4.10	129.610
45	4.09	128.553	46	4.09	128.666
47	3.98	128.274	48	4.10	128.481
49	3.39	122.474	50	3.25	120.099
51	3.32	120.144	52	3.27	118.173
53	3.71	134.216	54	4.09	129.119
55	4.09	128.879	56	3.20	118.290
57	4.08	129.371	58	4.10	128.470
59	3.31	118.966	60	3.30	119.993

续表

编号	初始端电压/V	容量/A·h	编号	初始端电压/V	容量/A·h
61	3.21	120.126	62	3.35	121.378
63	4.10	128.828	64	3.32	120.730
65	3.70	133.731	66	3.71	134.798
67	3.27	119.629	68	3.88	87.365
69	4.07	129.947	70	3.33	120.643
71	3.23	119.283	72	3.32	120.432
73	3.39	124.179	74	3.26	118.511
75	3.70	131.014	76	4.09	129.417
77	3.72	129.903	78	3.71	134.192
79	3.70	130.025	80	3.79	125.521
81	3.87	133.317	82	3.60	130.122
83	3.72	127.744	84	3.72	130.834
85	3.71	130.753	86	4.10	127.550
87	3.70	133.178	88	3.70	132.851
89	3.72	130.834	90	3.71	130.753
91	3.71	130.069	92	3.72	130.311
93	3.29	97.027	94	4.10	128.673
95	3.72	133.711	96	3.97	91.209
97	3.96	128.074	98	3.13	93.451
99	4.08	128.770	100	3.70	133.650
101	3.70	119.514	102	3.71	133.444
103	4.09	129.844	104	4.09	126.829
105	4.10	128.574	106	3.67	132.708
107	3.67	132.633	108	4.09	131.059
109	4.08	128.288	110	3.90	86.316
111	3.72	131.517	112	2.97	91.261
113	3.72	130.714	114	3.72	95.289

编号	初始端电压/V	容量/A·h	编号	初始端电压/V	容量/A·h
115	2.94	130.746	116	2.94	96.419
117	3.72	93.802	118	4.19	109.916
119	2.93	106.488	120	3.68	85.093
121	2.93	115.388	122	2.94	89.867
123	3.24	132.483	124	3.14	115.441
125	3.70	124.920	126	3.00	115.716
127	3.71	114.056	128	3.25	132.283
129	3.39	133.717	130	3.69	132.274
131	3.71	93.518	132	3.69	118.343
133	2.91	91.743	134	3.32	91.088
135	3.17	118.375	136	3.18	111.373
137	3.31	95.516	138	3.21	90.065
139	2.97	114.076	140	2.95	112.582
141	3.59	90.787	142	3.35	94.583
143	3.20	113.462	144	2.91	93.671
145	3.14	94.541	146	3.14	95.029
147	3.16	93.597	148	3.15	94.360
149	2.91	96.888	150	3.01	130.804
151	3.13	128.738	152	3.13	95.743
153	3.26	131.677			

153 块锂电池是在 50 A 充放电条件下测定的初始端电压和容量。从表 2.6 数据可知,电池的充放电电压平台区均在 2.81 V 至 4.20 V 之间。但不同倍率充放电流下,电池开路电压曲线如图 2.6(a)和图 2.6(b)所示会有较大差异。图 2.6(a)为 50 A 充放电条件下 02 号电池的端电压曲线,图 2.6(b)为 7 A 充放电条件下 10 号电池的端电压曲线。由图 2.6(a)可知,同一试验循环中充电和放电的过程,电池端电压并不一致,这是由于电池内部存

在极化现象，导致放电过程对充电过程出现"迟滞"现象。在图 2.6（b）中，此现象表现得更为明显，在到达同样的荷电状态（SOC）时，充电时电压高于放电时约 0.25 V。

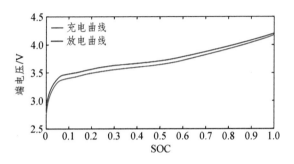

（a）50 A 充放电条件下开路电压曲线

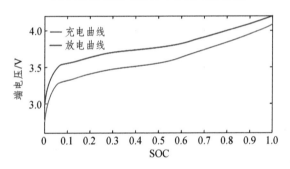

（b）7 A 充放电条件下开路电压曲线

图 2.6　充放电条件下开路电路曲线

由表 2.6 可知，被测的 153 块退役三元锂电池的容量均在 85～135 A·h 之间，测得的最大容量值为 66# 电池的 134.798 A·h，最小容量值为 120# 电池的 85.093 A·h。平均容量值为 121.131 A·h。被测电池的初始端电压分布较为分散，测得的最大初始端电压为 19 号电池的 4.20 V，最小端电压值为 33 号电池的 2.81 V。

由图 2.7（a）可知，此批次电池的端电压分布在 2.81～4.20 V，其中有 45 块电池的端电压在 4.0～4.2 V 之间，有 51 块电池的端电压在 3.60～3.98 V 之间，有 43 块电池的端电压在 3.0～3.40 V 之间，有 12 块电池的端电压低于

3.0 V。考虑此批次电池可能由两类电池包拆解而来，其最终的使用情况有所不同导致最终的端电压有所不同。由图2.7（b）可知，所测电池的剩余容量大部分在120~130 A·h左右，均一性较好，有部分电池老化较为严重，尤其是122号电池，其端电压和容量都相对较低。

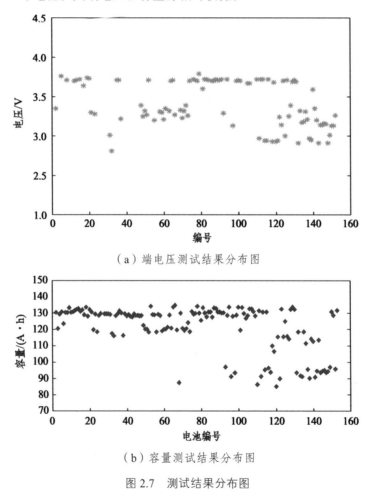

（a）端电压测试结果分布图

（b）容量测试结果分布图

图2.7　测试结果分布图

图2.8显示了测试获得的151个单体电池容量分布直方图，从图中可以看出有82.12%的单体电池容量分布在110 Ah到140 Ah之间，只有少量电池容量低于110 A·h。同时，容量分布在120~130 A·h之间的电池数量最多，达到了53个，占到测试电池数量的35.1%。

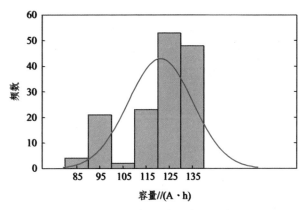

图 2.8　退役锂电池的容量分布

　　测得的 151 块单体退役动力锂离子电池的时间-电压暂态曲线如图 2.9 所示。根据表 2.6 和图 2.8 中各退役锂离子电池的端电压和容量的分布情况，从图 2.9 中的 151 个退役单体动力锂电池中选定具有代表性的 12 个锂离子电池进行进一步的电化学参数测试和原位拆解分析，选取的 12 个锂离子电池在 151 个锂离子电池中的分布如图 2.9 所示。

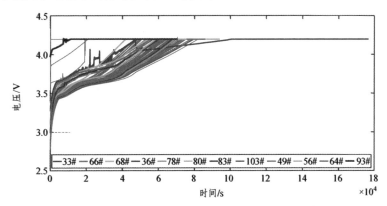

图 2.9　151 个退役单体动力锂电池的时间-电压暂态曲线

2.1.5　代表性退役锂电池的电化学性能测试

　　为保证测试过程的安全，选定的退役锂离子电池应外观完好，无明显的破损和胀气现象，正负极极柱无氧化腐蚀现象，部分代表性的退役锂电池外观形貌如图 2.10 所示。

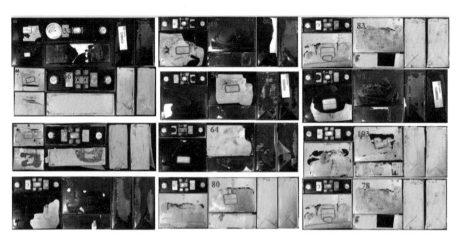

图 2.10　代表性退役锂离子电池的外观形貌

为系统评估退役锂离子电池状态，构建了失效指数和电池性能参数的测试体系如表 2.7 所示。对退役锂电池单体进行剩余容量标定、交流内阻测试和脉冲电压测试，并结合原位拆解、XRD、SEM、XPS 等表征手段，从微观层面分析退役三元锂电池材料的失效特征和电化学性能的关联规律。

表 2.7　退役锂离子电池的电化学性能测试

检测项目		检测描述
1. 电池单体性能测试		
1.0 初始状态	初始外观	外观是否存在肉眼可见的形变、电池损坏和电池严重腐蚀等
	初始电压、内阻	交流内阻（初始状态、50%SOC） 直流内阻（HPPC，2C 放电，10s，50% SOC）
1.1 容量标定	容量测试	1 标定：0.3C 充放电，2.8～4.2 V 2 调整：至满电态 0.3 C 放电至 50% SOC
1.2 直流内阻	直流内阻测试	判断锂离子电池内部老化情况
1.3 交流阻抗	交流阻抗	主要关注低频区的接触电阻（极片是否脱离集流体）
1.4 脉冲测试	不同电流脉冲	大电流：2C/2C 脉冲充放电 1 min 小电流：0.2C/0.2C 脉冲充放电 5～10 min 观察充电电压上升速率、电池极化现象（同电位下进行充放电）

续表

检测项目		检测描述
2. 电池拆解及材料分析		
2.1 电池拆解	电池拆解后外观观测	拆解过程拍照记录，重点寻找正极极片损坏情况如掉料、电解液内部残留情况等
2.2 成分及结构分析	仪器表征	正极极片结构分析，包括 CEI 膜厚度刻蚀、XRD、XRF、冷冻切片 SEM 等，分析极化大小与电池内部极片脱落情况及微观结构变化情况
2.3 负极表面组成情况	仪器分析	分析负极成分，研究正极过渡金属元素溶出后在负极析出的情况

2.1.5.1　剩余容量标定

使用新威电化学测试平台，对退役锂离子电池进行剩余容量标定，剩余容量标定的电压范围为 2.8～4.2 V 之间，使用 1/3C 的充放电倍率对电池进行充放电，首先以 1/3C 的充电倍率将电池充满至 100% SOC 状态，然后以 1/3C 的放电倍率，将电池放电至 50% SOC 状态，此过程进行 3 次。通过 3 次充放电循环后，部分代表性的电池容量标定结果如表 2.8 所示：

表 2.8　放电容量

编号	放电容量/(A·h)			
	第一次	第二次	第三次	平均值
36	129.874	130.054	130.187	130.038
78	130.695	130.793	130.900	130.796
80	129.472	129.620	129.620	129.569
83	128.682	128.761	128.853	128.765
103	129.758	129.934	130.070	129.921
49	117.318	117.563	117.857	117.579
56	113.651	113.735	113.752	113.713
64	115.723	116.172	116.460	116.118
93	113.282	113.532	113.519	113.444
33	116.408	116.411	116.412	116.410
66	133.173	133.283	133.384	133.280
68	78.765	78.932	78.976	78.891

从表 2.8 容量标定数据可知，所测试的退役锂电池剩余放电容量相较于全新动力锂离子电池（150 A·h），容量衰减 10% ~ 50%。此批次动力电池大部分已经达到退役的标准，不再具备作为动力电池服役的条件。

2.1.5.2　直流内阻与交流内阻测定

为进一步了解退役锂离子电池的离子传输能力，对直流内阻与交流内阻的标定也至关重要，内阻的大小对于判断锂离子电池内部老化情况非常有效，因为锂离子电池服役过程中欧姆内阻的增长比较有限，但是随着循环次数的增长，SEI 膜不断增厚，不可逆物质在阳极表面沉积，导致电荷转移内阻和离子扩散内阻不断增大，通过对内阻状态的评定，可以判断锂离子电池内部极化程度。

（1）直流内阻测试（HPPC 测试）。

HPPC 是用来体现动力电池脉冲充放电性能的一种特征测试，其目的是演示功率辅助目标在不同放电深度（DOD）下的放电脉冲和再生充电脉冲功率能力。依据美国《FreedomCar 电池测试手册》的 HPPC 方法对退役锂电池进行测定，以测得电池的功率性能、开路电压、直流内阻等重要特性。HPPC 测试的结果可使用开路电压以及电流来计算内阻特性，计算按式（2.2），原理如图 2.11 所示。

$$R_{\text{discharge}} = \frac{V_{t1} - V_{t0}}{-(I_{t1} - I_{t0})} = \frac{V_{t1} - V_{t0}}{I_{t0} - I_{t1}} \qquad R_{\text{charge}} = \frac{V_{t3} - V_{t2}}{-(I_{t3} - I_{t2})} = \frac{V_{t3} - V_{t2}}{I_{t2} - I_{t3}} \qquad (2.2)$$

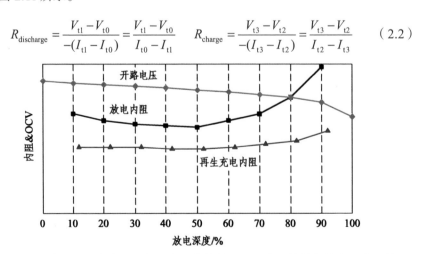

图 2.11　开路电压和脉冲电阻与放电深度的关系以及内阻特性与放电深度函数

根据 HPPC 测试原理，对 12 块电池进行了测试，测试所使用的设备为新威充放电设备。首先对电池的 SOC 状态进行调整，分别在 0% SOC 和 100% SOC 状态下进行测试，具体的脉冲测试过程为：1 C 脉冲电流下充放电 1 min 后静置，再以 0.2 C 脉冲电流充放电 5 min 和 1 C 大电流脉冲充放电 30s 后静置，再以小电流 0.2 C 脉冲 5 min。部分退役锂电池的脉冲测试结果如图 2.12 ~ 图 2.15 所示。

从上述各退役电池的 HPPC 测试数据可知，在充电起始阶段各电池的电压增长速率比较均匀，未发生电压突变情况，可推断此 6 块退役锂电池的直流内阻情况较好，而 66#、68#、49#、56#、64#、93# 退役锂离子电池在 1 C 充电时，由 3.8 ~ 4.2 V 或者从 2.8 ~ 3.8 V 的充电过程中，电压呈急剧上升的状态；100% SOC 状态下电压变化比 50% SOC 变化较快，也说明在 100%SOC 状态下，电池的衰减更快，电压的平稳性反映了电池内部极化的水平，从电压的急剧上升和急剧下降现象可以推测出，此 6 块退役电池的内部极化较大，直流内阻的阻值较大。通过对 HPPC 测试分析得出直流内阻的大小，结果如表 2.9 所示：

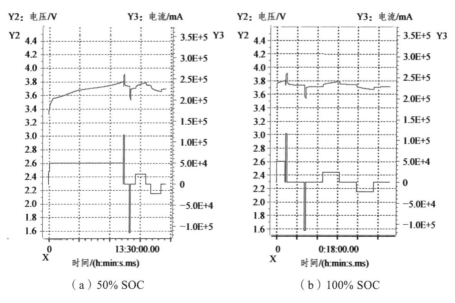

（a）50% SOC　　　　　　　　　　（b）100% SOC

图 2.12　33#退役锂电池的 HPPC 测试结果

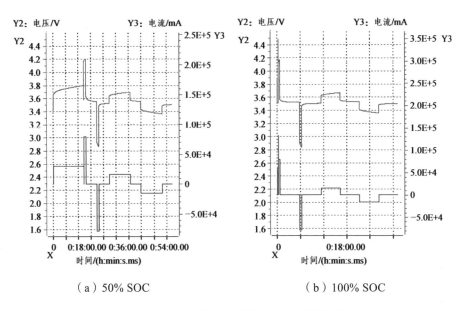

图 2.13　66#退役锂电池的 HPPC 测试结果

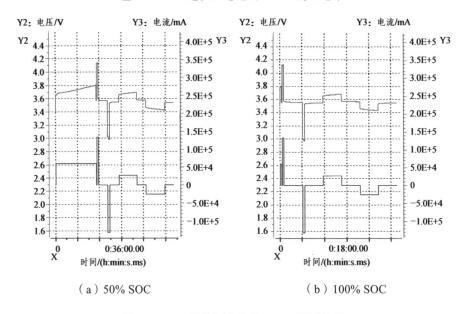

图 2.14　68#退役锂电池的 HPPC 测试结果

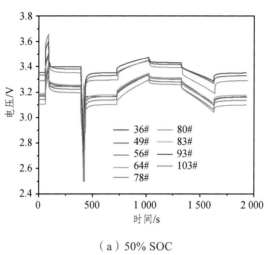

（a）50% SOC

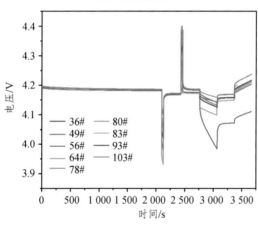

（b）100% SOC

图 2.15　36#-103#退役锂电池的 HPPC 测试结果

表 2.9　退役锂电池的直流内阻值

样品编号	初始电压/V	直流内阻（50%SOC）
33#	3.104	1.370
66#	3.318	5.690
68#	4.016	7.490

样品编号	初始电压/V)	直流内阻（50%SOC ）
36#	3.070	0.833
78#	3.164	0.628
80#	3.029	0.758
83#	3.000	0.678
103#	3.080	0.668
49#	2.988	0.994
56#	2.971	0.819
64#	2.992	0.793
93#	3.066	1.199

HPPC 测试反映了直流内阻的特性，内阻大小也影响着电池的容量，通过直流内阻与电池剩余容量的对比，可知直流内阻较大的电池，其剩余容量也相对较低。针对直流内阻较大的 33#、66#和 68#退役锂电池，采用小电流 HPPC 进一步分析其电化学性能。将锂电池以恒流恒压充电方式将电池充满，以 0.5 C 恒流放电 10% 放电深度（Depth of Discharge，DOD），静置 1 h，以 0.5 C 电流放电 10 s，休眠 40 s，以 0.5～0.75 C 充电 10 s，以 0.5 C 恒流放电 10% DOD，静置 1 h，以 0.5 C 电流放电 10 s，休眠 40 s，以 0.5～0.75 C 充电 10 s，继续循环以上步骤，直到电池端电压下降到放电截止电压 2.75 V 后静置 1 h。图 2.16 是退役锂离子电池在常温环境下的 HPPC 测试示例。

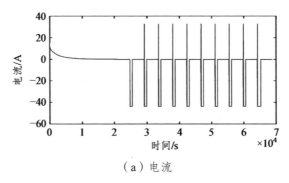

（a）电流

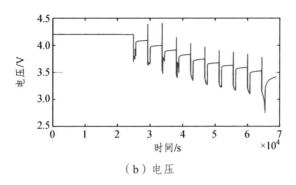

（b）电压

图 2.16　常温环境下 HPPC 测试

　　根据欧姆定律，任意 SOC 下的直流内阻可以由放电瞬间前后电压差与电流的比值计算得到，如图 2.17 所示，U_1 为放电前经过一小时静置后的电压，此时电池由于经过长时间静置，电池内部已达到平衡状态。U_2 为采用 HPPC 放电 1 s 后的电压值，此时极化特性还未产生，可认为此时的电压降低只因为电池欧姆内阻产生，所以电池放电过程欧姆内阻计算式如式（2.3）。

$$R = \frac{U_1 - U_2}{I} \qquad (2.3)$$

式中，I 为 HPPC 放电电流，本测试设置为 0.5 C 电池实测容量。

　　通过图 2.17，并根据式（2.3）可计算出各个电池 40%、50%、60% SOC 下的直流内阻，如表 2.10 所示。

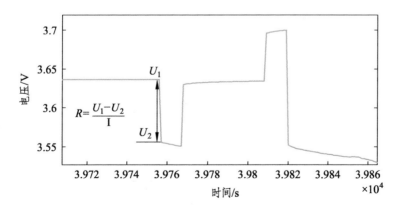

图 2.17　直流内阻计算示意图

表 2.10　不同 SOC 下退役锂离子电池的直流内阻

电池编号	33#电池内阻	66#电池内阻	68#电池内阻
40% SOC	1.4 mΩ	11.9 mΩ	7.6 mΩ
50% SOC	1.3 mΩ	11.5 mΩ	7.2 mΩ
60% SOC	1.4 mΩ	12.2 mΩ	6.5 mΩ

（2）交流内阻测定（EIS）。

电化学阻抗谱（EIS）是一种无损的参数测定和有效的锂电池动力学行为测定方法。对电池系统施加频率为 f1 小振幅的正弦波电压信号，系统产生一个频率为 f2 的正弦波电流响应，激励电压与响应电流的比值变化即为电化学系统的阻抗谱。通过退役锂离子电池的电化学阻抗测试，可分析电极过程动力学。对选定的退役锂电池分别作了 EIS 测试，部分结果如图 2.18 和图 2.19 所示。

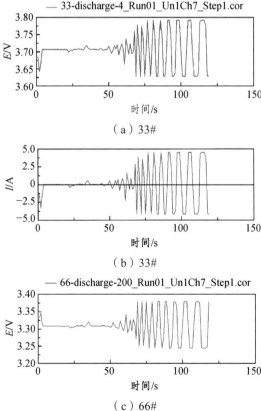

（a）33#

（b）33#

（c）66#

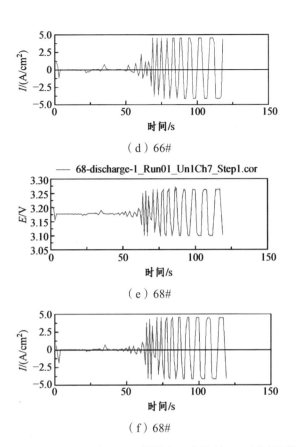

（d）66#

（e）68#

（f）68#

图 2.18　33#、66#和 68#退役锂离子电池的 EIS 测试图谱

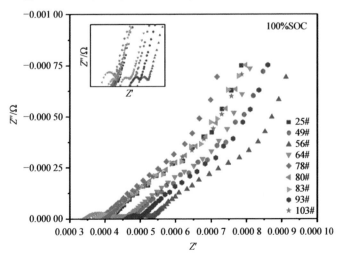

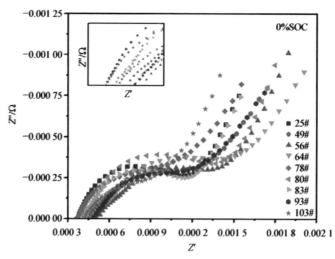

图 2.19　36#-103#退役锂离子电池的 EIS 测试图谱

　　由图 2.17 中 33#、66#和 68#退役锂离子电池的电化学阻抗谱测试可知，在 0% SOC 和 100% SOC 状态下上述三个锂电池均无法完成阻抗测试，这可能是由于电池内部关键材料劣化造成内阻较大，因此针对这类退役电池后续将进行原位拆解，通过物相表征分析内部老化情况。分析图 2.19 中，36# ～103# 锂电池在 0% SOC 和 100% SOC 状态下的交流阻抗图谱，这包括低频区域（右侧）EIS 曲线的小位移以及凹陷半圆半径和高度的增加。这些变化推测是由于电池溶液电阻、界面电阻、电荷转移电阻和双层电容的变化，随着循环次数的增加，界面 SEI 膜增厚，通过低频区域凹陷半圆的半径以及高度的变化，可以判断出欧姆电阻的变化关系。通过在不同 SOC 状态下，低频区凹陷半圆的半径变化可用于判断欧姆电阻的增大，实验表明在 100% SOC 和 0% SOC 状态下，49#、56#、64#、93#低频区凹陷半圆的半径和高度与其他几组电池的半径相比均有增加，这表明这 4 块退役锂离子电池的电荷转移能力差，界面电阻较大。通过分析，80#锂电池在低频区域的欧姆电阻最小。由此可推测欧姆电阻的增加可能与阳极上界面层生长和电极活性材料劣化有关，这也是锂离子电池性能和容量快速下降的主要原因。为了验证 EIS 的分析结果，分别计算了上述退役锂电池对应的交流内阻值如表 2.11 所示。表 2.11 数据进一步说明在低频区凹陷半圆半径以及高度的变化，可反映退役锂离子电池欧姆电阻的增长幅度，其与循环次数、界面 SEI 膜增厚以及电荷转移电阻的增长存在一定的关系。

表 2.11　退役锂离子电池的交流内阻值

样品编号	初始电压/V	交流内阻/Ω
36#	3.069 85	0.298 6
78#	3.163 63	0.292 7
80#	3.029 02	0.239 4
83#	3.000 14	0.285 4
103#	3.080 27	0.290 0
49#	2.988 19	0.323 9
56#	2.970 70	0.323 1
64#	2.991 88	0.338 4
93#	3.066 16	0.343 1

2.1.5.3　工况测定

（1）DST 测试。

根据《USABC 电动汽车电池测试程序手册》中的 DST 测试方法对退役锂电池进行 DST 测试，先将电池使用 CC-CV 方式充满电，然后再采用 DST 的测试电流进行测试，图 2.20（a）展示了 DST 测试中所采用的测试电流，图 2.20（b）、（c）和（d）分别展示了 33#、66# 和 68# 电池在常温 DST 测试过程中的部分电压值。从图中可知，33 号电池在进行 DST 测试过程中的电压值变化较为规律，66# 和 68# 电池的电压变化较为不规律。通过容量测试的结果可知，33# 电池的容量更接近额定容量，内阻较小，而 66# 和 68# 电池的容量与额定容量相差较大，内阻较大，老化较为严重。通过 DST 的测试结果可知，当电池老化较为严重时，在进行电池的 DST 测试时电压的变化较为不规律。

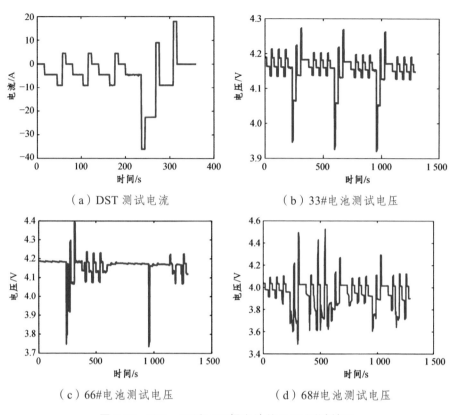

（a）DST 测试电流

（b）33#电池测试电压

（c）66#电池测试电压

（d）68#电池测试电压

图 2.20　33#、66#和 68#锂电池的 DST 测试结果

（2）UDDS 测试。

UDDS 也被称为 FTP72，是 1972 年美国提出的城市循环工况。该工况模拟了 12.07 km 的城市道路状况，包含频繁的停车，最高车速是 91.2 km/h，平均车速是 31.5 km/h。对 33#、66#和 68#退役锂离子电池进行了 UDDS 测试，测试温度为 10 ℃，测试结果如图 2.21 所示。图 2.21（a）为退役锂离子电池 UDDS 测试中所采用的测试电流，图 2.21（b）、（c）和（d）为 33#、66#和 68#退役锂离子电池 UDDS 测试的部分电压。从测试结果可知，33#电池的测试电压变化幅度更小，而 66#和 68#电池测试电压变化幅度大，66#和 68#退役锂电池材料的电化学性能衰减更严重，这和 DST 测试结果相一致。

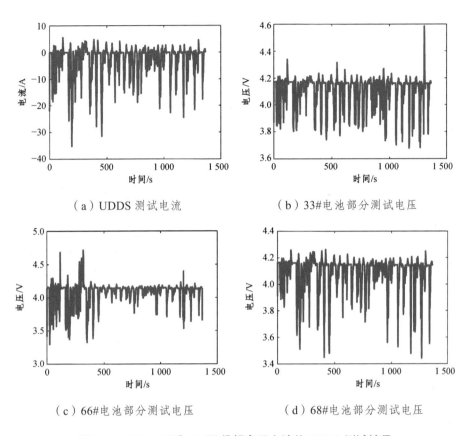

（a）UDDS 测试电流　　　　　　　（b）33#电池部分测试电压

（c）66#电池部分测试电压　　　　　（d）68#电池部分测试电压

图 2.21　33#、66#和 68#退役锂离子电池的 UDDS 测试结果

2.1.6　电池拆解及外观分析

为了进一步分析电池内部材料老化情况，我们对经过电化学测试后的电池在真空手套箱中进行原位拆解，对正负极的极片进行物理化学表征分析，重点寻找正负极片是否有脱料、电解液内部残留、析锂死锂、隔膜灼烧等情况，通过 XRD、ICP、SEM、XPS 等表征手段，获得退役锂离子电池的极化情况与内部微观结构的相互对应关系。

2.1.6.1　电池拆解及卷芯分析

在空气环境中将退役锂离子电池进行初步处理，去除极耳、外包装以便于进行拆解，拆解前检查退役电池是否出现破损、漏液等情况，随后将退役锂离子电池转移至真空手套箱中进行拆解。通过手工将电池外壳拆解，然后将电芯从壳体中取出，电池拆解后的部分内部电芯情况如图 2.22 所示。

图 2.22 退役锂离子电池的卷芯外观

从拆解后的电芯情况可以看出电芯外包裹一层卷包膜，电芯由 4 个极卷并列组成，隔膜和极卷未观察到明显的破损现象。

2.1.6.2 负极极卷拆解及异常分析

为了进一步了解极片内部的情况，对退役锂离子电池的单个极卷进行拆解，观察极卷内部的情况，首先对负极极卷的整体外观进行了观察，检查负极极片是否出现脱料，以及是否有异常点位的存在，部分负极极片的外观情况如图 2.23 所示。

由图 2.23 可知，33# ~ 103#退役锂电池的负极极卷，未出现明显脱料，颜色表现属于正常充放电的表现，但是极卷的平整度较差，均有褶皱出现，且有一定的蓬松回弹现象。在部分极卷上可以观察到多处异常情况（见图 2.24），在拆解的 33#电池极卷负极上发现 2 个胶状规则印痕，且其对应隔膜及正极区域有观察到异常情况，此异常可能是由于电池涂布辊压过程中所留下的，电池在循环使用过程中，膨胀挤压导致的隔膜印痕。66#电池负

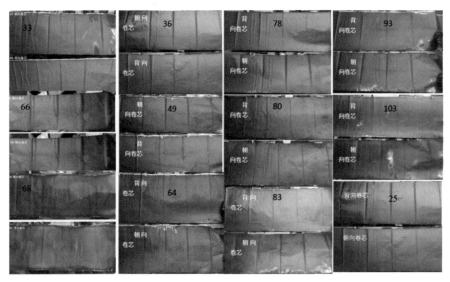

图 2.23 退役锂离子电池负极极片外观

极观察到多处大范围由于电解液减少导致弯折处的表面嵌锂不均匀和析锂现象。在 68# 电池中负极存在严重脱料现象，同时极卷的内圈也存在由于电解液减少而干涸的迹象，导致负极表面析锂和内部死锂严重，这也是为什么 68# 电池内阻及直流内阻大的原因。此外在 36#、78#、83# 电池也观察到位于极卷内圈的第一层和第三层出现异常，通过观察推测判断为析锂现象。由于嵌锂的不均匀以及负极材料脱落从而导致电荷迁移电阻以及界面电阻的增加，这是部分退役锂离子电池在电化学测试中表现出极化严重的根本原因。

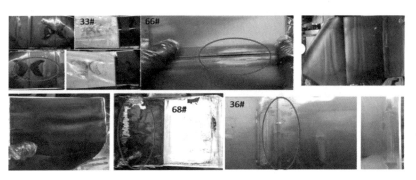

图 2.24　退役锂离子电池负极极片异常点

2.1.6.3　正极极片拆解及异常分析

从拆解的正极材料极片情况来看（见图 2.25），正极材料大部分比较完整，无大面积的异常点；少数退役锂电池的正极片平整度不够好，有明显的褶皱，但未发现有极片损坏；很少部分的极片上存在正极材料脱落情况。为了进一步分析正极材料微观结构变化，采用 XRD、ICP、XPS 和 SEM 等物相分析方法对正极材料的具体变化进行分析。

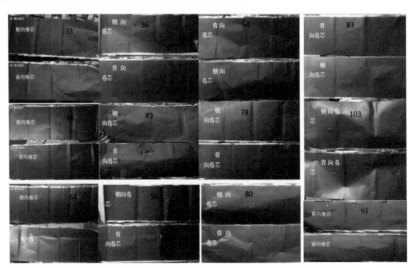

图 2.25　退役锂离子电池正极极片外观

2.1.7　正极材料损伤分析

直接通过正极极片无法观察出正极材料的异常情况，因此采用物相表征的方法进一步分析退役锂离子电池极化情况是否与正极材料的变化相对应，同时是否能与电化学测试的结果相对应。

2.1.7.1　退役正极材料 XRD 分析

每一种结晶物质，都有其特定的晶体结构，用具有足够能量的 X 射线照射样品，样品中的物质受到激发，会产生二次荧光 X 射线（标识 X 射线），晶体的晶面反射遵循布拉格定律。通过测定衍射角位置（峰位）可以进行化合物的定性分析。对选定的退役锂电池正极材料进行 XRD 分析（见图 2.26），对晶体结构以及物相组成进行分析，从而判断正极材料是否发生相变以及结构的变化。

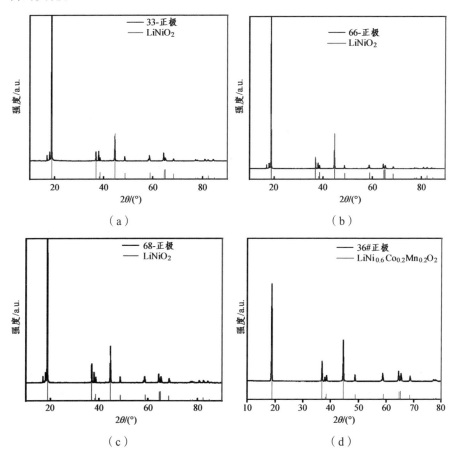

（a）

（b）

（c）

（d）

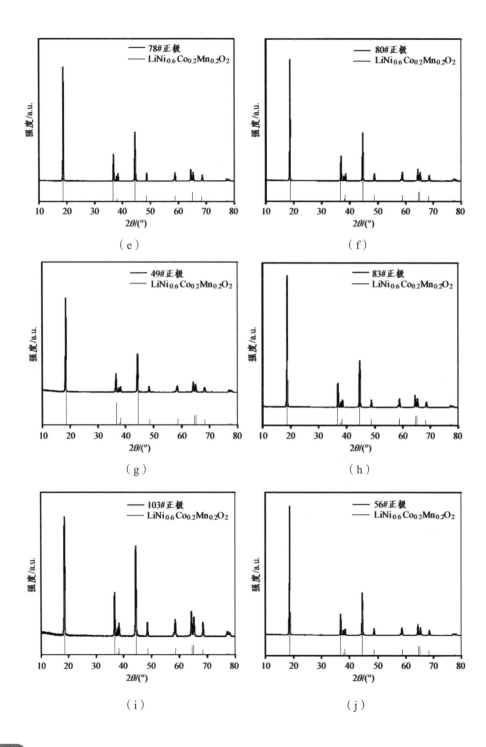

（e）

（f）

（g）

（h）

（i）

（j）

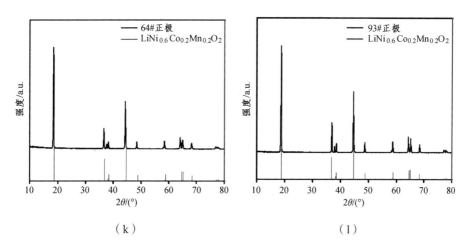

（k）　　　　　　　　　　　　　　（l）

图 2.26　退役锂离子电池正极材料的 XRD 分析

从图 2.26 中 33#～66#退役锂电池正极材料的出峰位置可知，33#～66#
电池样品的峰位位置与标准 PDF 卡片指示位置基本对应，说明样品晶型结构
与 LiNiO$_2$ 一致，均为α-NaFeO$_2$ 结构，具有 R-3M 空间群，但峰的位置略有
偏移，说明样品的晶格间距与 LiNiO$_2$ 不同；样品的出峰位置向左偏移，说明
样品中存在原子半径小于 Ni 原子的元素，且 68# 电池的正极材料峰位偏移
较大，说明其表面结构存在坍塌的情况。由 36#～103#电池的峰位位置可以
看出，9 个退役锂电池正极材料样品的峰位位置与 PDF 卡片所对应的位置基
本对应，说明样品正极材料的晶型结构与 LiNiO$_2$ 一致，均为 α-NaFeO$_2$ 结构，
R-3M 空间群。从 XRD 分析可以证实，由于存在结构和晶格间距的改变，
33#～68#退役电池在电化学测试中内阻极化水平远远高于 36#～103# 电池，
从这一点上可以看出，电化学阻抗以及脉冲测试的结果可以与拆解后正极材
料物相分析结果相对应。

2.1.7.2　退役正极材料的 SEM 分析

退役锂离子电池经过长时间的循环后，样品形貌、颗粒尺寸以及颗粒完
整度可能存在异常。在真空手套箱内，采用机械手对所测试的退役锂电池进
行拆解，并剪取 1 cm×1 cm 大小的极片样品利用导电胶粘在样品台上，将置

好的样品转移至 SEM 样品室中进行观察。通过 SEM（JSM-7610F PLUS，
JEOL）对样品表面进行 mapping 元素面扫描。从正极材料的形貌表征上可以
看出，正极材料颗粒基本保持完整，未出现碎裂现象，且电池正极材料表面
有明显的 CEI 膜存在，可参见 CEI 膜的组成及其厚度分析。33#~103#电池
正极材料的 SEM 表面形貌分析如图 2.27~图 2.30 所示。

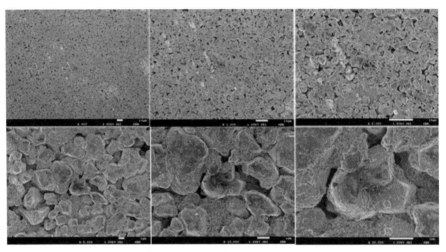

图 2.27　33#退役锂离子电池正极材料的 SEM 形貌表征

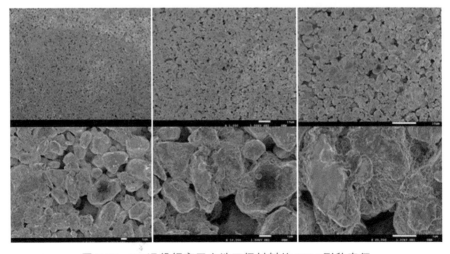

图 2.28　66#退役锂离子电池正极材料的 SEM 形貌表征

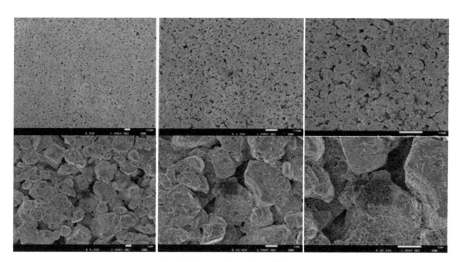

图 2.29　68#退役锂离子电池正极材料的 SEM 形貌表征

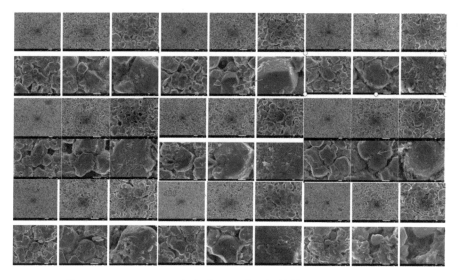

图 2.30　36# ~ 103#退役锂离子电池正极材料的 SEM 形貌表征

从正极表面 SEM 图可以看出，正极材料的颗粒基本完整，但是通过放大观察后，极片上正极材料的颗粒增大，外形棱角分明，与原始极片上的正极材料相比，退役锂离子电池正极材料表面覆盖有一层薄膜状物质，该膜状物质推测为 CEI 膜，通过放大观察，发现在某些正极材料上可以明显观察到有微裂纹的存在,这也是造成退役锂离子电池在电化学测试阶段出现容量低,阻抗值高的原因,微裂纹的存在使得电荷转移电阻增大,同时也使得正极材料的稳定性变差。

2.1.7.3　CEI 膜分析

锂离子电池在循环过程中,正极材料与电解质会发生反应,导致正极材料上的过渡金属溶出,并与电解质反应在正极表面上形成一层薄膜,称之为 CEI 膜。适当的 CEI 膜厚度有助于提升电池的库伦效率和容量保持率,但当 CEI 膜的厚度超过 7 nm 时,则会导致界面电阻的增加,影响锂离子的可逆脱嵌,从而使得库伦效率和容量保持率降低。为了探明退役锂离子电池的 CEI 是否影响锂离子电池的容量保持率,我们对退役锂离子电池的表面元素以及 CEI 膜的厚度进行了分析测试。测试步骤如下:在手套箱中,将正极样品放置在真空转移样品台上,之后将真空转移仓放入 XPS 样品室。启动 XPS(Thermal K-ALPHA+)检测样品表面的元素组成及厚度;厚度测试(Ar+刻蚀),刻蚀条件:2 000 eV,Monatomic 模式,50 μm 束斑,单层刻蚀 10 s,统计刻蚀层数。正极表面的 XPS 图谱如图 2.31 所示,结果表明正极表面检测出的元素主要有 C1s、O1s、F1s、Mn2p、Ni2p 等元素,样品表面存在一层 CEI 膜。

从拆解结果来看,33# 电池采用全极耳卷绕式设计,使其直流内阻较低;同等标称容量的 66# 和 68# 电池,由于 68# 电池衰减更严重,所以 68# 电池的内阻较大。而从正极材料的分析来看,虽然正极材料中因过渡金属元素溶出,锂镍钴锰等元素的化学计量比有所缺失,但正极极片形貌仍保存完好,且晶格结构没有明显变化。

从图 2.31 退役锂电池表面 XPS 分析可知,正极材料的表面检测元素主要有 C1s、O1s、F1s、Mn2p、Ni2p 等元素。对刻蚀后的 CEI 膜进行分析,如图 2.32 所示,刻蚀后表面 C、O、F 元素变化无明显规律,但表面成分能明显测出 Mn、Ni 金属元素,说明样品表面 CEI 膜很薄或超出仪器检测范围(10 nm),因此无法确切地测出 CEI 厚度。综上所述,退役锂离子电池 CEI 膜的增长极薄,且对电化学测试的数据影响不大,所以,造成容量以及阻抗增大的原因不在于 CEI 膜的增长。

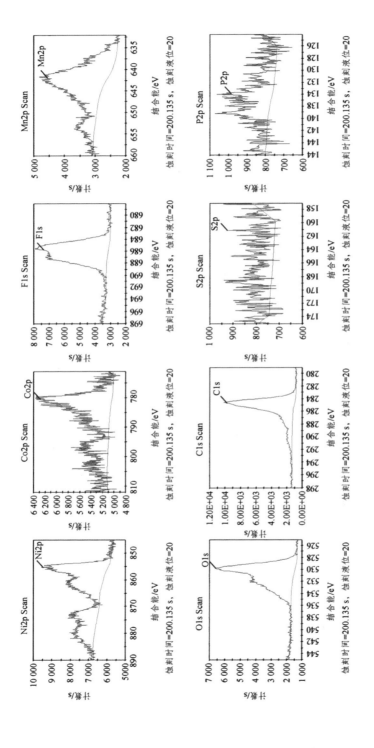

（a）33#退役锂离子电池 CEI 膜分析

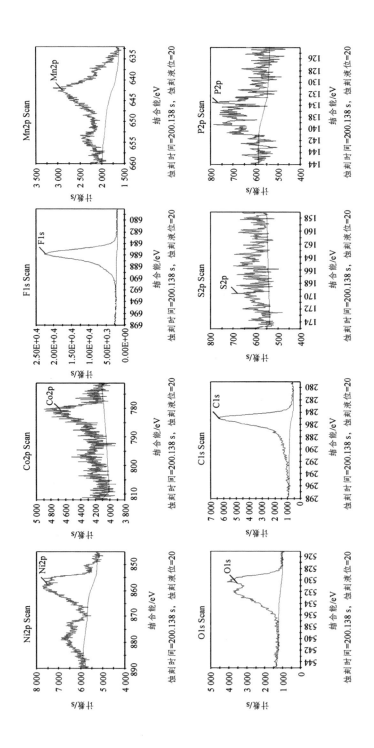

（b）66#退役锂离子电池 CEI 膜分析

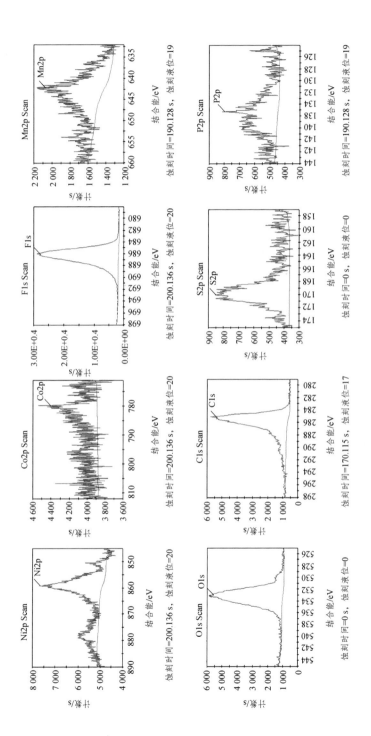

（c）68#退役锂离子电池正极表面 CEI 膜分析

图 2.31　退役锂离子电池正极表面 XPS 图谱

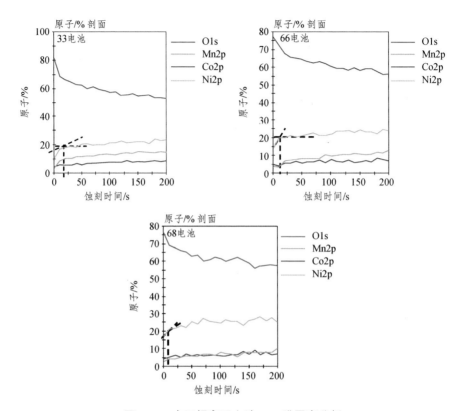

图 2.32　废旧锂离子电池 CEI 膜厚度分析

　　为观察退役锂离子电池内部形貌变化，对退役锂离子电池的截面形貌进行了分析，利用 CP 在 – 120 °C、真空条件下低温切割正极极片，以便利用 SEM 观察正极样品的截面，使用低温切割是为了防止对样品产生破坏，冷冻正极材料截面的 SEM 形貌如图 2.33 所示。通过对截面形貌的观察，可以看出电池的正极截面颗粒与粘结剂连接紧密，未发现粘结剂失效情况。通过放大的 SEM 图，截面上仍然可以看见裂纹的存在，这说明某些退役锂离子电池与之前在 SEM 下观察到的情况一致，且微裂纹并不是只存在表面，裂纹已经渗透进材料的内部，但大部分的极片仍保留完整的微观结构，这说明，循环过后退役锂离子电池正极材料的晶格结构没有发生明显的变化。

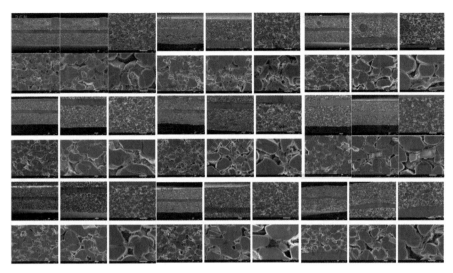

图 2.33　冷冻正极材料截面的 SEM 形貌表征

2.1.8　负极材料失效分析

为了研究是否有过渡金属元素的溶解以及锂含量的变化，我们采用 ICP-MS 对电池放电后空态的负极材料进行元素定量成分分析，测试结果如表 2.12 所示。

表 2.12　电池容量与对应的负极材料成分分析

编号	电池容量	Li/%	Ni/%	Co/%	Mn/%
68	78.891	1.426 2	0.008 7	0.025 8	0.002 9
93	113.444	1.198 2	0.008 1	< 0.000 5	0.001 1
56	113.713	1.001 4	0.014 0	0.002 7	0.002 1
64	116.118	1.042 0	0.015 1	0.002 4	0.001 8
33	116.410	1.069 6	0.004 0	0.076 9	0.001 6
49	117.579	1.015 5	0.007 0	0.002 0	0.002 0
83	128.765	1.036 0	0.003 2	< 0.000 5	< 0.000 5
80	129.569	1.021 2	0.002 1	< 0.000 5	< 0.000 5
103	129.921	1.116 4	0.010 7	0.014 8	0.001 9
36	130.038	1.022 7	0.036 5	0.005 6	0.002 9
78	130.796	1.048 3	0.007 5	0.002 2	0.002 1
66	133.280	1.084 3	0.011 3	0.092 3	0.003 4

从表 2.12 结果可知，所测试的电池均有不同程度的 Li 损失，以及过渡金属元素的溶出情况。这也解释了退役锂电池在容量标定时，Li 损失程度不同，退役锂离子电池所对应的标定容量也各有差异。在电池空态情况下拆解下来的负极材料含锂量较高，说明死锂和析锂现象较严重，对应的电池容量也越低；负极材料含镍、钴、锰较高，说明正极材料受电解质腐蚀较为严重，可能存在极片脱粉现象。由于正极材料中 Li^+ 的减少，使得正极脱出的 Li^+ 无法全部回到正极，同时过渡金属元素的溶出，使 SEI 膜增厚，电荷转移电阻和界面电阻增加，无法使 Li^+ 完全可逆地回到正极中去，在活化后，锂离子的动力学过程减弱。

为进一步分析负极材料的污染情况，对 33#、66# 和 68# 电池负极材料进行了全元素的定量分析，结果如表 2.13 所示。根据检测结果，在 33#、66# 和 68# 电池负极材料上，检测到的主要元素有 Li、P、Na，其中 Li 是析锂造成；P 主要来自电解液；Na 推测为生产工艺 CMC 混浆不匀；Ni、Mn、Co 是由于正极材料受电解质的腐蚀溶解，而后金属离子迁移到负极沉积析出；Al 和 Cu 是由于电极集流体受到电解质的腐蚀而溶解。

表 2.13　负极材料的定量分析

元素	溶液浓度/(mg/L)	元素含量/(mg/kg)	元素	溶液浓度/(mg/L)	元素含量/(mg/kg)	元素	溶液浓度/(mg/L)	元素含量/(mg/kg)
33#			66#			68#		
Al	1.13	158.00	Al	1.04	152.55	Al	1.33	182.93
Co	0.18	25.82	Co	0.63	92.31	Co	5.57	768.75
Cu	0.57	79.30	Cu	0.11	16.23	Cu	0.67	91.87
Fe	1.16	162.22	Fe	2.34	344.50	Fe	6.68	921.90
Li	0.76	10 695.87	Li	0.74	1 0842.99	Li	1.03	14 261.66
Mn	0.12	16.12	Mn	0.23	33.98	Mn	0.21	28.63
Na	9.21	1 287.87	Na	9.18	1 351.39	Na	10.90	1 503.30
Ni	0.29	40.21	Ni	0.77	113.16	Ni	0.63	86.75
P	43.04	6 019.86	P	38.00	5 596.48	P	45.77	6 312.80

结合电化学测试与电池拆解分析，基本可以评估出退役锂离子电池材料的健康状态。综合上述结果，造成退役锂离子电池容量衰减的原因主要有正负极材料的脱粉、电解液减少出现的负极死锂和析锂、电解质对正极材料的腐蚀所造成的过渡金属溶出、正极材料的微裂纹等。在不进行电池拆解分析的前提下，通过 HPPC 测试、交流阻抗测试可以基本获得退役锂离子电池的状态，直流内阻和交流内阻可作为快速评估退役锂离子电池性能和内部材料状态的一种方法，有利于后续选择适宜的回收方法。

2.2　退役锂离子电池状态的快速评价

对退役单体电池的健康状态（SOH）进行快速检测分类，经由量测分析电芯劣化状况的多项参数变化，形成了多维度电芯参数模型资料库。在检测同类电池时，经由对比电芯数据库内的电芯模型数据，可实现快速检测单体电池现时健康状态，为退役动力电池回收利用技术路线选择提供依据。选择剩余容量估算为特征值，建立电化学性能与内部材料结构衰退的关联关系，建立快速的失效评价方法及机制，是一个重要的研究方向。

目前锂电池的剩余容量估算方法大致可分为直接测量、基于滤波器的方法和基于机器学习的方法。直接测量方法通过在完全充电或放电过程中积分电流来获得容量值，具有简单易行的优点，通常应用于实验室或电池设计中，在 EVs 操作中很少遇到完全充电和放电操作。由于预期的动态响应特性，基于滤波器的方法已经被广泛开发和利用于容量估算，然而该方法需要高效的电池电气模型，如电化学模型（EM）和等效电路模型（ECM），然后再利用高级滤波器，如卡尔曼滤波器（KF）（包括其扩展）和粒子滤波器（PF）用于容量估算。上述这些算法可以在不同的负载场景中实现，无需定制电流曲线，然而它们的精度和适应性容易受到噪声和操作条件的影响。随着人工智能的发展，机器学习方法被用于电池容量估计，通过映射健康特征和剩余容量之间的潜在非线性关系来估计电池容量。显然，健康特征在容量估计中起着关键作用。在现有解决方案中，基于时间的特征被广泛应用于描述容量退化过程。Lin C 等人发现，恒定电流（CC）充电时间随着电池容量衰减而减少。由于电池温度可以直接测量，Tagade P 提取了等温增量的时间间隔来表征容量变化。除了上述健康特征外，昆明理工大学舒星等证明了预定时长内的增量容量（IC）与电池容量具有强相关性，并且它可以将由内部电化学反应平衡引起的电压平台重构为直观和可识别的波峰或波谷。在 IC 曲线的峰值和位置被映射为定量评估电池容量。然而，由于采样误差和环境干扰，原始 IC 曲线很容易被噪声干扰，从而阻碍了有效健康特征的挖掘。为了缓解这个问题，提出了一种基于高斯滤波器的平滑方法，以减少噪声对 IC 曲线的影响。类似地，其他常见的滤波器，如 KF（包括其扩展家族）和 Savitzky-Golay 滤波器，也被用来消除 IC 曲线的噪声。这些基于 IC 的健康特征利用电压的微分作为分母。在提取健康特征之后，实施机器学习方法来揭示与剩余容量相关的隐含依赖关系。一般来说，根据具体的配置和执行程序，机器学习方法可以分为基于神经网络（NN）的算法、分类和回归算法以及概率算法。在基于神经网络的算法中，长短时记忆（LSTM）递归神经网络（RNN）通过其设计良好的门控结构可以捕获长期依赖信息，从而具有更高的非线性建模能力，得到更准确的容量估计。电池运行数据的电压和时间样本被提取为健康特征，并使用 LSTM 建立容量预测网络。Pearson 相关性和极限梯度提升（XGBoost）算法被用于提取健康特征，并利用多元堆叠双向 LSTM 预测电池容量退化轨迹。在概率算法中，高斯过程回归（GPR）方法通过预测分布输出估计特定时刻的参数，而不是单个确定性点估计，从而有助于不确定性量化的估计提升。Arrhenius 定律和多项式方程被耦合到 GPR 的组合核中，以实现更好的电池容量估计。然而，当 GPR 遇到高维数据时，该方法估计性能会恶化。支持向量机（SVM）算法作为一种著名的分类和回归方法，在解决非线性和高维模型拟合问题方面表现出高效率。基于上述理论，开发了一种多机器学习融合方法，通过随机森林结合多种机器学习算法实现更精确的锂离子电池容量预测。具体而言，首先提出了一种基于 SVM 的电压-容量关系构建方法，以减轻噪声引起的不利数值计算，并将 IC 曲线的峰值挖掘作为健康特征。其次，考虑到 SVM、GPR 和 LSTM 具有各种优良的容量估计能力，将它们联合使用以获得初步的容量估计值，通过随机森林（RF）将三个模型的输出融合，最终确定最精确的容量值。开发的融合估计方法在两个不同的实验数据集下进行了验证，估计结果与单个学习器相比，展现出更高的精度和鲁棒性，以及更好的抗干扰性和通用性能。

为了实现和验证所提出的方法，从上述测试的 151 块退役三元锂电池在室温下（25 ℃）循环测试下的数据中挑选 100 块退役锂电池数据样本组成数据集。这些退役锂电池经过长时间在电动汽车中的运行后退役，因此能更好地反映电池的实际退化特性。在容量校准测试期间，首先使用 7 A 恒流（CC）充电，直到电压达到 4.2 V。然后，使用恒压（CV）充电，直到电流降至截止值，即 2 A。随后，进行 7 A 的 CC 放电，并在电压下降到 2.75 V 时终止。同时构建了第二个数据集，分析了 6 块额定容量为 740 毫安时（mAh）的软包电池操作数据（标记为电池 1 到 6），它们的阴极是锂钴氧化物和锂镍钴氧化物的混合物。它们在 40 ℃ 下进行实验，有效地反映了高温下电池的退化特性。测试涉及驾驶循环测试、特性测试和寿命判定。在驾驶测试中，所有电池都使用 2 C（C 代表带有 A·h 单位的名义容量）电流的 CC 协议充满，并使用 Artemis 城市驾驶配置文件进行循环。经过 100 次驾驶循环后，使用 1C 电流进行充电和放电进行特性测试。

采用增量容量曲线如式（2.4）来有效描述电池容量损失，其是在恒流充电状态下通过容量与电压的微分计算获得。

$$\frac{dQ}{dV} = \frac{\Delta Q}{\Delta V} = \frac{Q_t - Q_{t-1}}{V_t - V_{t-1}} \tag{2.4}$$

式（2.4）中，Q_t，V_t 分别表示第 t 步的充电容量和电压。

通过这种方式，充电容量与电压之间的缓慢变化可以转化为更明显的增量容量曲线。然而，由于电压采样噪声的干扰，电压的变化并不总是单调递增的，存在某些时间步长内测量的电压保持不变或变化值为负的可能性，如图 2.34（a）中的蓝色点所示。这将导致式（2.4）的分母为负数，甚至为 0。为了解决这个问题，采用支持向量机（SVM）对数据进行预处理。由于支持向量机具有高精度的逼近能力，因此采用支持向量机算法基于训练数据找到端电压和充电容量之间的潜在关系，其逼近拟合结果如图 2.34（b）所示。由图可知，SVM 过滤后的曲线消除了噪声的影响，有助于建模电压和充电容量之间的关系。

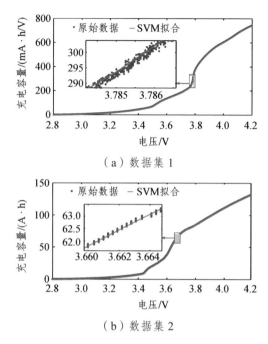

（a）数据集 1

（b）数据集 2

图 2.34　基于 SVM 的电压-容量曲线拟合结果

　　经过 SVM 数据预处理后，数据集 2 的 IC 曲线峰值如图 2.35 所示。由图可知，IC 曲线的峰值随着电池剩余容量的恶化而持续下降。因此，该参数被挖掘为健康特征并应用于电池容量估算。在日常使用中，充电电流和电压更容易以高精度获得，因此只需要测量电压和电流数据，并基于电流积分法计算充电容量。然后，可以根据式（2.1）和 SVM 获得 IC 曲线和健康特征。

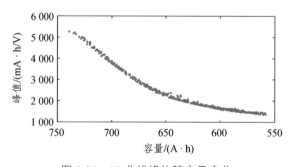

图 2.35　IC 曲线峰值随容量变化

2.2.1　理论方法

开发了一种多机器学习融合方法，以弥补个体学习者局部优化的缺陷，并从多维度的角度提高估计精度，估计流程图如图 2.36 所示。首先，从实验中收集充电电压和容量数据。然后，应用 SVM 方法拟合电压和充电容量之间的关系以减轻噪声干扰，随后根据 IC 曲线的峰值提取健康特征。分别使用 SVM、LSTM 和 GPR 来估计初步剩余容量。最后，所有个体学习者的剩余容量估计结果被视为输入，利用 RF 算法来融合多机器学习者的输出。因此，所提出的融合框架结合了个体学习者的优点，即 SVM 在非线性高维空间拟合问题方面具有优势，GPR 在不确定性预测方面具有优势，LSTM 网络在时间序列预测方面具有优势。

2.2.1.1　支持向量机

与传统的神经网络相比，支持向量机可以更快地收敛到最优值，并且在非线性和高维数据拟合方面效率更高。对于非线性系统，SVM 采用核函数将原始数据映射到高维空间。SVM 的非线性映射机制可以通过式（2.5）来说明。

$$
\begin{cases}
\min_{w,b} = \dfrac{1}{2}\omega^T \cdot \omega \\
\text{s.t.}\quad y_i - \omega \cdot x_i - b \leqslant \varepsilon \\
\qquad \omega \cdot x_i + b - y_i \leqslant \varepsilon
\end{cases}
\tag{2.5}
$$

式中，ε 表示容差偏差；ω 和 b 表示权重和偏置，可以通过引入拉格朗日乘子 α 和来求解。

$$
f(x) = \sum_{i=1}^{n} (\alpha_i - \alpha_i^*) K(x, x_i) + b
\tag{2.6}
$$

式中，$K(x, x_i)$ 表示核函数。在本研究中，径向基函数（RBF）被选为核函数，如下所示：

$$
K(x, x_i) = \exp\left(-\frac{\|x - x_i^2\|}{2\gamma^2}\right)
\tag{2.7}
$$

式中，γ 表示 RBF 的宽度，核矩阵需要是半正定的。

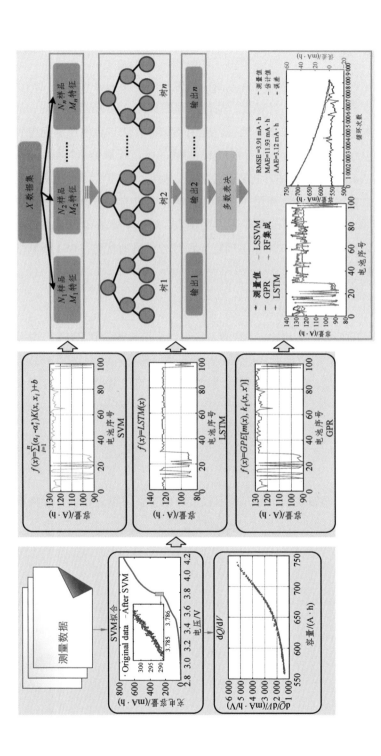

图 2.36　多机器学习融合估计方法流程

然后，可以将半正定分量相加或相乘，产生不同的核函数用于不同的应用程序。

2.2.1.2　长短期记忆循环神经网络

LSTM 网络是传统 RNN 的扩展形式，通过良好设计的门结构可以捕获长期依赖性。LSTM RNN 具有更高的非线性建模能力，并能够在时间序列数据预测中获得更精确的性能。一个典型的 LSTM 单元包括一个输入门，一个遗忘门，一个输出门和通过这些门相互连接的不同输入输出。LSTM 的操作过程可以表示为：

$$\begin{cases} f_k = \sigma(b_f + IP_k IW_f + OP_{k-1} OW_f) \\ i_k = \sigma(b_i + IP_k IW_i + OP_{k-1} OW_i) \\ g_k = \tanh(b_g + IP_k IW_g + OP_{k-1} OW_g) \\ c_k = c_{k-1} f_k + g_k i_k \\ O = \sigma(b_O + IP_k IW_O + OP_{k-1} OW_O) \\ OP_k = \tanh(p_k) \cdot O \end{cases} \tag{2.8}$$

式中，f，i，O 分别表示遗忘门，输入门，输出门和记忆单元；OW 和 IW 代表上一个输出和输入的权重；IP_k 和 IP_{k-1} 分别表示第 i 和第 $i-1$ 步的输出；p_k 表示 LSTM 单元的内部变量；b 表示遗忘门的偏置；σ 表示激活函数，本研究采用 sigmoid 函数；tanh 表示双曲函数；LSTM 网络后面有 5 层，即输入层，LSTM 层，dropout 层，全连接层和输出层，更多的层数会增加计算复杂度。相反，当层数限制时，模型的复杂度将被减轻，网络的准确性可能会降低，经过优化，本研究将层数设置为 5，以平衡预测精度和计算复杂度。

2.2.1.3　高斯过程回归

GPR 主要是基于概率分布实现回归功能，它通过似然函数反映经验风险，然后通过贝叶斯理论获得后验概率分布。GPR 的计算过程可以表示为

$$
\begin{cases}
f(x) \sim \mathcal{GP}(m(x), k_f(x, x')) \\
y = f(x) + \zeta \\
\begin{bmatrix} \boldsymbol{y} \\ \boldsymbol{y}^* \end{bmatrix} \sim N\left(0, \begin{bmatrix} \boldsymbol{K}_f(\boldsymbol{x}, \boldsymbol{x}) + \sigma_n^2 \boldsymbol{I}_n & \boldsymbol{K}_f(\boldsymbol{x}, \boldsymbol{x}^*) \\ \boldsymbol{K}_f(\boldsymbol{x}, \boldsymbol{x}^*)^T & \boldsymbol{K}_f(\boldsymbol{x}^*, \boldsymbol{x}^*) \end{bmatrix}\right) \\
p(\boldsymbol{y}^* \mid \boldsymbol{x}, \boldsymbol{y}, \boldsymbol{x}^*) = N(\boldsymbol{y}^* \mid \overline{\boldsymbol{y}}^*, \mathrm{cov}(\boldsymbol{y}^*)) \\
\overline{\boldsymbol{y}}^* = K_f(\boldsymbol{x}, \boldsymbol{x}^*)^T \left[\boldsymbol{K}_f(\boldsymbol{x}, \boldsymbol{x}) + \sigma_n^2 \boldsymbol{I}_n \right]^{-1} \boldsymbol{y} \\
\mathrm{cov}(\boldsymbol{y}^*) = \boldsymbol{K}_f(\boldsymbol{x}^*, \boldsymbol{x}^*) - \boldsymbol{K}_f(\boldsymbol{x}, \boldsymbol{x}^*)^T \left[\boldsymbol{K}_f(\boldsymbol{x}, \boldsymbol{x}) + \sigma_n^2 \boldsymbol{I}_n \right]^{-1} \boldsymbol{K}_f(\boldsymbol{x}, \boldsymbol{x}^*)
\end{cases}
\tag{2.9}
$$

式中，$f(x)$ 和 $\mathcal{GP}(\cdot)$ 分别表示输出函数和高斯概率分布函数；x 和 y 表示输入和观测变量；$m(x)$ 和 $k_f(x, x')$ 是均值和协方差函数；ζ 表示噪声且符合 $\zeta \sim N(0, \sigma_n^2)$；$\boldsymbol{y}$，$\boldsymbol{y}^*$ 和 $\overline{\boldsymbol{y}}^*$ 分别代表先验分布、预测值和预测值的均值；$\sigma_n^2 \boldsymbol{I}_n$ 表示噪声协方差矩阵；$p(\boldsymbol{y}^* \mid \boldsymbol{x}, \boldsymbol{y}, \boldsymbol{x}^*)$ 表示先验分布；$\boldsymbol{K}_f(\boldsymbol{x}, \boldsymbol{x})$ 表示一个 n 维对称正定矩阵。

2.2.1.4 随机森林算法

RF 是一种基于决策树的集成方法，它通过生成多个模型，每个模型单独训练并生成输出来工作。这些估计值被合并到从装袋策略中得出的最优值中，从而优于单个预测器。在森林中，第 j 棵树的输出表示为

$$
c = \sum_{i \in \mathcal{D}_n^*(\Theta_j)} \frac{\boldsymbol{X}_i \in A_n(\boldsymbol{x}, \Theta_j, \mathcal{D}_n)^{Y_i}}{N_n(\boldsymbol{x}, \Theta_j, \mathcal{D}_n)}
\tag{2.10}
$$

式中，$D_n^*(\Theta_j)$ 表示训练集，Θ_j 表示具有与 $\mathcal{D}_n$ 相同分布的随机变量；$A_n(\boldsymbol{x}, \Theta_j, \mathcal{D}_n)$ 表示包含 $\boldsymbol{x}$ 的单元格，$N_n(\boldsymbol{x}, \Theta_j, \mathcal{D}_n)$ 表示落入 $A_n(\boldsymbol{x}, \Theta_j, \mathcal{D}_n)$ 点的数量。

最终，通过组合每棵树的输出进行有限估计。

$$
m_{M,n}(\boldsymbol{x}, \Theta_1, \ldots, \Theta_M, \mathcal{D}_n) = \frac{1}{M} \sum_{j=1}^{M} m_n(\boldsymbol{x}, \Theta_j, \mathcal{D}_n)
\tag{2.11}
$$

式中，M 是树的数量。

在下一步中，将评估所提出方法的容量估计性能。

2.2.2　模型及验证

为了检验本研究所提出方法的有效性，对实验室数据集和一个公共数据集进行了比较验证。比较验证包括三个部分：1）多机器学习算法的比较验证；2）抗干扰能力验证；3）不同类型电池适用性验证。采用 MATLAB 在一台 Intel Core i5-10400F @2.9 GHz 和 64 GB RAM 的计算机上训练和验证模型。

2.2.2.1　与不同方法的比较

为了评估所提出方法的有效性，比较了基于独立高斯过程回归（GPR）、长短期记忆网络（LSTM）和最小二乘支持向量机（LS-SVM）的估计结果。这些机器学习方法的剩余容量估计和误差如图 2.37 所示，并列在表 2.14 中。由于测试电池是随机编号的，容量并不直接对应于电池编号。采用 70% 的循环电池数据进行模型训练，并将剩余数据用于模型验证。从图 2.38 可以看出，

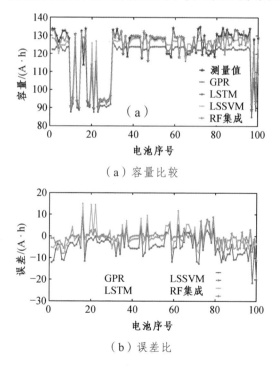

（a）容量比较

（b）误差比

图 2.37　不同方法的剩余容量估计比较

表 2.14　不同方法的统计结果

方法	RMSE/(A·h)	MAE/(A·h)	AAE/(A·h)
LS-SVM	4.89	14.80	3.79
GPR	4.87	15.04	3.70
LSTM	6.87	21.59	5.69
RF integrating	3.25	11.26	2.05

所有机器学习方法都能很好地跟踪容量变化，并且容量估计值与测量值非常接近。精确的容量估计的主要原因在于所提出的健康特征提取方法可以很好地表征容量的退化。此外，所提出方法的均方根误差（RMSE）、最大绝对误差（MAE）和平均绝对误差（AAE）分别为 3.25 A·h（约为最大值的 2.4%）、11.26 A·h 和 2.05 A·h，在所有采用的机器学习方法中达到了最低水平。相比之下，LSTM 网络导致最差的估计结果，RMSE、MAE 和 AAE 分别增加到 6.87 A·h、21.59 A·h 和 5.69 A·h，原因在于 LSTM 网络更适用于时间序列预测，在这种情况下，测试数据是无序的，LSTM 并不适合容量估计。由于模型融合的多维贡献，RF 集成模型的估计输出表现出比单独学习器更高的预测精度，并且其误差在零点附近振荡。因此，可以得出结论，所提出的集成多机器学习算法可以更好地捕捉容量退化的动态特性，从而具有更高的估计精度。

2.2.2.2　噪声干扰下的适用性

进一步研究了该方法对噪声干扰的鲁棒性。为此，在测量的电压上叠加均值为 0，方差分别为 0.005 V^2 和 0.01 V^2 的高斯噪声，其噪声数据和拟合结果如图 2.38（a）和（b）所示。显然，所拟合的曲线在不同的噪声强度下保持在噪声数据的中心，表明所提出的 IC 处理方法对噪声干扰具有鲁棒性。图 2.38（c）和（e）描绘了不同电压噪声情况下的容量识别结果，它们的误差如图 2.38（d）和（f）所示。结果表明，估计值在不同噪声强度下与参考值非常接近。通过比较各种噪声条件下的估计结果，可知带电压噪声的估计结果比没有噪声时更差。当电压噪声为 0.01 V^2 时，出现最大 MAE，即使如此，MAE 仍然低于 12.82 A·h，仅比没有噪声时高 1.56 A·h。这两种噪声情况下的 RMSE 和 AAE 比较表明，所提出的 IC 处理和容量估计方法具有很强的鲁棒性，即使在原始测量中受到相当大的噪声干扰，仍然可以通过所提出的方法获得较好的容量估计。

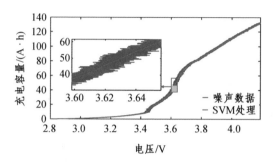

（a）$\sigma = 0.005$ 的电压-容量曲线

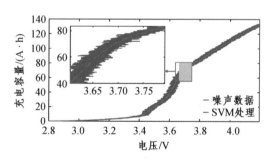

（b）$\sigma = 0.01$ 的电压-容量曲线

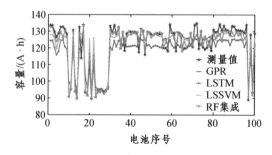

（c）$\sigma = 0.005$ 的容量估计结果

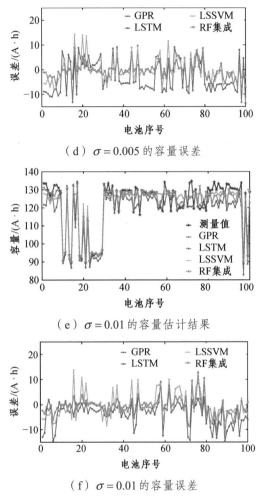

（d）$\sigma = 0.005$ 的容量误差

（e）$\sigma = 0.01$ 的容量估计结果

（f）$\sigma = 0.01$ 的容量误差

图 2.38　不同噪声率下的容量估计结果

2.2.2.3　一般性验证

为验证所提出方法对具有不同化学性质的锂离子电池的普适性，采用了一种留一验证策略。在这里，每个电池的数据被应用为测试数据集，其他电池的数据构成训练数据集。验证重复进行了六次，直到每个单独的电池都被用于模型测试。由于训练数据集不包含测试数据，因此训练的随机森林集成框架可以生成无偏估计。按照图 2.35 中概述的相同实现过程，容量估计结果和相关误差在图 2.39 中描述。可以发现，估计的容量值在所有研究电池的整个寿命期间都与参考值非常接近。估计的容量的 RMSE 限制为 3.36 mAh 到 3.96 mAh（仅为名义容量的 0.45% ~ 0.54%），六个电池的最大 MAE 和 AAE 分别为 12.03 mAh 和 3.25 mAh。值得注意的是，所述电池数据集在 40 ℃ 的环境温度下进行测试，而 MAE 仍可限制在标称容量的 1.7% 以内。这种高保真度的结果进一步证实了所提出方法对不同温度的鲁棒性。上述结果表明，本研究提出的方法能够估计具有不同化学性质的锂离子电池的容量。

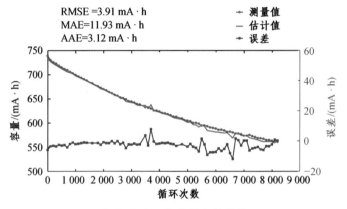

（a）电池 1 的容量估计结果

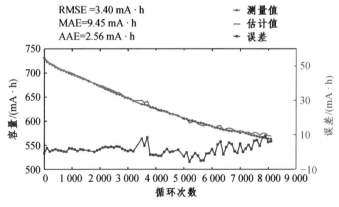

（b）电池 2 的容量估计结果

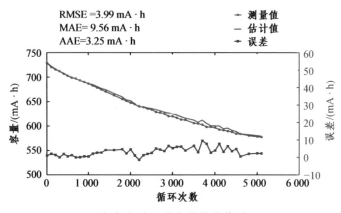

（c）电池 3 的容量估计结果

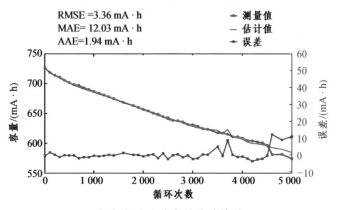

（d）电池 4 的容量估计结果

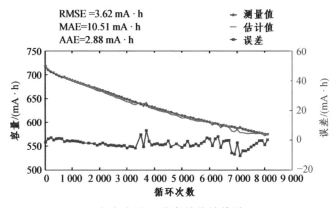

（e）电池 5 的容量估计结果

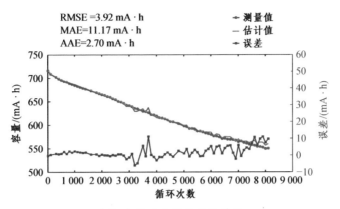

（f）电池 6 的容量估计结果

图 2.39　估计方法的一般性验证

　　与其他现有容量估计方法的误差相比较，本方法的优越性更为明显。对基于 LSTM、GPR、深度置信网络、SVM、极限学习机（ELM）、反向传播 NN（BPNN）和 ELM 与随机向量函数链接网络（RVFL）集成的容量估计结构进行了比较分析，如表 2.15 所示。这些方法的最优 RMSE、MAE 和 AAE 分别为 1.09%、2.22% 和 0.6%，显然比所提出的 RF 集成方法输出的最差情况还要大。比较结果凸显了本研究中的多机器学习融合方法优于文献报道的大多数机器学习方法。

表 2.15　基于不同方法的容量估计结果比较

方法	健康特征	Ref.	RMSE (%)	MAE (%)	AAE (%)
RF 集成	IC 峰值	本方法	0.54	1.63	0.44
LSTM	恒流充电时间	[2]	—	—	2.08
GPR	10 个健康特征	[3]	3.87	3.26	—
深度信念网络	17 个健康特征	[4]	2.7	—	—
集成 ELM 和 RVFL	等电压差充电时间	[5]	1.57	—	—
SVM	IC 曲线	[6]	1.1	—	0.6
ELM	欧姆内阻和极化内阻的增量	[7]	1.09	2.22	1.72
BPNN			2.03	3.89	1.79

本研究开发了一种多机器学习融合方法用于估计锂离子电池的剩余容量。首先，利用支持向量机和增量容量分析方法得出增量容量曲线的峰值，从而更好地描绘电池容量退化。然后，为了整合多个机器学习算法的优势，采用随机森林算法将流行的单独学习器包括支持向量机、长短期记忆网络和高斯过程回归融合起来，以输出更精确的容量估计。该方法在两个不同的数据集上进行验证，估计结果表明最大绝对误差为 12.03 mA 时。此外，由于采用支持向量机算法来拟合电压和充电容量之间的关系，所提出的方法在噪声重叠在原始电压上时具有较强的抗干扰能力。此外，对不同类型电池的实验表明，所提出的方法具有良好的适应不同单体类型和温度的鲁棒性，均方根误差限制在 2.4% 以内。所有实验结果表明，所提出的方法具有潜在的实际应用价值。

参考文献

[1] 王其钰，李泓. 锂电池安全问题及失效分析[J]. 新能源科技，2021（11）：15-19.

[2]]Li W, Sengupta N, Dechent P, et al. Online capacity estimation of lithium-ion batteries with deep long short-term memory networks. J Power Sources 2021;482:228863. https://doi.org/10.1016/j.

[3]]Fan L, Wang P, Cheng Z. A remaining capacity estimation approach of lithium-ion batteries based on partial charging curve and health feature fusion. J Energy Storage 2021;43:103115. https://doi.org/10.1016/j.est. 2021.103115. 2021/11/ 01/.

[4] Cao M, Zhang T, Wang J, et al. A deep belief network approach to remaining capacity estimation for lithium-ion batteries based on charging process features. J Energy Storage 2022;48:103825. https://doi.org/10. 1016/j.est.2021.103825. 2022/04/01/.

[5] Gou B, Xu Y, Feng X. State-of-health estimation and remaining-useful-life prediction for lithium-ion battery using a hybrid data-driven

method. IEEE Transac Vehicular Technol 2020; 69(10): 10854-67. https://doi.org/10.1109/ TVT.2020.3014932.

[6] Zhang Y, Liu Y, Wang J,et al. State-of-health estimation for lithium-ion batteries by combining model-based incremental capacity analysis with support vector regression. Energy 2022;239:121986. https://doi.org/10. 1016/j.energy.2021.121986. 2022/01/15/.

[7] Pan H, Lü Z, Wang H, et al. Novel battery state-of-health online estimation method using multiple health indicators and an extreme learning machine. Energy 2018;160:466　77. https://doi.org/10.1016/j. energy.2018.06.220. 2018/10/01/.

第3章
废旧三元锂电池正极材料的选择性氨浸研究

无机酸如 H_2SO_4，HCl，H_3PO_4，HNO_3 等，这些无机酸对三元材料具有很高的浸出效率[1]。但在浸出过程中会向环境释放出有害的气体，如 SO_3，NO_x，Cl_2 等。采用碱浸浸出废旧 $LiNi_xCo_yMn_{1-x-y}O_2$ 材料研究很少被报道。为了建立一种更完备的氨浸体系，选择性浸出部分有价金属，并且能够通过蒸氨进行前驱体的再生，本章节着重介绍氨浸并研究了不同因素对镍、钴、锰和锂浸出率的影响；分析了浸出动力学和浸出机理；讨论了氨浸过程中滤渣形态，为废旧三元锂电池正极材料的氨性浸出提供一定理论依据及实验数据。

3.1 研究方案

3.1.1 废旧 $LiNi_{0.5}Co_{0.2}Mn_{0.3}O_2$ 预处理

废旧 $LiNi_{0.5}Co_{0.2}Mn_{0.3}O_2$ 的预处理主要包括放电、拆卸、分离等步骤，具体内容为：首先将废旧电池浸入质量分数为 5% 的 NaCl 溶液中 24 h。然后，将电池壳和电芯手动拆卸分离，并将正极片浸入 3 mol/L NaOH 溶液（可以防止 $LiPF_6$ 水解产生有毒气体 HF）中，铝箔可以与 NaOH 反应形成 H_2 和 $NaAlO_2$。最后，将铝箔和正极材料剥离，用热碱浸液洗涤 3 次以除去残留的铝等，然后进行抽滤得到正极材料。最后，将正极材料进行煅烧除去电极表面的 PVDF 和导电炭，研磨过筛获得 – 0.075 mm 的粉末。

3.1.2　废旧 $LiNi_{0.5}Co_{0.2}Mn_{0.3}O_2$ 材料的氨浸

碱性浸出：

（1）配置一定浓度的浸出液（由亚硫酸钠、硫酸铵以及氨水组成）。

（2）清洗高压釜钛材内胆和搅拌桨叶，将浸出液缓慢倒入高压釜内胆后加入废旧 NCM523 材料，按对角线的顺序拧紧螺帽，装上搅拌皮带、转速控制环及热电偶；关闭进出气阀门，检查高压釜的气密性确保釜内的气体不会泄露，打开搅拌器冷却水。

（3）通过高压釜控制器设定所需实验温度，开启搅拌旋钮和加热开关，通过微调釜体冷却水开关大小使温度稳定保持在所需反应温度。

（4）浸出反应后，通过抽滤干燥得到所需的浸出液和滤渣，并进行一系列的分析检测。

本碱性浸出实验的浸出原理如式（3.1）～式（3.6）所示。

$$Ni_i^{2+} + n_1NH_3 \rightleftharpoons Ni(NH_3)_{n_1}^{2+} \tag{3.1}$$

$$Co^{2+} + n_2NH_3 \rightleftharpoons Co(NH_3)_{n_2}^{2+} \tag{3.2}$$

$$Li^+ + n_3NH_3 \rightleftharpoons Li(NH_3)_{n_3}^+ \tag{3.3}$$

$$Mn^{2+} + n_4NH_3 \rightleftharpoons Mn(NH_3)_{n_4}^{2+} \tag{3.4}$$

$$H_2O + 2Co^{3+} + SO_3^{2-} \rightleftharpoons SO_4^{2-} + 2Co^{2+} + 2H^+ \tag{3.5}$$

$$Mn^{2+} + 2NH_4^+ + 2SO_3^{2-} + H_2O \rightleftharpoons (NH_4)_2Mn(SO_3)_2 \cdot H_2O_{(S)} \tag{3.6}$$

废旧 $LiNi_{0.5}Co_{0.2}Mn_{0.3}O_2$ 材料（标记为 SNCM）选择性氨浸的流程图如图 3.1 所示。将浸出液定容好之后用 ICP 分别检测其中 Li、Co、Ni、Mn 离子含量记作 c_1；将 0.5 g 废旧 NCM 放入王水完全溶解后，然后用 ICP 分别检测其中 Li、Co、Ni、Mn 离子含量记作 c_2，各种金属的浸出率计算公式如式（3.7）。

$$\mu = \frac{c_1}{c_2} \times 100\% \tag{3.7}$$

式中，c_1 为浸出液金属离子的浓度（mg/L）；c_2 为标准液金属离子的浓度（mg/L）；μ 为金属的浸出率（%）。

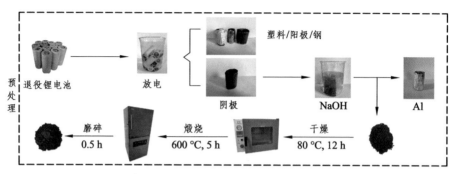

图 3.1　废旧 $LiNi_{0.5}Co_{0.2}Mn_{0.3}O_2$ 材料回收再生流程图

3.2　预处理研究

3.2.1　预处理对废旧三元材料的影响

为了确定废旧三元材料中有机物和碳等杂质的脱除煅烧温度，进行了热重/差热分析（TG/DSC），测试结果如图 3.2 所示。其中 TG/DSC 曲线显示了

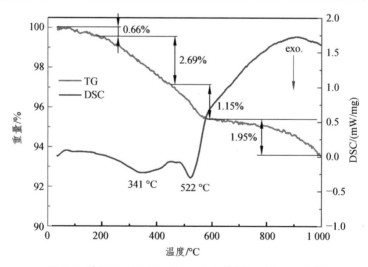

图 3.2　废旧 $LiNi_{0.5}Co_{0.2}Mn_{0.3}O_2$ 材料的 TG/DSC 曲线

多步的重量损失和吸/放热峰。第一个失重（0.66%）发生在 35 ~ 230 ℃ 区域，这归因于结合水的去除[2]。第二个失重区（2.69%）出现在 230 ~ 450° C 的区域内，这与 PVDF 的燃烧分解温度区间一致[3]。第三个失重区域（1.55%）出现在 450 ~ 600 ℃ 的区域，该区域在 522 ℃ 处观察到明显的放热峰，对应于乙炔黑的燃烧[4]。然后，在 600 ℃ 以上加热导致质量损失 1.95%，这可能是锂的损失和相变[5]。综上所述，为了使有机物和碳充分燃烧，将废旧三元材料的煅烧温度确定为 600 ℃，煅烧时间为 5 h。

为了进一步探究预处理后废旧三元正极材料的结构，对其进行了 XRD 物相表征，如图 3.3 所示。可以发现，煅烧前与煅烧后正极废料都具有 α-NaFeO$_2$ 型层状结构，且无杂质相存在，以 LiNi$_x$Co$_y$Mn$_{1-x-y}$O$_2$ 为主要相。但是，（008）和（110）晶面的分裂不太明显，表明该材料的层状结构被部分破坏，并且锂和镍的混合排列的可能性更大。在这项研究中，预处理后的材料被命名为 SNCM（LiNi$_{0.5}$Co$_{0.2}$Mn$_{0.3}$O$_2$）。

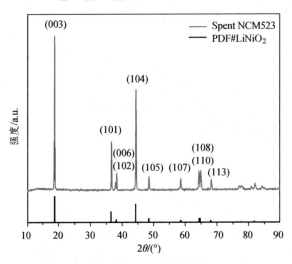

图 3.3　煅烧后废旧正极材料的 XRD 图

同时对预处理后的废旧三元材料粉末用 ICP-OES 测其金属元素含量，检测结果如表 3.1 所示。可以看出经过拆解得到的废料中 Al 等含量相对较少，这意味着在拆解过程中杂质控制较好。综上所述，物相和组分的分析结果表明，废旧三元材料为 LiNi$_{0.5}$Co$_{0.2}$Mn$_{0.3}$O$_2$。

表 3.1 废旧正极材料的主要元素组成

元素	Ni	Co	Mn	Li	Al	Etc.
含量/wt.%	30.13	12.25	18.61	7.22	0.23	31.56

3.2.2 预处理对废旧三元材料的形貌影响

废旧三元材料煅烧前后的形貌变化如图 3.4 所示。从图 3.4（a）~（c）可以看出，未煅烧处理废料由于一次颗粒大小均匀，大部分都成类球形，并且有散落的一次颗粒，此外由于颗粒表面絮状的 PVDF 或导电碳存在，导致电极颗粒之间相互粘连，从而有较多团聚现象。从图 3.4（d）~（f）可以观察到，煅烧后的废旧三元材料颗粒大小为 4~20 μm，平均粒径为 12 μm，经过煅烧处理后，颗粒表面絮状物 PVDF 或导电碳几乎全部消失，颗粒整体清晰，并且团聚降低。

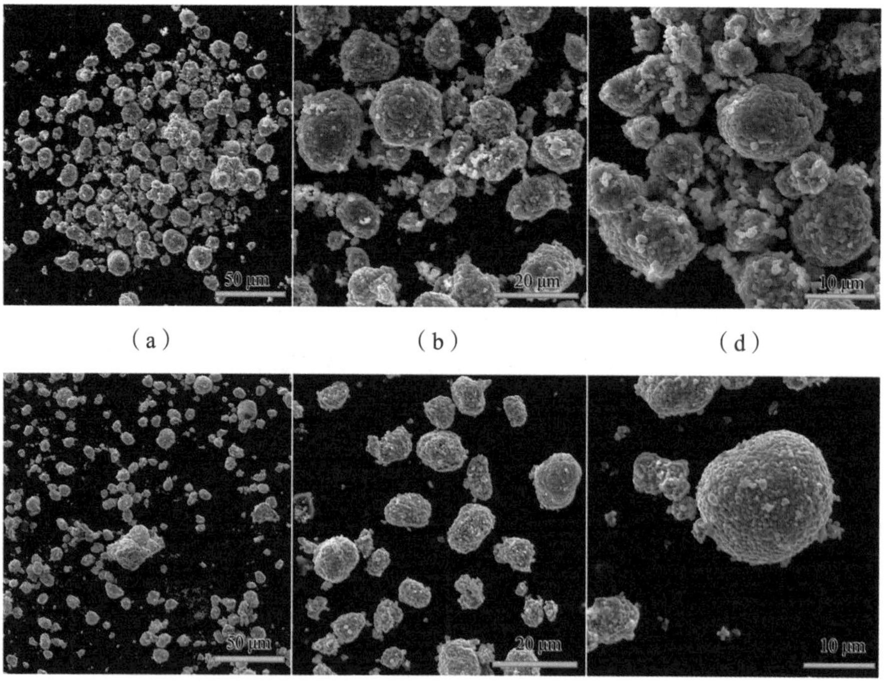

（a）　　　　　　　（b）　　　　　　　（d）

（e）　　　　　　　（f）　　　　　　　（g）

图 3.4 煅烧前［（a）~（c）］和煅烧［（d）~（f）］后 SNCM 的 SEM 图

3.3　废旧 $LiNi_{0.5}Co_{0.2}Mn_{0.2}O_2$ 材料浸出单因素实验分析

通过对废旧 $LiNi_{0.5}Co_{0.2}Mn_{0.3}O_2$ 材料的浸出进一步分析，分别列出了可能的影响因素，并进行浸出单因素实验，变量参数如表 3.2 所示，进而进一步探究氨浸选择性浸出的最佳条件。

表 3.2　各组氨浸实验的变量参数

影响因素	时间/min	温度/℃	$(NH_4)_2SO_4$/(mol/L)	L/S 比率/(g/L)	NH_3/(mol/L)	Na_2SO_3/(mol/L)
时　间	60～180	90	1.5	10	4	0.5
温　度	180	50～90	1.5	10	4	0.5
$(NH_4)_2SO_4$	180	90	0.5～2.5	10	4	0.5
L/S 比	180	90	1.5	10～30	4	0.5
NH_3	180	90	1.5	10	1～5	0.5

3.3.1　浸出时间对废旧三元正极材料浸出率的影响

本实验在浸出剂（NH_4）$_2SO_4$ 浓度为 1.5 mol/L，还原剂 Na_2SO_3 浓度为 0.5 mol/L，NH_3 浓度为 4 mol/L，固液比为 10∶1，浸出温度为 90 ℃ 的条件下，分别研究了浸出时间从 60～180 min 时，废旧三元正极材料 Li、Ni、Co、Mn 浸出率的变化规律。

由图 3.5（a）可知，当浸出液浓度、固液比、温度等条件一定时，反应时间对 Li、Co、Ni 的溶解浸出起到积极作用，随着反应时间的延长，这三种金属的浸出率都呈现逐渐增大的趋势，但 Mn 却刚好相反。当浸出反应进行到 60 min 时，Li 的浸出率只有 50.59%；当时间增加到 180 min 时，浸出率提高到 96.15%。在 60～120 min 的温度区间内，Li 的浸出速率较快，120 min 后有所减缓。Co 和 Ni 的浸出效果与 Li 相似，两者浸出率分别由 60 min 时的 35.32%、30.43% 提高到 180 min 时的 89.91%、90.14%。Mn 的浸出过程与前三者不同，随着浸出时间越久，Mn 的浸出率越低，60 min 时浸出液中 Mn 含量最高的时候浸出率为 16.14%，到 180 min 时仅有 9.16%，这意味着浸出反应开始时锰先溶解在溶液中，随着浸出时间的增加，主要以一种形式沉积在溶液中。研究人员用氨溶液从富锰铁壳中提取了铜、镍和钴，发现残留物的主要相为 $(NH_4)_2Mn(SO_3)_2 \cdot H_2O$[6]。为了进一步提高镍钴锂的浸出率同时保持锰化合物的析出，最终选择 180 min 为最佳浸出时间，这有利于后续分离提纯。此时废旧 NCM 中 Li、Co、Ni 浸出率较高，而 Mn 化合物也能基本沉淀。

3.3.2　浸出温度对废旧三元正极材料浸出率的影响

对于常见的浸出反应而言，温度是影响浸出率较为明显的一个因素。当浸出液浓度、固液比、时间等条件一定时，升高反应温度，反应物的能量升高，分子运动速度增大，反应物分子被活化，从而增加了浸出液中反应物分子的运动速率和分子间碰撞可能性。有效的化学碰撞次数越多，浸出速率越快，进而浸出率也会得到提高[7]。

不同浸出温度对废旧三元正极材料浸出效率的影响如图 3.5（b）所示。在 NH_3-$(NH_4)_2SO_4$-Na_2SO_3 氨浸系统中，浸出温度也是影响浸出效率的重要因素。如图 3.5（b）所示，锂的浸出效率与反应温度成正比。当反应温度控制在 50 ℃ 时，锂的浸出效率仅为 18.35%。在浸出温度从 70 ℃ 升到 80 ℃ 时，此时浸出效率提高的速度最快，浸出效率提高了 43.59%。当浸出温度达到 80 ℃ 后，曲线的上升趋势相对平坦，温度的升高并没有显著改善浸出效果，而在 80 ℃ 后仅增加了 4.8%。镍和钴的浸出过程与锂相似。当浸出实验刚刚开始，由于相对较低的浸出温度，钴和镍的浸出效率仅为 6.45% 和 7.77%。当浸出温度在 70 ~ 80 ℃ 时浸出速率最快，钴和镍在 90 ℃ 时的浸出效率分别为 89.91% 和 90.23%。锰的浸出过程与镍钴锂的浸出过程不同。总体而言，随着温度的升高，锰的浸出效率首先增加，然后降低。这是因为氨浸法可以选择性地浸出废旧三元正极材料中的锂、镍和钴，在此过程中锰主要从 Mn^{4+} 还原为 Mn^{2+}，形成 $Mn(NH_3)_{n_4}^{2+}$[8]。在 70 ℃ 之前，Mn 的浸出效率随温度增加而升高，之后溶液中的 Mn^{2+} 以 $(NH_4)_2Mn(SO_3)_2 \cdot H_2O$ 的形式沉淀下来，这降低了浸出液中 Mn 的含量，最终在 90 ℃ 时浸出效率达到 9.16%。当浸出温度达到 90 ℃ 时，镍的浸出效率达到拐点，这可能是因为形成的

$(NH_4)_2Mn(SO_3)_2 \cdot H_2O$ 是一种致密的结构，该材料紧紧包覆在未反应的原始材料表面，阻止浸出反应的进一步发生。为了浸出更多的锂和钴，确定最佳的浸出温度为 90 ℃。

3.3.3　浸出剂$(NH_4)_2SO_4$浓度对浸出率的影响

为了研究$(NH_4)_2SO_4$浓度对 SNCM 中不同金属浸出的影响，实验在浸出时间为 180 min，还原剂 Na_2SO_3 浓度为 0.5 mol/L，NH_3 浓度为 4 mol/L，液固比为 10∶1，浸出温度为 90 ℃ 的条件下，分别探究了浸出剂（NH_4）$_2SO_4$浓度为 0.5 mol/L、1.0 mol/L、1.5 mol/L、2.0 mol/L、2.5 mol/L 对废旧三元正极材料浸出率的影响，结果如 3.6（c）。由图 3.6（c）可知，随着$(NH_4)_2SO_4$浓度的增加，Li、Ni、Co 的浸出效率增加，当硫酸盐浓度由 0.5 mol/L 增加到 1 mol/L 时，三种元素的浸出率增长迅速，分别从 32.85%、18.58%、17.47%增大到了 92.64%、77.95%、84.02%，但是当$(NH_4)_2SO_4$浓度为 1.5 mol/L 时，浸出效率的平台开始出现，此后浸出效率增加得不明显[9]。因此在一定浓度范围内可以通过提高$(NH_4)_2SO_4$浓度来提高废旧 NCM 的浸出率，为了确保较高的浸出效率和较低的酸消耗，选择 1.5 mol/L 的$(NH_4)_2SO_4$浓度作为最佳硫酸盐浓度。

3.3.4　固液比（S/L）对浸出率的影响

为探究固液比对废旧正极材料浸出率的影响，在浸出剂$(NH_4)_2SO_4$浓度为 1.5 mol/L，还原剂 Na_2SO_3 浓度为 0.5 mol/L，NH_3 浓度为 4 mol/L，浸出时间为 180 min，浸出温度为 90 ℃ 的条件下，考察了 10∶1、15∶1、20∶1、25∶1、30∶1 不同固液比下金属的浸出率如图 3.5（d）所示。在化学反应中，固液比的不同会造成局部固、液间相对浓度的差异，影响反应的进行。由图 3.5（d）可知，金属 Li、Co、Ni 的浸出率都随着固液比的增大而逐渐减小，而 Mn 的浸出率波动并不明显，在固液比为 10∶1 的时候前三者金属的浸出率最大，分别为 96.15%、89.91% 和 90.23%，此时 Mn 的浸出率为 9.16%。这是因为在固液比较小的时候，浸出过程中废旧 NCM 粉料与浸出液的接触概率比较大，从而使反应速率加快；较大的固液比一方面会极大降低溶液的对流和扩散，另一方面化学计量比也限制了最大的 S/L 范围，从而引起金属浸出率的降低[10]。为得到最优的浸出效果，选择 10∶1 为最佳浸出固液比。

3.3.5 浸出 NH₃ 浓度对浸出率的影响

废旧正极材料的浸出效率随着氨浓度的变化而变化，如图 3.5（e）所示。随着氨浓度的增加，锂，镍和钴的浸出率急剧增加。当氨气浓度超过 4 mol/L 时，锂，镍和钴的浸出效率变化趋于平缓。此时，Li，Co 和 Ni 的浸出效率分别为 96.15%，89.91% 和 90.14%，而残留在滤渣中的 Mn 高达 90.84%，同时具有良好的结晶性。这是因为单位体积的氨分子数量越高，反应发生得越剧烈[11]。在有限的浓度范围内，氨浓度高时反应剧烈，浸出效率进一步提高；一旦浓度超过一定值，浸出率不再由氨的浓度所控制。此后继续增加氨的浓度将造成氨的浪费。

综上所述，对于 SNCM 浸出，最佳的浸出条件：$(NH_4)_2SO_4$ 浓度 = 1.5 mol/L，Na_2SO_3 浓度 = 0.5 mol/L，NH_3 浓度 = 4 mol/L，固液比 = 10∶1（g/L），浸出时间 = 180 min，温度 = 90 ℃。金属的总浸出率如图 3.6 所示。在最佳浸出条件下，Li、Co 和 Ni 的浸出率分别为 96.15%，89.91% 和 90.14%，Mn 以一种锰盐的形式沉淀下来，此外与其他金属相比，锂最容易实现浸出。

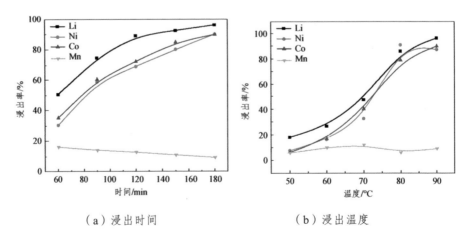

（a）浸出时间　　　　　　　　　　（b）浸出温度

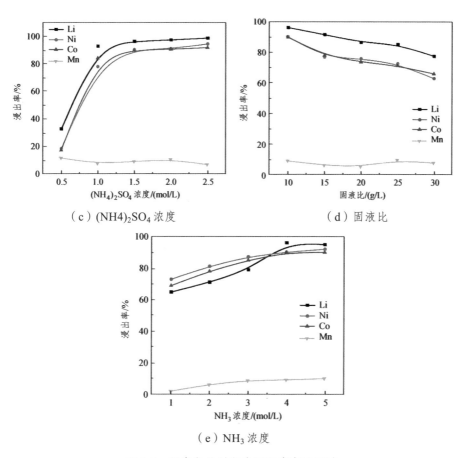

（c）(NH4)$_2$SO$_4$ 浓度

（d）固液比

（e）NH$_3$ 浓度

图 3.5　浸出条件对各金属浸出率的影响

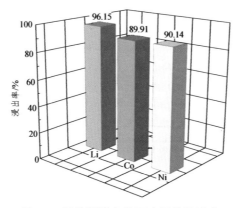

图 3.6　最佳浸出条件下金属的浸出率

3.4 浸出过程动力学研究

为了确定废旧 $LiNi_{0.5}Co_{0.2}Mn_{0.3}O_2$ 氨浸过程的反应控制机制，在上述优化条件下，以不同温度和浸出时间对 SNCM 中金属浸出率的影响为分析依据，进行了动力学分析。根据浸出过程的特性，对 SNCM 颗粒的浸出过程包括以下步骤：（1）反应活性离子从本体到颗粒表面（外扩散）；（2）反应活性离子从颗粒表面扩散到反应介面（内扩散）；（3）介面上发生化学反应；（4）产物从未反应的介面扩散到颗粒表面；（5）产物从颗粒表面扩散到本体溶液。浸出动力学模型[12]可分为四种类型：表面化学控制［方程式（3.8）］[13]；扩散控制模型［方程式（3.9）］[14]；对数速率定律模型［方程式（3.10）］[15]和 Avrami 方程模型［方程式（3.11）］[16]。

对不同的浸出动力学模型进行拟合，对比模型 1 与其他三个模型的拟合结果，发现模型 1 的拟合曲线具有最佳的拟合相关性即最好的拟合度（R^2 值越接近于 1 拟合度越好）。因此在本实验废旧 $LiNi_{0.5}Co_{0.2}Mn_{0.3}O_2$ 的选择性氨浸过程中，浸出反应的控制步骤为表面化学反应，这意味着浸出效率主要由未反应核表面上发生的化学反应所决定。各元素浸出动力学拟合数据如图 3.7 所示。

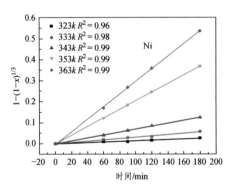
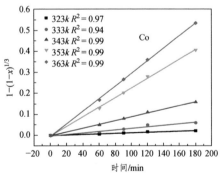

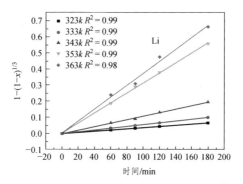

图 3.7　不同温度下从 SNCM 浸出金属过程中 $1-(1-x)^{1/3}$ 随时间变化曲线

模型 1：$1-(1-x)^{1/3} = k_1 t$ （3.8）

模型 2：$1-2/3x-(1-x)^{2/3} = k_2 t$ （3.9）

模型 3：$[-\ln(1-x)]^2 = k_3 t$ （3.10）

模型 4：$\ln[-\ln(1-x)] = \ln k_4 + n\ln t$ （3.11）

根据 Arrhenius 方程[17]［式（3.12）］来计算不同金属的活化能（E_a）：

$$k = A\mathrm{e}^{-E_a/RT} \quad 或 \quad \ln k = \ln A - E_a/RT \qquad （3.12）$$

式（3.12）中，x 是 Li，Ni，Co 和 Mn 的浸出率；k 是反应速率常数（min^{-1}）；t 是反应时间（min）；A 是频率因子；E_a 是表观活化能；R 为气体常数 8.314 5 J/(K·mol)；T(K)是浸出温度。

反应速率常数 k 由式（3.12）计算得出，$\ln k$ 对 1 000/T 的曲线如图 3.8 所示。

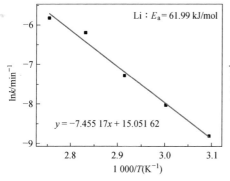
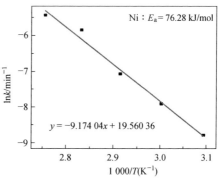

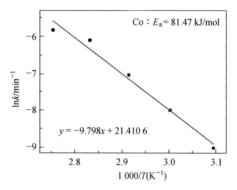

图 3.8　ln$k$ 随 1 000/T 变化的曲线图

　　根据拟合结果各元素浸出率主要由未反应核表面上发生的化学反应决定。反应速率常数可以进一步通过 ln$k$ 对 1 000/T 作图来获得，并且根据上述阿伦尼乌斯公式可计算锂、镍和钴的表观活化能[18]。计算获得 Li，Ni 和 Co 的表观活化能分别为 61.99、76.28 和 81.47 kJ/mol，上述表观活化能均大于 40 kJ/mol，这表明 Ni、Co 和 Li 在该氨浸体系中是由表面化学反应控制的[19]。锂的表观反应活化能最小，说明锂浸出所需能垒最小，因此锂比镍和钴更容易浸出，该金属浸出顺序也在单因素实验中得到了验证。

3.5　物相结构成分分析及形貌表征

　　废旧三元正极材料经过氨性浸出后，不同浸出温度下得到的浸出渣的 XRD 分析结果如图 3.9 所示。

　　由图 3.9 可知，将 SNCM 原料和浸出渣的 XRD 图谱与 LiNiO₂ 和 (NH₄)₂Mn(SO₃)₂·H₂O 的标准 PDF 卡片进行对比可知，原料中主要的物相为 LiNiO₂，其衍射峰非常尖锐、对称、半峰宽比较窄，说明 SNCM 粉末中 LiNiO₂ 结晶性比较好。此外从图 3.9 中还可以看出原料比较纯，几乎没有杂质。随着浸出温度的升高，浸出滤渣中 LiNiO₂ 衍射峰的强度逐渐降低，废料的结晶性变差，表明浸出温度的提高对浸出效果起着积极的作用；当温度到达 70 ℃时，可以看到出现了少量且强度微弱(NH₄)₂Mn(SO₃)₂·H₂O 物相的衍射峰，这表明浸出产物中已经产生(NH₄)₂Mn(SO₃)₂·H₂O 物相。为了进一步探究浸出渣的成分，我们对 80 ℃ 和 90 ℃ 下的浸出渣进行更精细的 XRD 分析，如

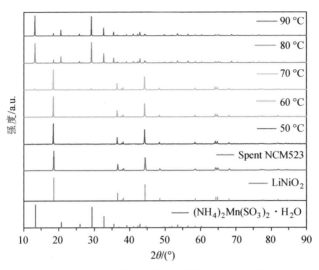

图 3.9　不同温度下浸出后滤渣的 XRD 图

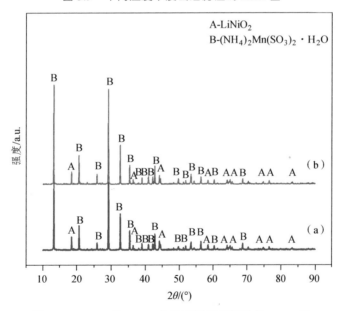

图 3.10　80 ℃ 和 90 ℃ 条件下浸出后滤渣的 XRD 图

图 3.10 所示。当温度继续升高到 80 ℃ 时 $(NH_4)_2Mn(SO_3)_2 \cdot H_2O$ 物相的衍射峰变得尖锐和明显,强度和高度也逐渐增大,已经高于 $LiNiO_2$ 的峰,到 90 ℃ 时继续增强,此时 $LiNiO_2$ 的量已经微乎其微,绝大部分已经被浸出。所以

在 70 °C 之前滤渣中 $LiNiO_2$ 为主要相，$(NH_4)_2Mn(SO_3)_2 \cdot H_2O$ 为次要相，而 70 °C 后则反之。其原因是温度的提高能促进废旧 NCM 中 Li、Ni、Co 的浸出，浸出后三种金属元素以离子的形式进入浸出液，导致 $LiNiO_2$ 物相的衍射峰强度降低，最后基本消失，在温度为 90 °C 下可以得到较高的浸出率——Li 96.15%、Ni 90.14%、Co 89.91%。另一方面也说明了 Mn 从 Mn^{4+} 还原成 Mn^{2+} 进入溶液中，形成的络合物不稳定，当温度到 70 °C 后溶液中的 $Mn(NH_3)_n^{2+}$ 以 $(NH_4)_2Mn(SO_3)_2 \cdot H_2O$ 的形式沉淀到滤渣中，其沉淀的生成需要一定的反应温度。表明了 $(NH_4)_2SO_4 - NH_3 - Na_2SO_3$ 的氨浸体系对废旧 NCM 中的 Li、Ni、Co 具有选择性浸出的特性，而 Mn 很难浸出最终以复盐形式沉淀。

3.6　废旧三元正极材料浸出前后的形貌分析

为了探究氨浸过程中浸出机理，对浸出渣进行 SEM、EPMA 分析，图 3.11 分别是 SNCM 在 50 °C、60 °C、70 °C、80 °C 和 90 °C 下的滤渣形貌图。从图 3.11（a）、（b）可以看出，未经处理的废 NCM 材料为类球形，表面光滑，粒径小，且分布均匀。在浸出过程中，球形结构被破坏，并且发生了团聚。随着反应温度升高，形貌被进一步破坏。在 80 °C 下，浸出产物的形态发生了较为明显的变化。如图 3.11（g）所示，发现规则的菱形多面体紧密地包裹在原始材料的表面上。这可能是因为生成了致密的 $(NH_4)_2Mn(SO_3)_2 \cdot H_2O$ 锰盐紧密包裹在未反应材料的表面，阻碍了浸出剂的内部扩散路径，进一步验证了图 3.10 的 XRD 衍射图。在 90 °C 时，滤渣的形貌更趋向于五菱锥，表面变得更光滑。SNCM 的粒径主要集中在 $4 \sim 12~\mu m$，颗粒为类球形，散落的一次颗粒较少且表面光滑。从图 3.11 可以看出，随着氨浸的进行，SNCM 材料进一步溶解，颗粒尺寸不断减小。然而在 80 °C 和 90 °C 的浸出温度下，滤渣粒径开始增加，大于废旧正极材料的粒径，进一步证实锰盐的生成。结合图 3.11（i）、（k）和 XRD（图 3.10）的浸出残渣分析结果表明，当浸出温度高于 80 °C，Mn 形成了 $(NH_4)_2Mn(SO_3)_2 \cdot H_2O$ 的大颗粒沉淀，氨浸法选择性地分离了 Li，Ni，CO 和 Mn。

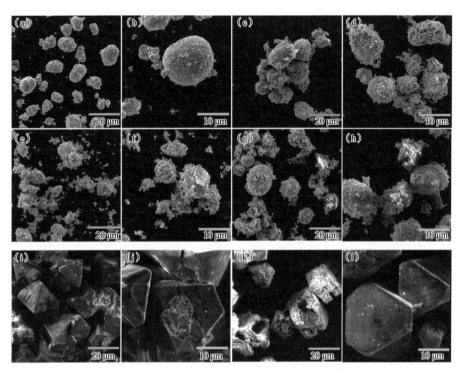

图 3.11　SNCM[（a）、（b）]，50 ℃ 下的滤渣[（c）、（d）]，60 ℃ 下的滤渣[（e）、（f）]，
70 ℃ 下的滤渣 [（g）、（h）]），80 ℃ 下滤渣 [（i）、（j）]，
90 ℃ 下滤渣 [（k）、（l）] 的 SEM 图像

3.7　废旧三元正极材料浸出前后的微区成分分析

本实验采用电子探针（EPMA），即用电子束来激发出样品表面组成元素的特征 X 射线，对样品的微区成分进行分析。在最佳浸出条件$(NH_4)_2SO_4$浓度为 1.5 mol/L，Na_2SO_3 浓度为 0.5 mol/L，NH_3 浓度为 4 mol/L，固液比为 10∶1，浸出时间为 180 min，温度为 90 ℃ 的条件收集浸出产生的滤渣，而后在放大 1000 倍的条件下对该滤渣进行微区元素面扫描，得到元素分布图如图 3.12、图 3.13 所示。

由图 3.12 可以看出，废旧 NCM 原料中 Li、Ni 和 Co 元素含量较多，分布得比较均匀且分散，主要分布在粒径较小的球形颗粒上。经过最佳浸出条件下的氨浸后，从图 3.13 可知滤渣内 Ni 和 Co 元素的含量明显减少，基本完

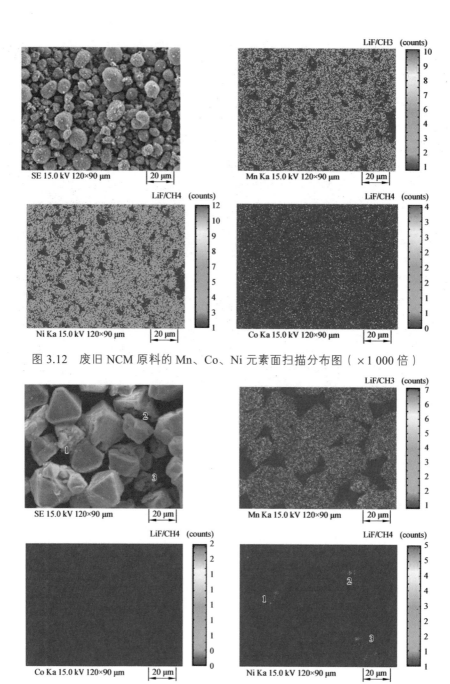

图 3.12　废旧 NCM 原料的 Mn、Co、Ni 元素面扫描分布图（×1 000 倍）

图 3.13　浸出渣的 Mn、Co、Ni 元素面扫描分布图（×1 000 倍）

全消失；而 Mn 元素的含量并没有太大变化，元素分布得更加集中，主要集中在五棱锥的多面体上。其原因是通过氨浸，废旧 NCM 原料中 Ni 和 Co 大部分进入到浸出液中，导致滤渣中这两种元素的含量非常少，而 90.84% 的 Mn 以沉淀的形式留在了滤渣中，所以浸出前后 Mn 的含量变化不大，只是因为生成了锰盐导致元素分布情况发生了变化，表明氨浸法能选择性浸出 Ni 和 Co。比较 Ni 元素面扫描分布图的 1、2、3 点后，我们发现滤渣中存在部分未完全浸出的废旧 NCM 材料，形态越不规则，Ni 含量就越高。这与上述浸出效率图、SEM 图和 XRD 图谱一致。经过之前的动力学计算，我们发现在 323～363 K 的温度范围内，锂，镍和钴的平均表观活化度大于 40 kJ/mol，表明该浸出反应为界面化学反应控制。但是当温度为 80～90 ℃ 时，镍的浸出效率在此间隔内趋于平稳。这可能是由于生成了致密的 $(NH_4)_2Mn(SO_3)_2 \cdot H_2O$ 锰盐紧密包裹在未反应材料的表面，阻碍了浸出剂的内部扩散路径。倘若浸出温度高于 90 ℃，则之后该系统的浸出过程可能由扩散控制和界面化学反应联合控制。

本章小结

综上，采用 $NH_3 - (NH_4)_2SO_4 - Na_2SO_3$ 的氨浸体系处理 $LiNi_{0.5}Co_{0.2}Mn_{0.3}O_2$ 材料。针对预处理得到的废旧三元材料，探究了各浸出条件对金属浸出率的影响规律，使用 X 射线衍射，扫描电子显微镜，电子探针和其他检测方法对渗滤残渣进行表征。经过单因素条件优化实验，得出了最佳的浸出条件为：$(NH_4)_2SO_4$ 浓度 = 1.5 mol/L，Na_2SO_3 浓度 = 0.5 mol/L，NH_3 浓度 = 4 mol/L，固液比 = 10∶1 g/L，浸出时间 = 180 min，温度 = 90 ℃。在该条件下，Li，Co 和 Ni 的浸出率分别为 96.15%，89.91% 和 90.14%；而浸出渣中的 Mn 达到 90.84%，具有良好的结晶性。测定表观活化能为 $E_{aLi} = 61.99$ kJ/mol，$E_{aNi} = 76.28$ kJ/mol，$E_{aCo} = 81.47$ kJ/mol。结果表明，锂，镍，钴的浸出过程受界面化学反应控制。而且，Mn 以 $(NH_4)_2Mn(SO_3)_2 \cdot H_2O$ 的形式沉淀到浸出渣中，可通过温度控制结晶度，随着浸出温度越高，沉淀晶型越好。

参考文献

[1] Das D, Mukhrejee S, Chaudhuri M G. Studies on leaching characteristics of electronic waste for metal recovery using inorganic and organic acids and base[J]. Waste Manage Res, 2021, 39(2): 242.249.

[2] Li L, Lu J, Ren Y, et al. Ascorbic-acid-assisted recovery of cobalt and lithium from spent Li-ion batteries[J]. Journal of Power Sources, 2012, 218(12): 21-27.

[3] Wei J, Zhao S, Ji L, et al. Reuse of Ni-Co-Mn oxides from spent Li-ion batteries to prepare bifunctional air electrodes[J]. Resources, Conservation and Recycling, 2018, 129: 135-142.

[4] Chen Y, Liu N, Hu F, et al. Thermal treatment and ammoniacal leaching for the recovery of valuable metals from spent lithium-ion batteries[J]. Waste Manag, 2018, 75: 469-476.

[5] Li L, Fan E, Guan Y, et al. Sustainable recovery of cathode materials from spent lithium-ion batteries using lactic acid leaching system[J]. Acs Sustainable Chemistry & Engineering, 2017, 5(6).

[6] Chen X, Xu L, Shuai J, et al. Solid state protonic conductor NH4PO3-(NH4)2Mn(PO3)4 for intermediate temperature fuel cells[J]. Electrochimica Acta, 2006, 51(28): 6542.6547.

[7] Ma S, Xu Y, Wang R,et al. Technique of Enhanced Leaching of Bayan Obo Ore by Ultrasonic Technology[J]. Journal of the Chinese Society of Rare Earths, 2019, 37(1): 49-56.

[8] De Souza C, De Oliveira D C, Tenorio J A S. Characterization of used alkaline batteries powder and analysis of zinc recovery by acid leaching[J]. J Power Sources, 2001, 103(1): 120-126.

[9] 宋端梅，王天雅，贺文智，等. 湿法工艺在废锂电池处理中的应用研究进展[J]. 湿法冶金，2020，39（04）：271-276.

[10] Beckingham L E, Steefel C I, Swift A M, et al. Evaluation of accessible mineral surface areas for improved prediction of mineral reaction rates in

porous media[J]. GeochimCosmochim Acta, 2017, 205: 31-49.

[11]　Porvali A, Rintala L, Aromaa J, et al. Thiosulfate-copper-ammonia leaching of pure gold and pressure oxidized concentrate[J]. Physicochemical Problems of Mineral Processing, 2017, 53(2): 1079-1091.

[12]　Zhang Y J, Meng Q, Dong P, et al. Use of grape seed as reductant for leaching of cobalt from spent lithium-ion batteries[J]. Journal Of Industrial And Engineering Chemistry, 2018, 66: 86-93.

[13]　Takacova Z, Havlik T, Kukurugya F, et al. Cobalt and lithium recovery from active mass of spent Li-ion batteries: Theoretical and experimental approach[J]. Hydrometallurgy, 2016, 163: 9-17.

[14]　Zeng X, Li J, Shen B. Novel approach to recover cobalt and lithium from spent lithium-ion battery using oxalic acid[J]. J Hazard Mater, 2015, 295: 112.118.

[15]　Chen X, Ma H, Luo C, et al. Recovery of valuable metals from waste cathode materials of spent lithium-ion batteries using mild phosphoric acid[J]. Journal of Hazardous Materials, 2017, 326: 77-86.

[16]　Zhang X, Cao H, Xie Y, et al. A closed-loop process for recycling LiNi1/3Co1/3Mn1/3O2 from the cathode scraps of lithium-ion batteries: Process optimization and kinetics analysis[J]. Separation and Purification Technology, 2015, 150: 186-195.

[17]　Yang Y, Xu S, He Y. Lithium recycling and cathode material regeneration from acid leach liquor of spent lithium-ion battery via facile co-extraction and co-precipitation processes[J]. Waste Manag, 2017, 64: 219-227.

[18]　Zhou X J, Wei C, Xia W T, et al. Dissolution kinetics and thermodynamic analysis of vanadium trioxide during pressure oxidation[J]. Rare Metals, 2012, 31(3): 296-302.

[19]　Yu H B, Wang X P. Apparent activation energies and reaction rates of N2O decomposition via different routes over Co3O4[J]. CatalCommun, 2018, 106: 40-43.

第4章
废旧三元材料苹果酸常规浸出及
氧化沉淀再生研究

　　如前所述，湿法对于废旧三元锂电正极材料来说是一种高效、低成本的回收方法，而在湿法回收过程无机酸原料易得，较为常用，浸出效率也较高。湿法浸出废旧锂电池正极材料常用的无机酸主要有 H_2SO_4[1]、HNO_3[2]、HCl[3]、H_3PO_4[4]等。虽然无机酸有较高的酸性，可以提高金属的浸出率，但由于无机酸浸出对设备腐蚀性强，易造成酸污染，且废酸不易被回收，因此研究工作者尝试采用有机酸来替代无机酸用于浸出废旧锂电池正极材料[5]。与无机酸相比，有机酸具有一定的环保优势，目前，柠檬酸[6-7]，草酸[8]，琥珀酸[9]，抗坏血酸[10]，酒石酸[11]等有机酸已用于从废旧 LIBs 中提取金属，并取得了近似于无机酸的浸出效率。由于废旧锂电池中正极材料的有价金属化合价高，高价态的离子不易被浸出，因此需要添加还原剂将高价态的离子还原为低价态的离子。可以将高价 Co^{3+}、Mn^{4+}还原为低价 Co^{2+}、Mn^{2+}的还原剂有 H_2O_2、$Na_2S_2O_3$、Na_2SO_3、$NaHSO_3$、$FeSO_4$ 及抗坏血酸等[12]。在处理废旧三元锂电池正极材料的浸出液时，通常采用化学沉淀法[13]和萃取法[14]来分离浸出液中各有价金属元素，而这两种分离的方法是对浸出液的单一元素的分离，不仅回收流程长，分离出来的金属盐纯度不高。为解决这一难题，国内外学者针对浸出液直接再生正极材料技术进行了研究。目前，常用的再生废旧正极材料的方法主要有共沉淀法和溶胶-凝胶法[15]。共沉淀法是浸出液通过净化除杂后将有价金属元素共沉淀出来后再合成正极材料的方法，具有回收率高、回收流程简单，经济成本高等优点。在共沉淀过程，通常向浸出液加入可以使镍、钴、锰离子沉淀的化学试剂，使镍、钴、锰共沉淀为复盐。根据共沉淀反应机理，可主要分为氢氧化物共沉淀[16]、碳酸盐共沉淀[17]和草酸盐共沉淀[18]。而溶胶凝胶法则是利用有机酸能进行水解、缩合反应形成湿凝胶的特性，使镍、钴、锰反应形成湿凝胶。而后经干燥煅烧再生成正极材料[19]。将废旧三元锂电池正极材料的浸出液直接用作再合成三元正极材料的原料，不仅能够避免传统回收方法带来能耗与污染的问题，还可以实现废旧正极材料在产业内的物质闭环利用，有利于降低正极材料的制备成本。本章主要研究了有机苹果酸对废旧三元锂电正极材料的常规浸出，并给出了可行的再生方法。

4.1 研究方案

本章以废旧三元锂电池正极材料为研究对象，首先对锂离子电池采用 3.1.1 节中的放电、拆卸、分离等步骤进行了相应处理，得到的细级颗粒物。通过 X 射线衍射分析废旧三元锂电池正极材料的成分，结果如图 4.1 所示。对其中的主要化学成分进行了元素分析，结果如表 4.1。

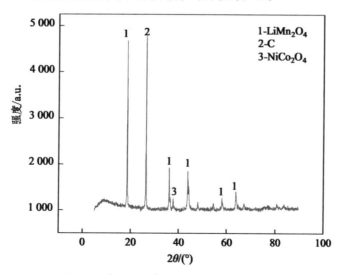

图 4.1 废旧三元锂电池正极材料的 XRD

表 4.1　废旧三元锂电池正极材料主要化学成分分析结果

元素	Ni	Co	Li	Mn	Cu	C	Al	其他元素（主要以 O 为主）
含量	3.50	2.38	3.00	32.29	0.62	27.12	< 0.27	30.82

以此为研究对象对其进行了湿法浸出及回收再利用研究，研究过程中采用的流程图如图 4.2 所示。主要研究内容如下：

（1）苹果酸浸出废旧三元锂电池正极材料。

通过绘制 Co-H_2O 系、Li-H_2O 系、Mn-H_2O 系、Ni-H_2O 系平衡电位-pH 图，对苹果酸浸出废旧三元锂电池正极材料的热力学进行分析。探究固液比、苹果酸浓度、温度、时间、还原剂用量等因素对废旧三元锂电池正极材料中各有价金属元素浸出率的影响，得到最佳浸出条件。并对浸出前和浸出后的物料进行了 XRD 和 SEM-EDS 分析，研究浸出前后物料的物相变化和各元素的分布情况。

取废旧锂离子电池正极材料 10 g 放入 500 mL 的烧杯中，按照实验所需的固液比向固料中加入一定浓度的苹果酸，将烧杯放入调好温度的恒温水浴锅后搅拌一定的时间，在搅拌过程中加入一定量的双氧水。当反应的时间达到所设定的时间后，浸出过程结束，采用抽滤泵进行液固分离，浸出渣经烘干、研磨、后检测渣中金属元素的含量。

（2）臭氧/氧气氧化沉淀镍、钴、锰。

研究 O_3 沉淀浸出液中的镍、钴、锰，通过探究 pH、温度、O_3 流量、时间等因素对镍、钴、锰沉淀率的影响，得到最佳沉淀条件。为制备高比容量的 $LiNi_{0.5}Co_{0.2}Mn_{0.3}O_2$，通过补加相应的碳酸盐将浸出液中的 Ni^{2+}、Co^{2+}、Mn^{2+} 按照化学计量比 5：2：3 配置，对氧气氧化沉淀镍、钴、锰进行了条件实验，通过探究 pH、氧气压力、温度、时间等因素对镍、钴、锰沉淀率的影响，得到最佳沉淀条件。

臭氧氧化沉淀镍、钴、锰：取苹果酸浸出液 300 mL，用氨水将溶液的 pH 调制到实验所需值后将其放于三颈烧瓶中，将烧瓶放入水浴锅进行搅拌加热，并向浸出液中鼓入一定量的臭氧，当反应结束后，进行抽滤、烘干、研磨、送样分析、计算得到各元素的沉淀率。

氧气氧化沉淀镍、钴、锰：取苹果酸浸出液 400 mL，通过计算向苹果酸中加入一定量的 Ni、Co、Mn 的碳酸盐，将配置好的溶液加入到苹果酸浸出液中，使其配置为 Ni：Co：Mn 摩尔比为 5：2：3 的溶液，记配置液为苹果酸浸出模拟液。在沉淀前，用氨水将溶液调到实验所需的 pH，再将其送入高压釜后装盖，开启氧气开关，采用减压阀调至实验所需氧气压力，并开启加热开关，当反应结束后，冷却出釜并进行抽滤、烘干、研磨、送样分析，计算得到各元素的沉淀率。

（3）正极材料的再生研究。

对臭氧氧化沉淀渣进行补锂再生，通过 XRD、SEM 分析再生活性正极 $LiMn_2O_4$ 的结构和形貌，再通过充放电性能、循环性能、倍率性能的测试，研究该方法合成的正极材料的充放电性能。对氧气氧化沉淀渣进行补锂再生正极材料 $LiNi_{0.5}Co_{0.2}Mn_{0.3}O_2$，再通过废旧锂离子电池再生的常用工艺：采用溶胶凝胶法直接从浸出液中再生正极材料和草酸共沉淀法补锂再生正极材料 $LiNi_{0.5}Co_{0.2}Mn_{0.3}O_2$。对这三种方法合成的正极材料通过 XRD、SEM，研究再生材料的结构及形貌，随后测试充放电性能。对氧气氧化沉淀再生的正极材料与常用工艺再生的正极材料进行比较，判断氧气氧化沉淀渣再生正极材料 $LiNi_{0.5}Co_{0.2}Mn_{0.3}O_2$ 的可行性。

臭氧氧化沉淀渣再生成正极材料：取臭氧氧化沉淀渣 5 g，用 50 ℃ 蒸馏水洗涤三次，将洗涤完的沉淀渣放置于 80 ℃ 烘箱烘 12 h，将烘干好的沉淀渣在玛瑙研钵中研磨 15 min。按照 Li 过量系数 1.05 的比例取一定量的碳酸锂进行补锂，然后将沉淀渣和碳酸锂置于玛瑙研钵中研磨 15 min。将混锂后的前驱体放置于马弗炉下 850 ℃ 煅烧 10 h，将煅烧后的材料充分研磨，得到活性正极材料 $LiMn_2O_4$，正极材料通过极片的制备、电池的组装后再进行充放电测试。

氧气氧化沉淀渣再生成正极材料：取氧气氧化渣 5 g，用 50 ℃ 蒸馏水洗涤三次，将洗涤完的渣在烘箱中 80 ℃ 下烘 12 h，然后按照 Li 过量系数 1.05 的比例取一定量的碳酸锂进行补锂，将其混合并在玛瑙研钵中研磨 15 min，研磨完成后放入马弗炉中 850 ℃ 下煅烧 10 h，煅烧完成后在玛瑙研钵中再研磨 15 min 合成正极材料 $LiNi_{0.5}Co_{0.2}Mn_{0.3}O_2$，正极材料通过极片的制备、电池的组装后再进行充放电测试。

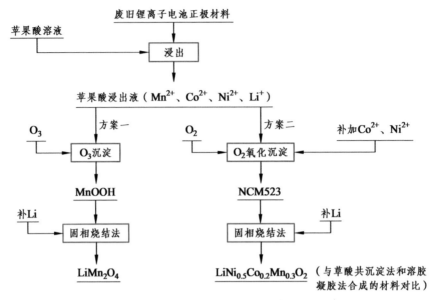

图 4.2　回收锂离子电池正极材料的流程图

　　溶胶凝胶法再生成正极材料：取苹果酸浸出模拟液 200 mL 并按照 Li 过量系数 1.05 的比例取一定量的碳酸锂进行补锂后用氨水调节 pH 为 8，通过加热搅拌至湿凝胶→120 ℃ 烘 12 h 至干凝胶→450 ℃ 煅烧 5 h→850 ℃ 煅烧 10 h→正极材料研磨 15 min，得到正极材料 $LiNi_{0.5}Co_{0.2}Mn_{0.3}O_2$，再生的正极材料经研磨、极片的制备、电池组装后进行充放电测试。

　　草酸共沉淀法再生成正极材料：取苹果酸浸出模拟液 200 mL 将其放入三颈烧瓶中，配置 0.26 mol/L 的草酸，在沉淀过程中，采用蠕动泵向苹果酸浸出模拟液中逐滴加入草酸并用氨水保持 pH 在 2 左右。待沉淀完成后，在常温下静置陈化 12 h 后进行固液分离，将分离后的沉淀渣干燥。烘干好的前驱体 $Ni_{0.5}Co_{0.2}Mn_{0.3}C_2O_4$ 经研磨后放入马弗炉中 500 ℃ 煅烧 5 h 生成 $(Ni_{0.5}Co_{0.2}Mn_{0.3})_3O_4$。将 $(Ni_{0.5}Co_{0.2}Mn_{0.3})_3O_4$ 按照 Li 过量系数 1.05 的比例补锂后在玛瑙研磨中研磨 15 min 后在马弗炉 850 ℃ 下煅烧 9 h，合成正极材料 $LiNi_{0.5}Co_{0.2}Mn_{0.3}O_2$，再生的正极材料经研磨、极片的制备、电池组装后进行充放电测试。

4.2 废旧三元锂电池正极材料的苹果酸浸出

4.2.1 浸出热力学分析

E-pH 图是一种电化学平衡图，它是在指定的温度、压力下，水溶液中各反应的电位与 pH、离子活度的函数关系。从 E-pH 图不仅可以看出各种反应的平衡条件和各组分稳定存在区域，还可以判断条件变化时平衡移动的方向和限度，是湿法浸出过程热力学分析的依据。许多研究者对三元锂电池正极材料中的有价金属 Li、Co、Ni、Mn 等元素的水系电位-pH 图进行了研究。

何婷等人[20]绘制了在标准状态下 Co-Cl-H_2O 和 Li-Cl-H_2O 体系下的 E-pH 图，发现较低的 pH 和还原性环境有利于钴还原为二价离子，并在 − 0.3 V < E < 1.2 V 和 pH 为 0 ~ 6 的区域内，出现配位物种 CoCl$^+$。张建等人[21]通过实验及热力学数据分析表明：LiCoO$_2$ 主要通过 Co(OH)$_3$ 还原浸出得到 Co^{2+}。

孟奇[22]通过浸出热力学研究表明，在 Co-H_2O 系的电势 E-pH 图中 LiCoO$_2$ 稳定区域处于电位相对较高的位置，而 Co^{2+} 的稳定区域位于相对电位较低位置，LiCoO$_2$ 材料在较低电势 E 更易于转化形成 Co^{2+}，实现钴酸锂材料的浸出溶解。

尹晓莹[23]对 Co-H_2O 系、Li-Co-H_2O 系、Al-H_2O 系 E-pH 图进行热力学分析，得出在 − 0.277 < E < (1.612 − 0.1182pH)，pH < 2.78 时，溶液中的钴和铝分别以 Co^{2+} 和 Al^{3+} 形式共同存在，可实现钴铝同浸。此工艺不但避免了分离正极中 LiCoO$_2$ 和铝箔的步骤，还能以铝箔形式回收大部分的铝，同时也可以减少双氧水的用量。

苏向东等人[24]通过热力学计算，绘制出 Ni-Co-Mn-H_2O 系在 298 K 时的电位-pH 图。由图分析可知在溶液 pH 大于 7.641 时可以获得镍、钴、锰共沉淀，如果提高体系的电位，可以在更低的 pH 值条件下获得镍钴锰共沉淀。

李运姣等人[25]绘制了 Li-Ni（Co，Mn）-H_2O 系电位-pH 图，从热力学角度表明，在 25 ~ 250 °C 温度范围和 0.01 ~ 1.00 活度范围内，LiNiO$_2$，LiCoO$_2$ 和 LiMnO$_2$ 可以稳定存在于水溶液中。在 Li-Ni-Co-Mn-H_2O 系电位-pH 图中，

同时出现了 $LiNiO_2$、$LiCoO_2$ 和 $LiMnO_2$ 氧化物（即 Li-Ni-Co-Mn 复合氧化物）的优势区，并且该共沉淀优势区随温度的升高向低 pH 方向扩大，表明在水溶液中合成 Li-Ni-Co-Mn 复合氧化物是可能的。

热力学研究对能量的变化能够判断反应的发生方向和可能的趋势，研究热力学反应的机理对于提高浸出效率，降低成本十分有必要。在未来，仍然需要在回收有价金属方面的热力学进行深入研究。李林林等人[26]对浸出过程中热力学反应机理进行了分析。

赵光金[27]利用 Factsage 8.0 绘制了 $Li-H_2O$、$Ni-H_2O$、$Co-H_2O$ 和 $Mn-H_2O$ 体系的 E-pH 图，表明通过"还原焙烧-硫酸浸出"工艺从正极材料中提取有价值的金属在热力学上是可行的。

刘子潇[28]对该领域已有的较为典型的热力学研究进行综述，详细阐述了热力学研究对废旧锂离子电池常规回收工艺的指导作用以及对三元正极废料选择性提锂、磷酸铁锂正极废料选择性提锂和失效电池材料再生修复等新技术开发的启发性作用。

蒋玲[29]采用 HSC Chemistry 6.0 软件绘制了不同条件下的 E-pH 图，采用 Hydro-Medusa 软件绘制金属离子在酸性溶液中的形态分布图，结合沉淀体系中的金属离子形态分析，及各金属离子沉淀化合物的溶度积常数，全面地揭示了酸性溶液中多金属离子选择性沉淀分离的条件。

郭持皓等人[30]对现有的热力学数据进行评估，并进行热力学计算，绘制了在不同离子活度下的 $Li-Ni-H_2O$ 系 E-pH 图，利用该图对水溶液中回收废旧锂离子蓄电池合成 $LiNiO_2$ 的可能方案进行详细分析。

文士美等人[31]运用 E-pH 图的绘制原理，得到 $Co-H_2O$ 和 $Li-Co-H_2O$ 系在 25 ℃下及不同离子活度下的 E-pH 图，并从 $Li-Co-H_2O$ 系 E-pH 图中得到 $LiCoO_2$ 在水溶液中稳定存在的优势区。

赵中伟等人[32]绘制了 25 ℃时 $Mn-H_2O$ 与 $Li-Mn$ H_2O 系的 E-pH 图，并对锂离子电池用正极材料锰酸锂的湿法化学制备以及溶液中锂的回收问题从热力学上进行了分析并指出了可能的技术途径和对策；计算发现，$LiMn_2O_4$ 完全或部分地占据了各种价态锰离子化合物的稳定区域，在水溶液中的稳定性很好。

本章首先通过 FactSage 软件绘制了 $P_{O2} = 1atm$，$P_{H2} = 1atm$，活度 m =

0.1、1，温度为 298K、383K 条件下的 Co-H$_2$O 系、Li-H$_2$O 系、Mn-H$_2$O 系、Ni-H$_2$O 系的 E-pH 图（见图 4.3），并以 E-pH 图为基础，对苹果酸浸出废旧锂离子电池正极材料过程的热力学进行了分析，验证了苹果酸浸出废旧三元锂电池中各有价金属的可行性。

由图 4.3 看出，Co^{2+}、Li$^+$、Mn^{2+}、Ni^{2+} 在水中的稳定区域很大。在 298 K 时，当 $E>-1.1$V，pH <13.76，Li 就会以 Li$^+$ 形式进入溶液，当 $E>0.8$，pH $>$ 13.76，Li$^+$ 就会转变为 Li$_2$O$_2$；当 pH <9，Mn 就会以 Mn^{2+} 形式进入溶液，当 pH >9.5，Mn^{2+} 会转变为 MnO$_2$、MnO、Mn$_3$O$_4$、Mn$_2$O$_3$；当 $E>-0.275$ V，pH <6，Co 就会以 Co^{2+} 形式进入溶液，pH >6 时，会产生 Co、Co$_3$O$_4$；当 $E>-0.175$V，pH <6.25，Ni 就会以 Ni^{2+} 形式进入溶液，当 pH >6.75，会产生 NiO。在 383 K 时，当 $E>-1.15$ V，pH <11.92，Li 就会以 Li$^+$ 形式进入溶液，pH >11.76，就会产生 Li$_2$O$_2$；当 pH <6.69，Mn 就会以 Mn^{2+} 形式进入溶液，当 pH >7.1，会产生 MnO$_2$、MnO、Mn$_3$O$_4$、Mn$_2$O$_3$；当 $E>-0.275$ V，pH <4.75，Co 就会以 Co^{2+} 形式进入溶液，当 pH >5 时，会产生 Co、Co$_3$O$_4$；当 E >-0.175 V，pH <4，Ni 就会以 Ni^{2+} 形式进入溶液，当 pH >5，会产生 NiO。因此，在 298 K 时，Co^{2+}、Li$^+$、Mn^{2+}、Ni^{2+} 在水中同时存在的区域为 $E>-0.175$ V，pH <6。在 383K 时，Co^{2+}、Li$^+$、Mn^{2+}、Ni^{2+} 在水中同时存在的区域为 $E>-0.175$V，pH <4。

由此可见，在一般酸性体系中，Co^{2+}、Li$^+$、Mn^{2+}、Ni^{2+} 均可以稳定存在于水溶液中，表明苹果酸浸出废旧三元正极材料在热力学上是可行的。

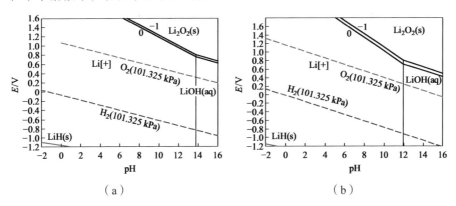

（a）　　　　　　　　　　　（b）

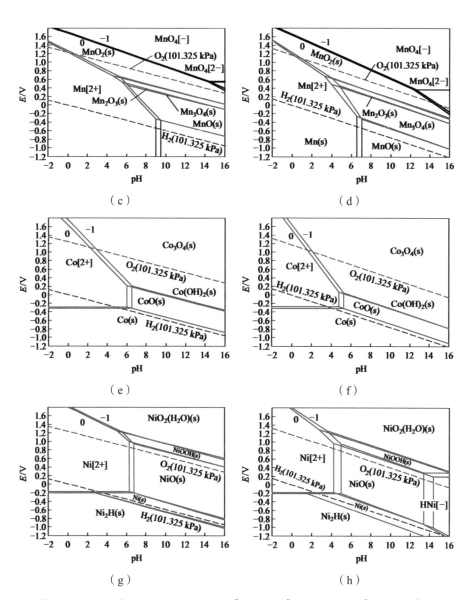

图 4.3 298 K 和 383 K 下 Li-H₂O 系 [（a）（b）]、Mn-H₂O 系 [（c）（d）]、
Co-H₂O 系 [（e）（f）]、Ni-H₂O [（g）（h）] 系 *E*-pH 图

4.2.2 苹果酸浸出实验原理

在废旧三元锂电池的酸浸过程中，常采用浸出剂和还原剂协同浸出，这

是由于高价态的 Co、Ni、Mn 与 O 键的结合能力强，不易被浸出，因此需要添加还原剂来将高价态的有价金属还原为低价态。以 $LiNi_{1/3}Co_{1/3}Mn_{1/3}O_2$ 为例，浸出过程主要发生的相关反应如式（4.1），过氧化氢的作用是将高价态的 Co^{3+}、Mn^{4+} 还原为 Co^{2+}、Mn^{2+}，而苹果酸有一定的络合性，在浸出过程中可以有效络合 Li、Ni、Co、Mn 等金属离子，从而促进浸出。

$$6LiNi_{1/3}Co_{1/3}Mn_{1/3}O_2 + 9H_2C_4H_4O_5 + H_2O_2 \longrightarrow$$
$$2MnC_4H_4O_5 + 2CoC_4H_4O_5 + 2NiC_4H_4O_5 +$$
$$3Li_2C_4H_4O_5 + 10H_2O + 2O_2 \tag{4.1}$$

4.2.3　苹果酸浸出废旧三元锂电池正极材料的实验研究

4.2.3.1　固液比对有价金属元素浸出率的影响

在液固两相的浸出过程中，固液比的大小对有价金属元素的浸出率有一定的影响。当固液比过大时，浸出剂的用量相对于原料质量过小，原料中的有价金属不能被有效浸出。虽然小的固液比可以将有价金属浸出，但过小的固液比会造成酸液处理困难和生产成本过高等缺点，因此，在不同的固液比下对废旧三元锂电池正极材料进行浸出，来确定最佳浸出固液比。在 $T = 90\ ℃$，$t = 40\ min$，H_2O_2 用量 2vol%，苹果酸浓度 1 mol/L 的条件下，研究了固液比对浸出过程的影响，考察固液比对 Li、Ni、Co、Mn 的浸出率影响，实验结果如图 4.4 所示。

由图 4.4 可以看出，随着固液比从 20 g/L 增加到 80 g/L 时，Co 的浸出率在 40 g/L 达到最大值 91.6%；Mn 的浸出率从 99.6% 减少到 21.3%，Ni 的浸出率从 90.8% 减少到 69.65%，Li 的浸出率也有略微的降低。在固液比大于 40 g/L 后，各元素的浸出率有所下降，主要是因为各金属离子在苹果酸溶液中的溶解度达到了饱和状态，使其不能够完全被浸出。考虑到固液比为 20 g/L 和 40 g/L 时，Li 的浸出率保持不变为 96.7%、99.6%，Mn 的浸出率分别为 99.6%、99.5%，Ni 的浸出率分别为 90.6%、90.5%。按照以上分析，当固液比为 40g/L 为最佳。

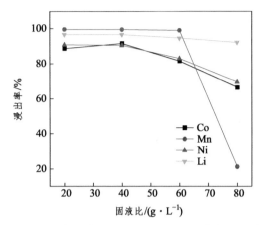

图 4.4　固液比对 Li、Ni、Co、Mn 浸出率的影响

4.2.3.2　苹果酸浓度对有价金属元素浸出率的影响

当苹果酸浓度过低时，溶液中电离出的 H⁺过低，从而使得有价金属的浸出率较低。而高浓度的苹果酸虽然能够增大浸出率，但会造成生产成本过高、酸度过大，不利于后续有价金属分离等缺点。因此，需考察浸出过程中的最佳苹果酸浓度。在浸出条件为 S/L = 40g/L，$T = 90\ ℃$，$t = 40\ min$，H_2O_2用量 2vol%的条件下，研究了苹果酸浓度对浸出过程的影响，考察苹果酸浓度对 Li、Ni、Co、Mn 浸出率的影响。实验结果如图 4.5。

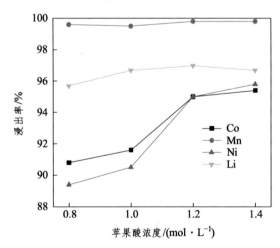

图 4.5　苹果酸浓度对 Li、Ni、Co、Mn 浸出率的影响

由图 4.5 可以看出，当苹果酸浓度从 0.8 mol/L 增加到 1.4 mol/L 时，Co 的浸出率从 90.8% 增加到 95.4%，Mn 的浸出率在 1.2 mol/L 时达到最大值 99.8%，Ni 的浸出率从 89.4% 增加到 95.8%，Li 的浸出率在 1.2 mol/L 达到最大值 97%。当酸浓度为 1.2 mol/L 和 1.4 mol/L 时，Ni、Co 的浸出率相差不大，因此，选取最佳的苹果酸浓度为 1.2 mol/L。

4.2.3.3　温度对有价金属元素浸出率的影响

温度的升高可以促进有机酸在溶液的解离速率，同时促进浸出过程的动力学过程，有助于提高有价金属的浸出率。在浸出条件为 S/L = 40 g/L，苹果酸浓度 = 1.2 mol/L，t = 40 min，H_2O_2 用量 = 2vol% 的条件下。研究浸出温度对浸出过程的影响，考察浸出温度对 Li、Ni、Co、Mn 浸出率的影响，实验结果如图 4.6 所示。

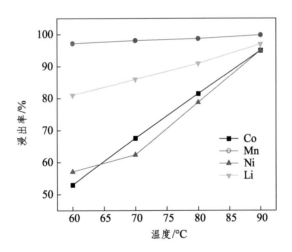

图 4.6　温度对 Li、Ni、Co、Mn 浸出率的影响

由图 4.6 可以看出，当温度从 60 ℃ 增加到 90 ℃ 时，Li 的浸出率从 81% 增加到 97%，Ni 的浸出率从 57.1% 增加到 95%、Co 的浸出率从 53% 增加到 95%、Mn 的浸出率从 97.2% 增加到 99.8%。由分析结果可以看出，各有价金属的浸出率在 90 ℃ 达到最大值，则选取最佳浸出温度为 90 ℃。

4.2.3.4　时间对有价金属元素浸出率的影响

浸出时间由反应的动力学因素决定，浸出时间过短使得浸出反应不能完全进行，而过长的浸出时间不会促进有价金属元素的进一步浸出，但会降低设备的单位生产率。因此，需通过实验确定最佳浸出时间，在浸出条件为 S/L = 40g/L，苹果酸浓度 = 1.2 mol/L，T = 90 ℃，H_2O_2 用量 = 2vol% 的条件下。研究浸出时间对浸出过程的影响，考察浸出时间对 Li、Ni、Co、Mn 浸出率的影响。实验结果如图 4.7 所示。

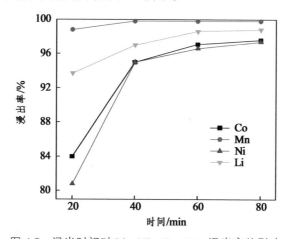

图 4.7　浸出时间对 Li、Ni、Co、Mn 浸出率的影响

由图 4.7 可以看出，当浸出时间增大时，各金属离子的浸出率也随之增大，当浸出时间增加到 60 min 时，Li、Ni、Co 的浸出率分别为 98.6%、96.6%、97.1%，而 Mn 的浸出率在 40 min 达到最大值 99.8%。当浸出时间增加到 80 min 后，各有价金属的浸出率增加不明显，继续增加浸出时间已经毫无意义，因此，选择最佳浸出时间为 60 min

4.2.3.5　还原剂用量对有价金属浸出率的影响

还原剂的用量是根据原料中高价态的钴、锰、镍的含量决定的。在浸出条件为 S/L = 40 g/L，苹果酸浓度 = 1.2 mol/L，T = 90 ℃，t = 60 min 的条件下，研究了还原剂的用量对浸出过程影响，考察还原剂用量对 Li、Ni、Co、Mn 浸出率的影响。实验结果如图 4.8 所示。

由图 4.8 可以看出，添加还原剂对提高 Li、Ni、Co、Mn 的浸出率并没有太大帮助，分析有可能是物料中的 Mn 和 Ni 存在价态并非高价态。因此对原料进行 XPS 分析，分析结果如图 4.9 所示。

由图 4.9 可以看出，原料中 Mn 和 Ni 的化合价为 +2 价，由于 Co 和 Ni 的化学分析含量相差不多，而钴的价态无法用 XPS 检测出，根据 XPS 的检测原理和特点，分析 Co 被其他组分包裹，从浸出结果来看，在不添加还原剂的情况下，Co 的浸出率为 97.1%，表明 Co 也以二价存在。因此，对于此类不含高价态 Co 和 Mn 的原料，不需要添加还原剂，而对于含高价 Co 和 Mn 的废旧锂电池材料，需添加还原剂，还原剂用量经实验确定。

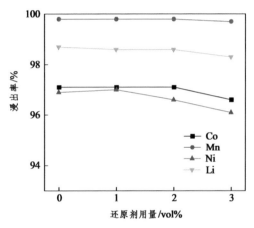

图 4.8　还原剂用量对 Li、Ni、Co、Mn 浸出率的影响

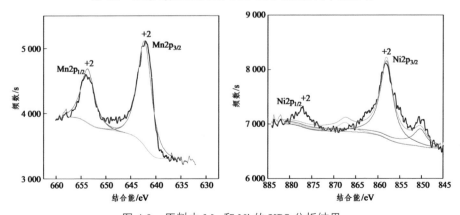

图 4.9　原料中 Mn 和 Ni 的 XPS 分析结果

4.2.3.6 苹果酸浸出废旧三元锂电池正极材料的综合实验

由条件实验得出苹果酸浸出废旧三元锂电池正极材料的最佳条件为：固液比 40 g/L，苹果酸浓度 1.2 mol/L，浸出时间 60 min，浸出温度 90 ℃，还原剂用量 0vol%。因此，在最佳浸出条件下进行了三组平行实验（每次取原料 10 g）。实验结果如表 4.2 所示。

表 4.2 苹果酸浸出三元锂电池正极材料综合实验

实验	渣重/g	渣中金属元素含量/%				各金属元素浸出率/%			
		Co	Mn	Ni	Li	Co	Mn	Ni	Li
1	2.89	0.24	0.24	0.37	0.14	97.1	99.8	96.9	98.7
2	2.81	0.24	0.23	0.35	0.12	97.2	99.8	97.2	98.9
3	2.75	0.21	0.23	0.33	0.13	97.6	99.8	97.4	98.8
平均	2.82	0.23	0.23	0.35	0.19	97.3	99.8	97.2	98.8

朱显峰等人[12]同样采用苹果酸浸出，得出最佳浸出条件为苹果酸浓度 1.25 mol/L、还原剂的体积分数为 1%、固液比为 30 g/L，温度 80 ℃，浸出时间 80 min，此时 Li、Ni、Co 和 Mn 均达到 95% 以上。由表 4.2 可以看出，在最佳浸出条件下，Li、Ni、Co、Mn 的浸出率均达到 97% 以上。因此，本研究在较高的固液比条件下获得了 > 97% 的浸出率，从工业化应用角度考虑，高固液比条件更容易体现设备的高利用率。取综合实验中的浸出渣进行 XRD 分析，分析结果如图 4.10 所示。

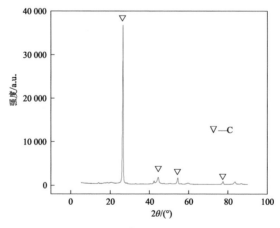

图 4.10 浸出渣的 XRD 分析

　　由图 4.10 可以看出，浸出渣中只含有 C，废旧锂离子电池正极材料中的有价金属几乎完全被浸出，与表 4.2 的分析结果一致。

　　图 4.11 为废旧锂离子电池正极粉末和浸出渣的 SEM 图和 EDS 能谱图。由图 4.11（a）可以看出，废旧锂离子电池正极材料的结构已经和刚制备好的锂电池正极材料[33]有了较大的区别，具体表现为无明显的形状而且颗粒不均匀。在 EDS 能谱图中可以看到，镍、钴、锰均匀分布在颗粒的表面。由图 4.11（b）看出，在浸出渣中，在颗粒的表面已经没有金属元素的附着，这表明镍、钴、锰接近完全被浸出，这也与 XRD 分析结果中只有碳的结论相符合。

（a）废旧三元锂电池正极材料

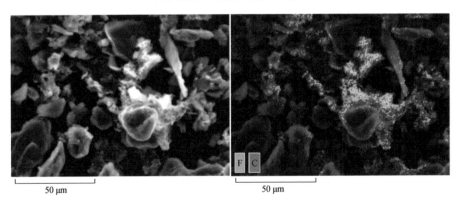

（b）浸出渣

图 4.11　SEM 图谱

4.3 臭氧/氧气氧化沉淀镍、钴、锰

4.3.1 沉淀热力学分析

臭氧在酸性和碱性条件下都有较高的氧化性，一直被认为是金属离子氧化研究的重点，Nishimura 等人[34]在单硫酸根溶液中，通过臭氧氧化沉淀表明，钴离子在较低的 pH 下比镍离子更易氧化沉淀。然而，在较低 pH 的混合硫酸盐溶液中，镍的氧化沉淀增加。这表明在较低的 pH 下，混合硫酸盐溶液比单一硫酸盐溶液更容易氧化镍离子。在 pH 为 2.5 ~ 5.0 时，臭氧氧化能有效地从硫酸镍溶液中选择性地分离钴离子，因为镍离子的氧化速度比钴离子慢，产物为 CoOOH 和 NiOOH。

Zti 等人[35]以臭氧为氧化剂，在气体流速为 1 L/min，平衡 pH 为 5.0，温度为 25 ℃，沉淀时间为 2 h 的条件下，通过氧化沉淀将溶解的钴锰沉淀为 MnO_2 和 NiOOH。

严浩[36]分别采用不同的氧化剂来研究氧化剂对羟基氧化锰制备过程中的影响，通过在氧气、空气、惰性气体氩气下加双氧水来考察各条件下生成的物质。从 XRD 检测中可以发现，在空气和氩气氛围下添加双氧水都没有 MnOOH 的峰出现，在氧气氧化沉淀的物相中检测到了 MnOOH 的出现，但主要物相还是 Mn_3O_4。因此，在常压下，很难直接氧化为 MnOOH。

由以上文献中的研究可知，臭氧氧化沉淀 Ni、Co、Mn 等离子发生的氧化还原反应如式（4.2）~（4.4）。

$$2Ni^{2+} + O_3 + 3H_2O \longrightarrow 2NiOOH + 4H^+ + O_2 \tag{4.2}$$

$$2Co^{2+} + O_3 + 3H_2O \longrightarrow 2CoOOH + 4H^+ + O_2 \tag{4.3}$$

$$2Mn^{2+} + O_3 + 3H_2O \longrightarrow 2MnOOH + 4H^+ + O_2 \tag{4.4}$$

若在此体系中，采用氧气氧化 Ni、Co、Mn 等离子，则有可能发生的氧化还原反应如式（4.5）~（4.7）。

$$4Mn^{2+} + O_2 + 6H_2O \longrightarrow 4MnOOH + 8H^+ \tag{4.5}$$

$$4Co^{2+} + O_2 + 6H_2O \longrightarrow 4CoOOH + 8H^+ \tag{4.6}$$

$$4Ni^{2+} + O_2 + 6H_2O \longrightarrow 4NiOOH + 8H^+ \tag{4.7}$$

根据氧化还原反应平衡体系，得到对应的平衡反应方程式。表 4.3 为 298.15 K 下臭氧和氧气氧化沉淀 Ni、Co、Mn 主要平衡反应。

表 4.3　为主要平衡反应在 298.15 K 下的 Nernest 方程式[37-38]

主要反应式	Nernest 方程
$O_3 + 2H^+ + 2e^- = O_2 + H_2O$	$E = 2.075 - 0.059pH$
$O_2 + 4H^+ + 4e^- = 2H_2O$	$E = 1.23 - 0.059pH$
$MnOOH + 3H^+ + e^- = Mn^{2+} + 2H_2O$	$E = 1.48 - 0.177pH - 0.059\log C_{Mn^{2+}}$
$NiOOH + 3H^+ + e^- = Ni^{2+} + 2H_2O$	$E = 2.05 - 0.177pH - 0.059\log C_{Ni^{2+}}$
$CoOOH + 3H^+ + e^- = Co^{2+} + 2H_2O$	$E = 1.76 - 0.177pH - 0.059\log C_{Co^{2+}}$

假设溶液中 Ni^{2+}、Co^{2+}、Mn^{2+} 的初始摩尔浓度分别为 1 mol/L。沉淀结束后各离子的摩尔浓度为 10^{-6} mol/L，臭氧和氧气在标准状态、pH = 5 的条件下氧化沉淀 Ni^{2+}、Co^{2+}、Mn^{2+} 时的电位与离子浓度之间的关系，如图 4.12 所示。

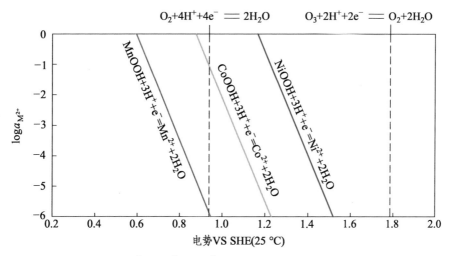

图 4.12　氧化沉淀 Ni^{2+}、Co^{2+}、Mn^{2+} 时 E 与 $a_{M^{2+}}$ 的关系图（25 ℃、pH = 5）

由图 4.12 可以看出，臭氧氧化沉淀镍、钴、锰时，锰、钴、镍都可以被臭氧氧化沉淀，且锰比镍和钴优先氧化稳定成固相，因此，锰的氧化沉淀过程比钴、镍的氧化沉淀过程容易得多。在标准状态下 pH 为 5 氧气氧化沉淀镍、钴、锰时，可以看出只有锰可以被氧气氧化沉淀出来，而镍和钴不生成沉淀。因此，在常温常压下，无法采用氧气氧化沉淀法将 Ni^{2+}、Co^{2+}、Mn^{2+} 氧化为 NiOOH、CoOOH、MnOOH，这与文献[38]中的报导一致。

4.3.2 臭氧氧化沉淀镍、钴、锰的实验研究

废旧三元锂电池正极粉末经苹果酸浸出后，溶液中的金属元素主要以 Ni^{2+}、Co^{2+}、Mn^{2+} 的形式存在，浸出液中各离子浓度的含量如表 4.4 所示。本研究提出了一种用臭氧作为氧化剂将溶液的镍、钴、锰中分离出来的氧化沉淀方法，主要研究了 pH、温度、臭氧流量、时间等因素对镍、钴、锰沉淀率的影响。

表 4.4 苹果酸浸出液中各金属离子的浓度

元素	Mn	Co	Ni	Li	Cu	Fe	Al
浓度/(g/L)	8.58	0.70	0.83	0.40	0.078 03	0.007 3	0.018 3

由表 4.4 可以看出，浸出液中的主要有价元素为 = Mn、Ni、Co、Li，Mn^{2+} 的含量为 8.58 g/L，而 Ni^{2+}、Co^{2+} 的含量分别为 0.83 g/L、0.70 g/L。

4.3.2.1 pH 对 Ni、Co、Mn 沉淀率的影响

取浸出液 300 mL，在 $t = 3$ h、O_3 流量 = 2 L/min、$T = 50$ ℃ 条件下，通过改变 pH，考察其对 Ni、Co、Mn 沉淀率的影响，实验结果如图 4.13 所示。

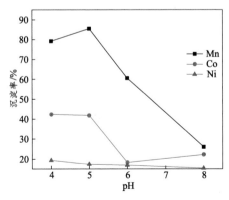

图 4.13 pH 值对 Ni、Co、Mn 沉淀率的影响

由图 4.13 可以看出，当 pH 从 4 增加到 5 时，锰的沉淀率从 79.1% 增加到 85.5%，而镍和钴的沉淀率有所下降。继续增加 pH 到 6 时，镍、钴、锰的沉淀率有所下降，因此选择最佳沉淀 pH 为 5。

4.3.2.2　温度对 Ni、Co、Mn 沉淀率的影响

取浸出液 300 mL，在 $t = 3$ h、O_3 流量 = 1 L/min、pH = 5 条件下，通过改变温度，考察其对 Ni、Co、Mn 沉淀率的影响，实验结果如图 4.14 所示。

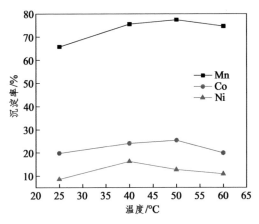

图 4.14　温度对 Ni、Co、Mn 沉淀率的影响

从图 4.14 中可以看出，在温度为 25～40 ℃ 时，镍、钴、锰的沉淀率随着温度的升高而逐渐上升，在 40～60 ℃ 时，锰和钴的沉淀率呈先上升后下降的趋势，而镍的沉淀率表现为下降趋势。这是由于臭氧的溶解度是温度的反函数，当温度升高到一定值时，继续升高温度会使臭氧在溶液中的溶解度降低，溶液中镍、钴、锰与臭氧的反应不充分，导致其沉淀率降低[39]。因此选择最佳沉淀温度为 50 ℃，此时镍、钴、锰的沉淀率为 17.4%、41.86%、85.4%。

4.3.2.3　臭氧流量对 Ni、Co、Mn 沉淀率的影响

取浸出液 300 mL，在 $t = 3$ h、$T = 50$ ℃、pH = 5 条件下，通过改变 O_3 流量，考察其对 Ni、Co、Mn 沉淀率的影响，实验结果如图 4.15 所示。

由图 4.15 可以看出，随着 O_3 流量的增加使得镍、钴、锰的沉淀率有所升高。当臭氧流量达到 2 L/min 时，各有价金属的沉淀率达到最大值，镍、钴、

锰的沉淀率分别为 85.4%、41.86%、17.4%。因此选取最佳臭氧流量为 2 L/min。臭氧流量增加使得沉淀率增加的原因是：进入臭氧发生器的气体流量的增加导致溶液中实际臭氧含量的升高，使得镍、钴、锰与臭氧的反应更充分。

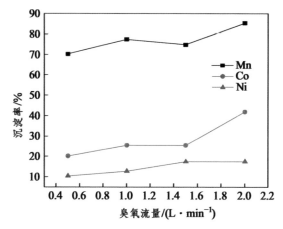

图 4.15　O₃ 流量对 Ni、Co、Mn 沉淀率的影响

4.3.2.4　时间对 Ni、Co、Mn 沉淀率的影响

取浸出液 300 mL，在臭氧流量 = 1 L/min、T = 50 ℃、pH = 5 条件下，通过改变时间，考察其对 Ni、Co、Mn 沉淀率的影响，实验结果如图 4.16 所示。

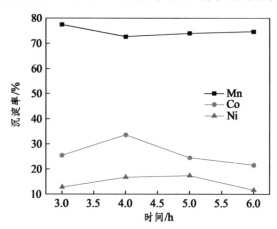

图 4.16　时间对 Ni、Co、Mn 沉淀率的影响

由图 4.16 可以看出，在沉淀时间为 3 ~ 6 h 时，锰的沉淀率在 3 h 最高为

77.4%，继续增加沉淀时间则沉淀率降低，时间为 4 h 时，锰的沉淀率为 72.65%，而后保持不变。而镍和钴在 4 h 时沉淀率达到最大值为 16.63%、33.54%。苹果酸浸出液中的主要元素为锰，考虑到锰的沉淀率最大时为最佳条件，因此选择最佳沉淀时间为 3 h。

4.3.2.5　臭氧氧化沉淀综合实验

由上述条件实验可以看出，臭氧氧化沉淀镍、钴、锰的最佳条件为：pH 为 5、温度为 50 ℃、O_3 流量为 2 L/min、反应时间为 3 h。在最佳沉淀条件下进行平行实验，实验结果如表 4.5 所示。

表 4.5　臭氧氧化沉淀综合实验

实验	沉淀渣重/g	沉淀渣中金属元素含量/%			金属元素沉淀率/%		
		Ni	Co	Mn	Ni	Co	Mn
1	5.30	0.80	1.60	41.9	17.0	40.4	86.3
2	5.44	0.84	1.66	40.4	18.4	43.0	85.4
3	5.30	0.90	1.63	41.6	19.2	41.1	85.7
平均	5.35	0.85	1.63	41.3	18.2	41.5	85.8

由表 4.5 看出，在最佳沉淀条件下，镍、钴、锰的平均沉淀率分别为 18.2%、41.5%、85.8%。沉淀渣中的镍、钴、锰含量分别为 0.85%、1.63%、41.3%，Ni∶Co∶Mn = 1∶2∶52，因此，可以看出沉淀渣中几乎全由锰的化合物构成。对臭氧氧化沉淀渣进行了 XRD 分析，分析结果如图 4.17 所示。

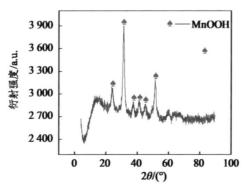

图 4.17　臭氧氧化沉淀综合实验下的 XRD 分析

从 XRD 图谱中可以看到有 MnOOH 的物相存在,由于 CoOOH 和 NiOOH 的含量较低,因此,在图谱中没检测出 CoOOH 和 NiOOH 的物相。

4.3.3 氧气氧化沉淀镍、钴、锰的实验研究

NCM 三元材料一般可以表示为 $LiNi_xCo_yMn_zO_2$,其中 $x + y + z = 1$。对于三元锂离子电池,523 型正极材料凭借着它良好的充放电性能、较大的比容量、良好的热稳定性等优良的充放电性能,使得其在三元锂电池正极材料中脱颖而出。因此,本实验对苹果酸浸出液进行镍、钴、锰的配比,使其摩尔比值为 5 : 2 : 3,再通过氧气氧化沉淀合成三元正极材料的前驱体。

由 4.1 节的热力学分析来看,在 pH 为 5,标准状态下可以看出,氧气只能将 Mn^{2+} 氧化沉淀为 MnOOH,而镍和钴将不会产生沉淀。因此本实验将溶液的 pH 调制 6 ~ 10,氧气压力 0 ~ 1.2 MPa,研究了高温高压条件下能否共沉淀镍钴锰,主要从 pH 值、沉淀温度、氧气压力、沉淀时间来研究氧气氧化沉淀 Ni、Co、Mn 的最佳参数。

4.3.3.1 pH 对 Ni、Co、Mn 沉淀率的影响

实验条件为:浸出液 400 mL、沉淀温度为 100 ℃、沉淀时间为 3 h、氧气压力为 0.8 MPa 的条件下,分别在 pH 值为 6、7、8、9、10 下进行氧气氧化沉淀。分析在不同的 pH 下镍、钴、锰的沉淀率的变化趋势,从而得到最佳的沉淀 pH 值,pH 值与各金属沉淀率的关系如图 4.18 所示。

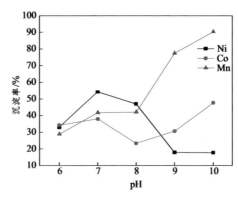

图 4.18 pH 值对 Ni、Co、Mn 沉淀率的影响

由图 4.18 看出，在其他条件不变的情况下，随着体系 pH 值的升高，Mn 的沉淀率升高，而 Ni 的沉淀率呈先升高后降低的趋势，Co 的沉淀率在 pH 为 7~8 出现降低的趋势，随后升高。考虑到 pH 为 10 时，锰和钴的沉淀率达到最高，因此选择最佳沉淀 pH 值为 10，此时，Ni、Co、Mn 的沉淀率分别为 17.8%、47.4%、90.2%。

4.3.3.2 氧气压力对 Ni、Co、Mn 沉淀率的影响

实验条件为：浸出液 400 mL、沉淀温度为 100 ℃、沉淀时间为 3 h、pH 值为 10 的条件下，分别在氧气压力为 0、0.4、0.8、1.2 MPa 下进行氧气氧化沉淀。研究氧气压力对 Ni、Co、Mn 沉淀率的影响，确定最佳氧气压力，实验结果如图 4.19 所示。

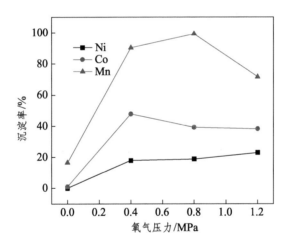

图 4.19 氧气压力对 Ni、Co、Mn 沉淀率的影响

由图 4.19 看出，其他条件不变下，在氧气压力为 0~0.8 MPa 时，锰的沉淀率呈上升的趋势，而继续增加氧气压力，Mn 的沉淀率会下降。在氧气压力为 0~0.4 MPa 时，镍和钴的沉淀率上升，而继续增加氧气压力，其沉淀率几乎保持不变。当氧气压力为 0 MPa 时，锰的沉淀率为 16.3%，镍的沉淀率为 0，钴的沉淀率为 0.9%，由此可以看出，在沉淀过程中镍和钴需要更高的氧化还原电位。当氧气压力为 0.4 MPa 时，镍、钴、锰的沉淀率分别为 17.8%、

47.7%、90.233%。当氧气压力为 0.8 MPa 时,镍、钴、锰的沉淀率分别为 18.8%、39.9%、99.24%。然而继续增加氧气压力为 1.2 MPa 时,各金属的沉淀率无显著的提升。因此,选取最佳氧气压力为 0.8 MPa。

4.3.3.3 温度对 Ni、Co、Mn 沉淀率的影响

实验条件为:浸出液 400 mL、沉淀时间为 3 h、pH 值为 10、氧气压力为 0.8 MPa 的条件下,分别在温度为 60 ℃、80 ℃、100 ℃、120 ℃ 下进行氧气氧化沉淀。研究温度对 Ni、Co、Mn 沉淀率的影响,确定最佳氧气压力。实验结果如图 4.20 所示。

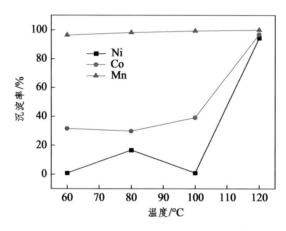

图 4.20 温度对 Ni、Co、Mn 沉淀率的影响

由图 4.20 看出,当温度为 60～120 ℃ 时,锰的沉淀率从 96.4% 增加到 99.9%,锰的沉淀率增加幅度较小,这说明温度对锰的沉淀率影响不大。而钴的沉淀率从 31.6% 增加到 96.8%,镍的沉淀率从 0.7% 增加到 94.4%,这说明沉淀温度对镍、钴的沉淀率影响大。因此,选取最佳沉淀温度为 120 ℃,此时镍、钴、锰的沉淀率分别为 94.4%、96.8%、99.9%。由于在 120 ℃ 对各有价金属浸出率有显著的提升,因此计算了在 $T = 120$ ℃、氧气压力为 0.8 MPa 条件下氧气氧化沉淀 Ni、Co、Mn 主要 Nernest 方程,结果如表 4.6 所示。

表 4.6　氧气氧化沉淀 Ni、Co、Mn 主要 Nernest 方程（$T = 120\ ^{\circ}\mathrm{C}$、$P_{\mathrm{O}_2} = 0.8\ \mathrm{MPa}$）

主要反应式	Nernest 方程
$O_2 + 4H^+ + 4e^- = 2H_2O$	$E = 1.23 - 0.078\mathrm{pH}$
$MnOOH + 3H^+ + e^- = Mn^{2+} + 2H_2O$	$E = 1.48 - 0.235\mathrm{pH} - 0.078\log C_{Mn^{2+}}$
$NiOOH + 3H^+ + e^- = Ni^{2+} + 2H_2O$	$E = 2.05 - 0.235\mathrm{pH} - 0.078\log C_{Ni^{2-}}$
$CoOOH + 3H^+ + e^- = Co^{2+} + 2H_2O$	$E = 1.76 - 0.235\mathrm{pH} - 0.078\log C_{Co^{2+}}$

绘制了在 pH = 10，$T = 120\ ^{\circ}\mathrm{C}$、氧气压力为 0.8 MPa 条件下氧气氧化沉淀 Ni^{2+}、Co^{2+}、Mn^{2+} 时的电位与离子浓度的关系，如图 4.21 所示。由图 4.21 可以看出，在 pH = 10、$T = 120\ ^{\circ}\mathrm{C}$、$P_{\mathrm{O}_2} = 0.8\ \mathrm{MPa}$ 的条件下，Ni^{2+}、Co^{2+}、Mn^{2+} 都可以被氧气氧化沉淀，这与图 4.20 中的分析结果一致。

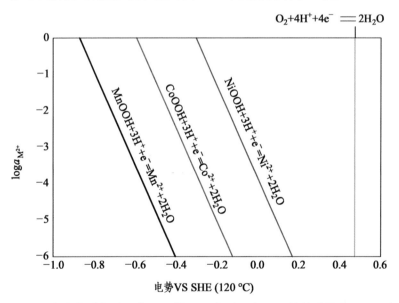

图 4.21　氧气氧化沉淀 Ni^{2+}、Co^{2+}、Mn^{2+} 时 E 与 $a_{M^{2+}}$ 的关系图（120 ℃、pH = 10、$P_{\mathrm{O}_2} = 0.8\ \mathrm{MPa}$）

4.3.3.4　反应时间对 Ni、Co、Mn 沉淀率的影响

实验条件为：浸出液 400 mL、pH 值为 10、氧气压力为 0.8 MPa、沉淀温度为 120 ℃ 的条件下，分别在反应时间为 1 h、2 h、3 h、4 h 下进行氧气

氧化沉淀。研究反应时间对 Ni、Co、Mn 沉淀率的影响，确定最佳沉淀时间。实验结果如图 4.22 所示。

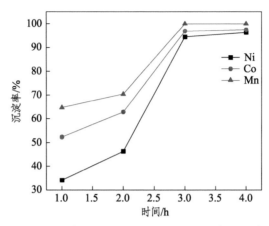

图 4.22　反应时间对 Ni、Co、Mn 沉淀率的影响

由图 4.22 看出，当沉淀 1h 时，锰的沉淀率为 64.7%，而镍和钴的沉淀率较低，分别为 34.1%、52.3%。当沉淀时间延长至 4 h 时，镍、钴、锰的沉淀率分别为 96.3%、97.4%、99.9%。由于苹果酸有较强的络合性，与苹果酸络合的金属离子不易被沉淀出来，因此在沉淀前，镍、钴、锰离子需先与铵根离子形成氨配合物，对应的反应式如式（4.8）所示。当反应时间过短时，镍、钴、锰离子处于苹果酸配合离子状态，因此沉淀率较低。当反应时间达到 4 h 时，镍、钴、锰离子与铵根离子完全形成配合物，此时各金属离子沉淀率较高。因此选取最佳反应时间为 4 h。

$$C_4H_4O_5M + NH_3 \cdot H_2O \longrightarrow C_4H_4O_5(NH_3)M + H_2O \qquad （4.8）$$

式中，M 为 Ni、Co、Mn。

4.3.3.5　氧气氧化沉淀综合实验

由条件实验可以看出，苹果酸浸出液中氧气氧化沉淀镍、钴、锰最佳沉淀条件为：pH 值 10、氧气压力 0.8 MPa、沉淀温度 120 ℃、反应时间 4 h。在最佳沉淀条件下进行平行实验，实验结果如表 4.7 所示。图 4.23 是氧气氧化沉淀渣 XRD 分析结果。

表 4.7　氧气氧化沉淀综合实验

实验	沉淀渣重/g	沉淀中金属元素含量			金属元素沉淀率		
		Ni/%	Co/%	Mn/%	Ni/%	Co/%	Mn/%
1	10.30	27.0	10.96	15.90	96.56	97.32	99.86
2	9.83	28.0	11.44	16.57	95.60	96.94	99.32
3	10.80	25.78	10.51	15.07	96.68	97.85	99.24
平均	10.31	26.93	10.97	15.85	96.28	97.37	99.47

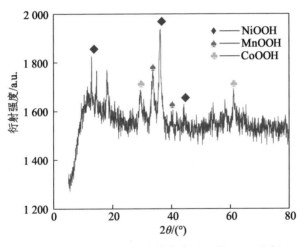

图 4.23　氧气氧化沉淀渣综合实验下的 XRD 分析

由表 4.7 看出，在最佳条件下，镍、钴、锰的沉淀率均达到 96% 以上。沉淀渣中镍、钴、锰的比值 4.9∶2∶3.1。对氧气氧化沉淀渣进行 XRD 分析，结果如图 4.23 所示，从 XRD 图谱中可以看到 NiOOH、MnOOH、CoOOH 的物相。

4.4　正极材料的再生研究

4.4.1　臭氧氧化沉淀渣再生 $LiMn_2O_4$ 的研究

从臭氧氧化沉淀实验结果可以看出，在最佳沉淀条件下，沉淀渣中的镍、

钴、锰平均含量分别为 0.85%、1.63%、41.3%，Mn：Co：Ni（摩尔比）=
52：2：1，沉淀渣中几乎全由羟基氧化锰构成。本实验的目的是通过向臭氧
氧化沉淀渣中补加锂合成 $LiMn_2O_4$ 正极材料，记该正极材料为 LM-1。

4.4.1.1　再生 $LiMn_2O_4$ 的 XRD

对 LM-1 合成的正极材料进行了 XRD 分析，结果如图 4.24 所示。从图
4.24 可以看到，合成的正极材料的各峰形都比较尖锐，证明该材料有良好的
结晶度。衍射峰与标准卡片 $LiMn_2O_4$ 相对应的峰吻合度较高，出现了杂峰伴
有明显的峰分裂，这可能是元素 Co、Ni 的掺杂，从而造成的峰分裂和杂峰
现象。

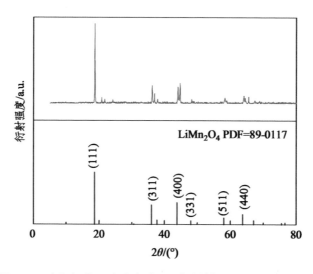

图 4.24　臭氧氧化沉淀渣合成的正极材料 LM-1 的 XRD 分析

4.4.1.2　再生 $LiMn_2O_4$ 的粒径和形貌分析

对正极材料 LM-1 进行了粒径测试，测试结果如图 4.25 和表 4.8 所示。
为研究臭氧氧化沉淀渣再生正极材料的形貌，因此对再生的正极材料进行了
SEM 分析，分析结果如图 4.26 所示。

表 4.8　LM-1 正极材料的粒径

$D_{10}/\mu m$	$D_{50}/\mu m$	$D_{90}/\mu m$	$D_{99}/\mu m$	$D_{av}/\mu m$
1.81	3.82	6.25	8.36	3.93

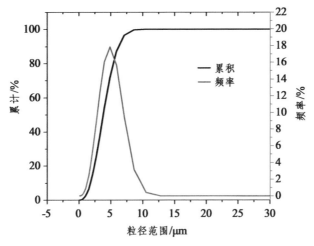

图 4.25　LM-1 再生正极材料的粒径

图 4.26　LM-1 再生正极材料的形貌图

从图 4.25 和表 4.8 可以看出，该方法合成正极材料的粒径分布于 0 ~ 12.73 μm 之间，平均粒径为 3.93 μm，D_{10} = 1.81 μm，D_{50} = 3.82 μm，D_{90} = 6.25 μm，D_{99} = 3.93 μm。从图 4.26 可以看出，LM-1 再生的正极材料颗粒呈片状结构，与文献[40]中所制备的球形颗粒不同。颗粒与颗粒之间有团聚现象，而且颗粒大小不一并且有破碎现象。

4.4.1.3　再生 $LiMn_2O_4$ 的充放电性能

再生材料的充放电研究过程中，需将再生正极材料组装成半电池，其组装过程包括极片的制备和电池的组装。其具体操作过程如下所述（本书中的组装方法都以此方法进行）：

（1）极片的制备。

在制备锂电池正极片时，将 PVDF、导电炭黑以及正极活性材料按照质量比为 8∶1∶1 混合并研磨均匀，加入 NMP 再研磨均匀。将研磨好的浆料涂在铝箔的表面。将铝箔放入干燥箱中进行烘干，烘干好的物料用压辊仪进行辊压，并用压片机将其压制成为 ψ =13 mm 的圆片。

（2）电池的组装。

在充满氩气的手套箱操作环境下，首先将制备好的极片放置于 CR2025 电极壳的中间。配置一定量的电解液，将 1 mol/L $LiPF_6$ 溶于 VEC∶VDMC = 1∶1 的混合溶剂中。将配置好的电解液滴加至极片上，将极片润湿即可。再放入隔膜（聚丙烯 PP，Celgard2400 型），滴加电解液至隔膜润湿。然后依次放入金属锂负极片、泡沫镍、负极壳等，最后用纽扣电池封口机压紧密封，形成纽扣电池。

（3）充/放电测试方法。

为了测试再生的活性正极材料的充放电性能，从首次充放电、倍率性能以及循环性能进行了测试，测试方法如下（下同）：

首次充放电和循环性能测试的条件为：静置 5 min→0.2 C 下充电至电压为 4.3 V→静置 5 min→0.2 C 下放电至电压为 2.8 V→静置 5 min→0.2 C 下充电至电压为 4.3 V→静置 5 min→0.2 C 下放电至电压为 2.8 V，按照上述循环过程循环 50 ~ 100 次。

倍率性能的充放电条件为：静置 5 min→0.2 C 下充电至电压为 4.3 V→静置 5 min→0.2 C 下放电至电压为 2.8 V，在此循环条件下循环 5 次，随后按照相同的程序在 0.5 C、1 C、2 C、5 C 下各循环五次。在不同倍率循环结束后，再在 0.2 C 下进行充放电 5 次，来测试电池的倍率性能。

　　对 LM-1 进行了充放电测试，在充放电条件为 0.2 C，2.8～4.3 V 下进行 100 次充放电。为测试其倍率性能在不同的倍率下各进行 5 次充放电后还原为 0.2 C 下充放电。结果如图 4.27 所示。

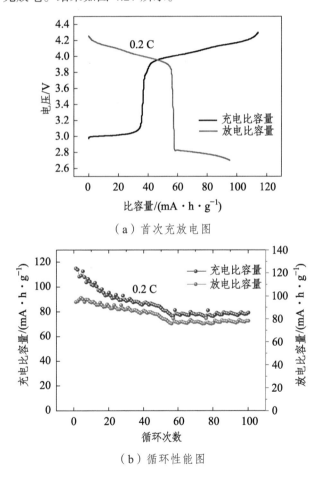

（a）首次充放电图

（b）循环性能图

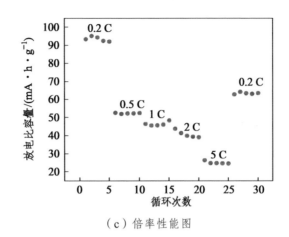

（c）倍率性能图

图 4.27　LM-1 活性正极材料电化学性能表征

由图 4.27（a）可以看出，LM-1 首次充放电比容量分别为 114 mA·h·g^{-1}、95.4 mA·h·g^{-1}，其首次充放电效率为 84%。从图 4.27（b）可以看出，在 100 次充放电测试中，首次的放电比容量为 98.7 mA·h·g^{-1}，第 100 次的放电比容量为 78.6 mA·h·g^{-1}，经 100 次循环后放电比容量保持率为 80%，这表明该材料在多次循环后仍保持较好的充放电效率，但与其他研究者们制备的锰酸锂正极材料相比，比容量偏低。

倍率性能是评价锂电池正极材料性能的一项重要指标，尤其是在电动汽车中的锂离子电池需要在不同倍率下工作。由图 4.27（c）可以看出 LM-1 正极材料倍率性能图可以看出，在 5 C 下，放电比容量均保持在 24 mA·h·g^{-1} 以上，之后还原为 0.2 C 充放电，放电比容量均保持在 62 mA·h·g^{-1} 以上，经过高倍率循环后放电比容量保持率 67.4%。

4.4.2　氧气氧化沉淀渣再生 $LiNi_{0.5}Co_{0.2}Mn_{0.3}O_2$ 的研究

选取氧气氧化沉淀最佳条件下综合实验 3（表 4.7 中综合实验 3）的沉淀渣再生 $LiNi_{0.5}Co_{0.2}Mn_{0.3}O_2$ 正极材料。氧气氧化沉淀渣中镍、钴、锰的沉淀率分别为 96.68%、97.85%、99.24%，镍、钴、锰含量分别为 25.78%、10.51%、15.07%，渣中 Ni : Co : Mn = 4.9 : 2 : 3.1，其比值接近 5 : 2 : 3，因此，对该沉淀渣进行补锂再生 $LiNi_{0.5}Co_{0.2}Mn_{0.3}O_2$ 正极材料，记该材料为 LNCM-1。

选取氧气氧化条件为 pH = 7、T = 100 ℃、t = 3 h、氧气压力为 0.8 MPa 下的沉淀渣进行补锂再生，记该正极材料为 LNCM-2。LNCM-1 通过与 LNCM-2 的形貌、结构、充放电性能来进行对比，来验证在最佳沉淀条件下氧气氧化沉淀渣再生 $LiNi_{0.5}Co_{0.2}Mn_{0.3}O_2$ 正极材料（LNCM-1）的可行性。

4.4.2.1　再生 $LiNi_{0.5}Co_{0.2}Mn_{0.3}O_2$ 的 XRD

为研究这两种前驱体制备的正极材料的结构，对 LNCM-1 和 LNCM-2 的正极材料进行 XRD 分析，测试结果如图 4.28 所示。

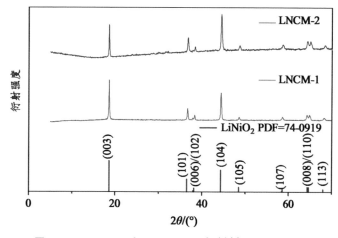

图 4.28　LNCM-1 和 LNCM-2 正极材料的 XRD 分析

由图 4.28 可以看出，由氧气氧化沉淀渣再生的正极材料 LNCM-1 和 LNCM-2 的衍射峰与标准卡片 $LiNiO_2$ 相对应的峰吻合度较高，属于 R3m 空间群的 α-$NaFeO_2$ 结构。LNCM-1 和 LNCM-2 的 XRD 都显示了层状结构且峰值尖锐，说明了材料的结晶度好。(006)/(102)峰和(108)/(110)峰有明显的分裂现象，这表明该材料表现出了良好的峰分裂现象。在锂离子电池正极材料中，阳离子的混排会影响锂电池的可逆容量、首次效率、倍率性能等充放电性能。I_{003}/I_{104} 是验证阳离子混排程度的关键因素，当比值大于 1.2 时，说明阳离子混排程度较小，反之，阳离子混排程度大。LNCM-1 的 I_{003}/I_{104} 为 1.34，LNCM-2 的 I_{003}/I_{104} 为 0.84，表明 LNCM-1 的阳离子混排程度小而 LNCM-2 的阳离子混排程度较大。

4.4.2.2　再生 $LiNi_{0.5}Co_{0.2}Mn_{0.3}O_2$ 的粒径和形貌分析

对 LNCM-1、LNCM-2 合成的正极材料进行了粒径分析，分析结果如表 4.9 和图 4.29 所示。对 LNCM-1 和 LNCM-2 再生正极材料进行了 SEM 分析，分析结果如图 4.30 和图 4.31 所示。

从图 4.29（a）的粒径分布图可以看出，LNCM-1 再生正极材料的粒径分布于 0.12～8.64 μm 之间，该材料的粒径分布范围较窄且分布均匀，说明该条件下形成的正极材料的粒径较小。其平均粒径为 3.53 μm，$D_{10} = 2.07\ \mu m$，$D_{50} = 3.53\ \mu m$，$D_{90} = 5\ \mu m$，$D_{99} = 6.2\ \mu m$。从图 4.29（b）的粒径分布图中可以看出，LNCM-2 合成正极材料的粒径分布于 0.12～40.72 μm 之间且分布均匀，该材料的粒径分布范围较宽，说明该条件下形成的正极材料的粒径较大。其平均粒径为 11.29 μm，$D_{10} = 4.87\ \mu m$，$D_{50} = 10.90\ \mu m$，$D_{90} = 18.31\ \mu m$，$D_{99} = 25.48\ \mu m$。

表 4.9　正极材料 LNCM-1 和 LNCM-2 的粒径

正极材料	LNCM-1	LNCM-2
$D_{10}/\mu m$	2.07	4.87
$D_{50}/\mu m$	3.53	10.90
$D_{90}/\mu m$	5	18.31
$D_{99}/\mu m$	6.2	25.48
$D_{av}/\mu m$	3.53	11.29

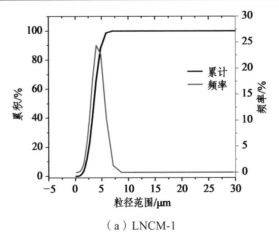

（a）LNCM-1

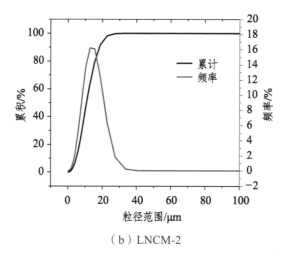

（b）LNCM-2

图 4.29　再生正极材料的粒径分布

图 4.30　LNCM-1 再生正极材料的 SEM 图

图 4.31　LNCM-2 再生正极材料的 SEM 图

从图 4.29 和图 4.31 可以看出，LNCM-1 制备的正极材料相比于 LNCM-2 有较好的分散性，且粒径较小，这与粒径的分析结果一致。LNCM-2 制备的正极材料的团聚现象严重，形状大小不均匀，LNCM-1 制备的正极材料形状均匀且近似于棒球形。

4.4.2.3 再生 $LiNi_{0.5}Co_{0.2}Mn_{0.3}O_2$ 的充放电性能

对 LNCM-1 和 LNCM-2 进行了充放电性能测试，在充放电条件为 0.2 C，2.8 ~ 4.3 V 下进行 100 次充放电测试其首次充放电效率和循环性能，结果如图 4.32 和图 4.33 所示。为测试其倍率性能，在不同的倍率下各进行 5 次充放电后还原为 0.2 C 下充放电。结果如图 4.34 所示。

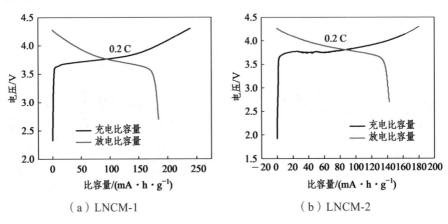

（a）LNCM-1　　　　　　　（b）LNCM-2

图 4.32　再生正极材料的首次充放电图

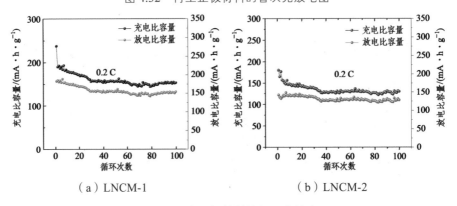

（a）LNCM-1　　　　　　　（b）LNCM-2

图 4.33　再生正极材料的循环充放电图

由图 4.32 可知，LNCM-1 与 LNCM-2 的首次充电比容量为

$239.2\ mA \cdot h \cdot g^{-1}$、$180.4\ mA \cdot h \cdot g^{-1}$，首次放电比容量为 $184\ mA \cdot h \cdot g^{-1}$、
$142.5\ mA \cdot h \cdot g^{-1}$，它们的首次充放电效率分别为 77%、80%。在锂电池首
次充放电过程中常常有首次充电比容量过大于首次放电比容量，这是由于锂
电池在制备完成后，电池组的内部存在活化现象。因此分析了第二次的充放
电效率，LNCM-1 第 2 次充放电效率为 97.7%，LNCM-2 第 2 次充放电效率
为 82.4%。可以看出，LNCM-1 的首次放电比容量和充放电效率比 LNCM-2
要高很多。

　　通过图 4.33 对 LNCM-1 和 LNCM-2 的循环性能进行分析可知，LNCM-1
经过 100 次循环后，放电比容量为 $154.1\ mA \cdot h \cdot g^{-1}$，经 100 次数循环后的
放电比容量保持率为 85%。LNCM-2 在经过 100 次充放电后，它的放电比容
量为 $128.6\ mA \cdot h \cdot g^{-1}$，经过 100 次循环放电比容量保持率为 90.24%。

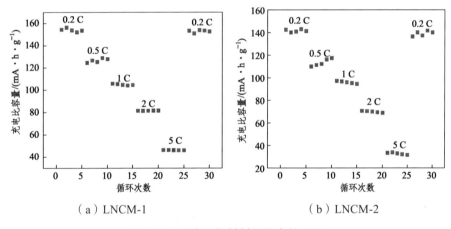

（a）LNCM-1　　　　　　　　　　　（b）LNCM-2

图 4.34　再生正极材料的倍率性能图

　　两种活性正极材料的倍率性能由图 4.34 可知，LNCM-1 是在进行 100 次
循环后的倍率性能测试，它在 5 C 下的放电比容量为 $46.2\ mA \cdot h \cdot g^{-1}$，将其
还原为 0.2 C 时，可保持 99.2% 的放电比容量。LNCM-2 在经过 5 C 时的放
电比容量为 $32.88\ mA \cdot h \cdot g^{-1}$，后将其还原为 0.2 C 下可保持 98.35% 的放电
比容量。可以看出，LNCM-1 和 LNCM-2 在高倍率下充放电后，放电比容量
保持率都很高，但 LNCM-1 在高倍率时有较高的放电比容量，因此，可以说
LNCM-1 比 LNCM-2 有较好的倍率性能。

由以上分析可以看出，氧气氧化沉淀的最佳条件下沉淀渣再生的正极材料 LNCM-1 相比于 LNCM-2 有较好的结构和充放电性能。因此，在氧气氧化沉淀过程中，最佳条件下的沉淀渣不仅沉淀率高，而且再生的正极材料结构和充放电性能优异。

4.4.3 溶胶凝胶法再生 $LiNi_{0.5}Co_{0.2}Mn_{0.3}O_2$ 的研究

到目前为止，很多研究对于正极材料 $LiNi_{0.5}Co_{0.2}Mn_{0.3}O_2$ 的再生通常采用共沉淀和溶胶凝胶法。为比较氧气氧化沉淀渣合成的正极材料与传统的碳酸钠共沉淀和溶胶凝胶法再生的正极材料的充放电性能，将苹果酸模拟液通过溶胶凝胶法和草酸共沉淀法再生出活性正极材料，通过测试其充放电性能来与氧气氧化沉淀渣合成的正极材料进行比较。

4.4.3.1 溶胶凝胶法再生 $LiNi_{0.5}Co_{0.2}Mn_{0.3}O_2$ 的 XRD

为研究溶胶凝胶法再生正极材料的结构，对其进行了 XRD 分析，分析结果如图 4.35 所示。

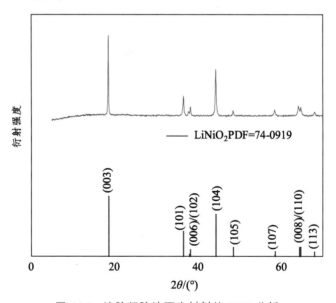

图 4.35 溶胶凝胶法再生材料的 XRD 分析

由图 4.35 可以看出，溶胶凝胶法再生的正极材料的衍射峰尖锐且无杂相峰，峰型尖锐表明结晶度好，标准卡片 $LiNiO_2$ 相对应的峰吻合度较高。(006)/(102)峰和(108)/(110)峰有明显的分裂现象，证明了材料的层状结构发育良好。I_{003}/I_{104} 为 $1.51 > 1.2$，该正极材料中阳离子的混排程度低。

4.4.3.2　溶胶凝胶法再生 $LiNi_{0.5}Co_{0.2}Mn_{0.3}O_2$ 的粒径和形貌分析

溶胶凝胶法再生的正极材料的粒径分析结果如图 4.36 和表 4.10 所示。从表 4.10 可以看出，该方法合成的正极材料的平均粒径为 8.92 μm。D_{10} = 3.77 μm，D_{50} = 8.57 μm，D_{90} = 14.66 μm，D_{99} = 20.21 μm。从图 4.36 可以看出，该方法合成正极材料的粒径分布于 0.12~27.63 μm 之间且分布均匀。

表 4.10　溶胶凝胶法再生材料的粒径

D_{10}/μm	D_{50}/μm	D_{90}/μm	D_{99}/μm	D_{av}/μm
3.77	8.57	14.66	20.21	8.92

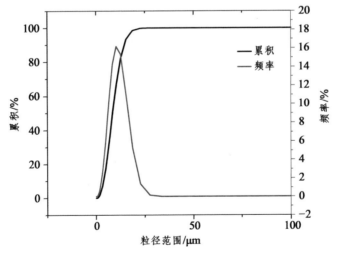

图 4.36　溶胶凝胶法再生材料的粒径

对溶胶凝胶法合成材料的形貌进行了 SEM 表征，结果如图 4.37 所示。从图中可以看出，该方法制备正极材料的颗粒大小不均匀且有团聚现象。看到的小颗粒在大颗粒上附着的现象，这可能是在高温时使得大颗粒破碎形成了所看到的小颗粒，这些破碎的颗粒有助于电解液与材料的接触面积，使得锂离子被充分利用。

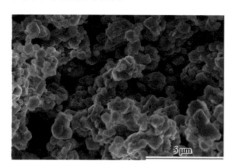

图 4.37　溶胶凝胶法再生材料的 SEM 图

4.4.3.3　溶胶凝胶法再生 $LiNi_{0.5}Co_{0.2}Mn_{0.3}O_2$ 的充放电性能

将溶胶凝胶法再生的正极材料进行充放电性能测试。在电压 2.8 ~ 4.3 V，0.2 C 的倍率下进行 50 次的充放电测试，得到了首次充放电曲线和循环曲线。在电压为 2.8 ~ 4.3 V，0.2 ~ 2 C 下各循环 5 次得到倍率性能曲线，测试结果如图 4.38 所示。

从图 4.38（a）可以看出，溶胶凝胶法再生的活性正极材料的首次充放电比容量分别为 140 mA·h·g^{-1}、136.25 mA·h·g^{-1}，首次库伦效率为 97.3%。从图 4.38（b）可以看出，循环 50 次后的放电比容量为 109.2 mA·h·g^{-1}。因此，在 50 次循环后放电比容量保持率为 80%。

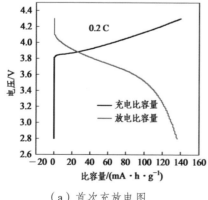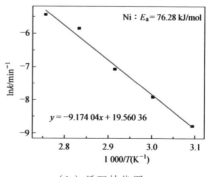

（a）首次充放电图　　　　　　　　（b）循环性能图

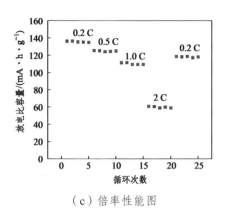

（c）倍率性能图

图 4.38　溶胶凝胶法再生正极材料的电化学性能表征

由倍率性能图 4.38（c）可以看出，在 2 C 下，放电比容量为 60.53 mA·h·g^{-1}。随后在 0.2 C 下进行充放电，其放电比容量为 118.54 mA·h·g^{-1}，经过 2 C 后的放电比容量保持率为 87%。

4.4.4　草酸共沉淀法再生 $LiNi_{0.5}Co_{0.2}Mn_{0.3}O_2$ 的研究

4.4.4.1　草酸共沉淀法再生 $LiNi_{0.5}Co_{0.2}Mn_{0.3}O_2$ 的 XRD 分析

为研究草酸共沉淀法再生正极材料的结构，对合成的正极材料进行了 XRD 分析，分析结果如图 4.39 所示。

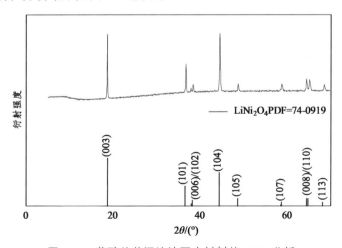

图 4.39　草酸盐共沉淀法再生材料的 XRD 分析

由图 4.39 可以看出，该方法制备的正极材料的特征峰比较尖锐，表明其结晶度好。衍射峰与标准卡片 $LiNiO_2$ 相对应的峰吻合度较高。在图中可以看到衍射峰(006)/(102)和(108)/(110)的分裂明显，表明该材料的层状结构发育好。衍射峰 003 和 104 的峰强度比值为 1，表明阳离子的混排程度高。

4.4.4.2　草酸共沉淀法再生 $LiNi_{0.5}Co_{0.2}Mn_{0.3}O_2$ 的粒径和形貌分析

对草酸共沉淀再生的正极材料进行了粒径分析，结果如图 4.40 和表 4.11 所示。

表 4.11　草酸共沉淀法再生材料的粒径

$D_{10}/\mu m$	$D_{50}/\mu m$	$D_{90}/\mu m$	$D_{99}/\mu m$	$D_{av}/\mu m$
4.98	7.77	10.36	12.53	7.72

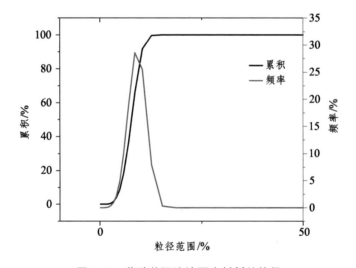

图 4.40　草酸共沉淀法再生材料的粒径

从粒径分布图可以看出，该方法制备的再生材料的粒径分布区间较窄，其分布区间为 0.12 ~ 15.45 μm。材料的平均粒径为 7.72 μm，D_{10} = 4.98 μm，D_{50} = 7.77 μm，D_{90} = 10.36 μm，D_{99} = 12.53 μm。草酸共沉淀法再生的正极材料的 SEM 如图 4.41 所示，由图可以看出该正极材料有明显的团聚现象且形状不均匀。

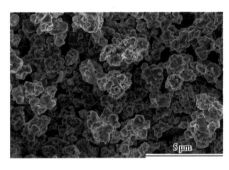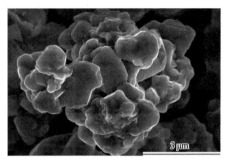

图 4.41　草酸共沉淀法再生材料的 SEM 图

4.4.4.3　草酸共沉淀法再生 $LiNi_{0.5}Co_{0.2}Mn_{0.3}O_2$ 的充放电性能

对草酸共沉淀法再生的正极材料进行了充放电性能测试，在充放电条件为 0.2 C，2.8 ~ 4.3 V 下进行 100 次充放电测试其首次充放电效率和循环性能，为测试其倍率性能在不同的倍率下各进行 5 次充放电后还原为 0.2 C 下充放电。测试结果如图 4.42 所示。

图 4.42（a）为草酸共沉淀法再生的正极活性材料的首次充放电图，从充放电曲线可以看出，该方法合成的正极材料的充放电曲线比较光滑且符合三元锂电池的充放电平台，在 0.2 C 下的初始充放电比容量分别为 169.62 mA·h·g^{-1}、135 mA·h·g^{-1}，首次库伦效率为 80%，在第二次充放电中，库伦效率为 98%，其后的库伦效率均保持在 95% 以上。图 4.42（b）为草酸共沉淀法再生的正极活性材料的循环性能曲线，从图中可以看出，首次放电比容量为 135 mA·h·g^{-1}，第 50 次的放电比容量为 114.62 mA·h·g^{-1}，循环 50 次后的放电比容量保持率为 85%。草酸共沉淀再生正极材料的倍率性能如图 4.42（c）所示，可以看到，在 5 C 下，该材料的放电比容量为 1.04 mA·h·g^{-1}，返回到 0.2 C 下的放电比容量为 116 mA·h·g^{-1}，其放电比容量保持率为 86.1%。

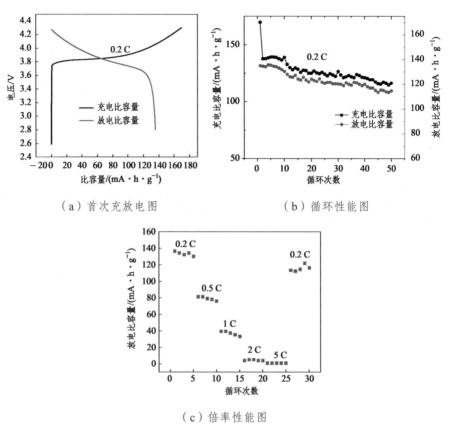

（a）首次充放电图　　　　　　　　（b）循环性能图

（c）倍率性能图

图 4.42　草酸共沉淀法再生材料的电化学性能表征

4.4.5　几种再生正极材料的充放电性能

表 4.12 为几种再生正极材料的充放电性能汇总。由表 4.12 可以看出，四种再生正极材料通过充放电性能对比可以得出，由氧气氧化沉淀再生的正极材料 LNCM-1 的首次放电比容量和充放电效率较高、循环性能和倍率性能较好，该正极材料有较好的充放电性能。

对臭氧氧化沉淀渣进行补锂再生为 $LiMn_2O_4$ 正极材料（LM-1），对该正极材料进行了 XRD、SEM、粒径分析，结果表明，该方法制备的正极材料的峰形尖锐并具有较好的结晶性。由 SEM 分析结果可以看出，该方法再生正极材料的颗粒大小分布不均匀且平均粒径为 3.93 μm，有团聚现象，而且形

表 4.12　几种再生正极材料的充放电性能汇总

再生正极材料	0.2 C 下的初始放电比容量 /mA·h·g^{-1}	充放电效率/%	多次循环后的放电比容量保持率/%	高倍率下的放电比容量 /mA·h·g^{-1}	经高倍率的放电比容量保持率/%
LM-1	95.4	84%	80%(100 次)	39(2 C) 24(5 C)	67.4(5 C)
LNCM-1	184	97.7%	85%(100 次)	81.5(2 C) 46.2(5 C)	99.2(5 C)
LNCM-2	142.5	82.4%	90.24%(100 次)	69.8(2 C) 36.88(5 C)	98.4(5 C)
溶胶凝胶法	136.3	97.3%	80%(50 次)	60(2 C) —(5 C)	87(2 C)
草酸共沉淀法	135	98%	85%(50 次)	4.6(2 C) 1.04(5 C)	86.1(5 C)

状不一，有些颗粒有明显的破碎现象。LM-1 再生材料的首次充放电效率为 84%，循环效率为 80%，高倍率充放电后容量保持率 67.4%。

在合成 523 型锂电池正极材料时，LNCM-1 制备的正极材料的粒径最小，颗粒大小均匀且近似球状，相比于 LNCM-2、溶胶凝胶法、草酸共沉淀法再生的正极材料的颗粒分散性较好。所有方法制备的正极材料都有明显的峰分裂，但只有 LNCM-1 和草酸共沉淀法再生正极材料的阳离子混排程度较小。与 LNCM-2、溶胶凝胶法、草酸共沉淀法再生的正极材料相比，LNCM-1 制备的正极材料不仅有高的放电比容量，它的充放电效率也高，经过高次数循环和高倍率循环后仍保持较高的放电比容量。因此，可以看出，由氧气氧化沉淀后再生的正极材料有较好的充放电性能。

本章小结

本章主要研究了采用有机苹果酸浸出废旧三元锂电池正极材料，然后对浸出液采用臭氧氧化沉淀锰、钴、镍、沉淀渣经过补锂后对正极材料进行再生，苹果酸浸出液经过补加镍、钴、锰，使其比值为 5∶2∶3，进行氧气氧化沉淀，沉淀渣进行补锂再生，并通过溶胶凝胶法和草酸共沉淀法再生正极材料与氧气氧化沉淀法再生的正极材料进行比较。得出以下结论：

1. 通过采用苹果酸对废旧三元锂电池正极材料进行浸出，通过实验得出最佳浸出条件为：固液比 40 g/L、苹果酸浓度 1.2 mol/L、浸出时间 60 min、浸出温度 90 ℃。在最佳浸出条件下，Co、Mn、Ni、Li 的浸出率分别可达 97.3%、99.8%、97.2%、98.8%。结合浸出前后的物料 XRD、SEM 可以看出，浸出渣中只含有 C，废旧锂离子电池中的有价金属几乎完全被浸出。

2. 研究了臭氧氧化沉淀苹果酸浸出液中镍、钴、锰的最佳沉淀条件为 pH 值 5、温度 50 ℃、O_3 流量 2 L/min、反应时间 3 h。此时锰、钴、镍的沉淀率分别为 85.8%、41.5%、18.2%，沉淀渣中 Mn∶Co∶Ni（摩尔比）= 52∶2∶1。浸出液配镍、钴、锰后进行了氧气氧化沉淀，研究氧气氧化沉淀镍、钴、锰的条件实验，得出最佳沉淀条件为：pH 值 10、氧气压力 0.8 MPa、沉淀温度 120 ℃、反应时间 4 h。此时镍、钴、锰的沉淀率分别为 96.28%、97.37%、99.47%，沉淀渣中 Ni∶Co∶Mn（摩尔比）= 4.9∶2.1∶3。

3. 对臭氧氧化沉淀渣进行了 XRD 分析，结果显示，沉淀渣中的主要物相为 MnOOH。对臭氧氧化沉淀渣进行补锂再生为正极材料 $LiMn_2O_4$，对该正极材料进行了 XRD、SEM、粒径分析，结果表明，再生正极材料的峰形尖锐，但由于钴和镍的掺杂，衍射峰中有分裂现象，并且该正极材料粒径分布不均匀且有明显的团聚现象。对再生正极材料进行了充放电性能测试，在 0.2 C 下，首次充放电效率为 84%。经高次数循环的放电比容量保持率为 80%，经过 0.2~5 C 高倍率循环后的放电比容量保持率为 67.4%。

4. 对氧气氧化沉淀渣进行补锂再生为 $LiNi_{0.5}Co_{0.2}Mn_{0.3}O_2$ 正极材料-LNCM。结果表明，LNCM-1 与 LNCM-2、溶胶凝胶法、草酸沉淀法再生的正极材料相比，LNCM-1 再生的正极材料的粒径最小、而且形状近似球形、团聚现象不明显。而且在充放电性能上，LNCM-1 的首次放电比容量为 184 mA·h·g^{-1}、充放电效率为 97.7%、循环 100 次的放电比容量保持率为 85%、经高倍率下的放电比容量保持率分别为 99.2%，这些充放电性能都优于 LNCM-2、溶胶凝胶法、草酸沉淀法再生的正极材料的充放电性能。因此，在最佳条件下氧气氧化的沉淀渣再生的正极材料-LNCM-1 的充放电性能最好。

参考文献

[1] Meshram P, Pandey B D, Mankhand T R. Recovery of valuable metals from cathodic active material of spent lithium ion batteries: Leaching and kinetic aspects[J]. Waste Management, 2015, 45: 306-313.

[2] Li L, Chen R J, Sun F, et al. Preparation of LiCoO2 films from spent lithium-ion batteries by a combined recycling process[J]. Hydrometallurgy, 2011, 108(34): 220-225.

[3] Gao W F, Song J L, Cao H B, et al. Selective ecovery of valuable metals from spent lithium-ion batteries-Process development and kinetics evaluation[J]. Journal of Cleaner Production, 2018, 178: 33-845.

[4] Chen X P, Ma H R, Luo C B, et al. Recovery of valuable metals from waste cathode materials of spent lithium-ion batteries using mild phosphoric acid[J]. Journal of Hazardous Materials, 2017, 326(15): 77-86.

[5] 方荣华, 张文华, 欧阳志昭, 等. 酸浸回收锂离子电池有价金属的研究现状[J]. 电池, 2021, 51（3）: 300-304.

[6] 史红彩. 废旧锂离子动力电池中镍钴锰酸锂正极材料的回收及再利用[D]. 郑州: 郑州大学, 2017.

[7] Zheng Q X, Watanabe M, Iwatate Y, et al. Hydrothermal leaching of ternary and binary lithium-ion battery cathode materials with citric acid and the kinetic study[J]. The Journal of Supercritical Fluids, 2020, 165: 104990.

[8] Golmoh R, Rashchi F, Vahidi E. Recovery of lithium and cobalt from spent lithium-ion batteries using organic acids: Process optimization and kinetic aspects[J]. Waste Management, 2017, 64: 244-254.

[9] Li L, Qu W J, Zhang X X, et al. Succinic acid-based leaching system: A sustainable process for recovery of valuable metals from spent Li-ion batteries[J]. Journal of Power Sources, 2015, 282: 544-551.

[10] 刘银玲, 赵璐璐, 郭琳娜, 等. 维生素 C 溶解废旧锂离子电池正极材

料锰酸锂的研究[J]. 南阳师范学院学报，2015，14（9）：27-31.

[11]　Chen X P, Kang D Z, Cao L , et al. Separation and recovery of valuable metals from spent lithium ion batteries: Simultaneous recovery of Li and Co in a single step[J]. Separation and Purification Technology, 2019, 210: 690-697.

[12]　朱显峰，赵瑞瑞，常毅，等. 废旧锂离子电池三元正极材料酸浸研究[J]. 电池，2017，47（02）：105-108.

[13]　田庆华，邹艾玲，童汇，等. 废旧三元锂离子电池正极材料回收技术研究进展[J]. 材料导报，2021，35（1）：1011-1022.

[14]　Chen W S, Hsing-Jung H. Recovery of Valuable Metals from Lithium-Ion Batteries NMC Cathode Waste Materials by Hydrometallurgical Methods[J]. Metals, 2018, 8(5): 321.

[15]　雷舒雅，徐睿，孙伟，等. 废旧锂离子电池回收利用[J]. 中国有色金属学报，2021，31（11）：3303-3319.

[16]　Chu W, Zhang Y L, Chen X, et al. Synthesis of LiNi0.6Co0.2Mn0.2O2 from mixed cathode materials of spent lithium-ion batteries[J]. Journal of Power Sources, 2020, 449: 227567.

[17]　He L P, Sun S Y, Yu J G. Performance of LiNi1/3Co1/3Mn1/3O2 prepared from spent lithium-ion batteries by a carbonate co-precipitation method[J]. Ceramics International, 2018, 44(1): 351-357.

[18]　曹玲，刘雅丽，康铎之，等. 废旧锂电池中有价金属回收及三元正极材料的再制备[J]. 化工进展，2019，38(05): 2499-2505.

[19]　张英杰，宁培超，杨轩，等. 废旧三元锂离子电池回收技术研究新进展[J]. 化工进展，2020，39（7）：2828-2840.

[20]　何婷，孔娇，崔景植，等. 退役锂离子电池电化学还原浸出及热力学研究[J/OL]. 无机盐工业：1-14 [2022.11-23]. http://kns.cnki.net/kcms/detail/12.1069.TQ.20220819.1422.007.html

[21]　张建，满瑞林，徐筱群，等. 电解浸出废旧锂电池中钴的热力学和动力学[J]. 中国有色金属学报，2014，24（04）：993-1000. DOI: 10.19476/

j.ysxb.1004.0609.2014.04.020.

[22]　孟奇. 废旧钴酸锂材料中钴回收及机理研究[D]. 昆明：昆明理工大学，2018.

[23]　尹晓莹，满瑞林，赵鹏飞，等.废旧锂离子电池正极材料中钴铝同浸过程研究[J].有色金属（冶炼部分），2013（03）：11-16.

[24]　苏向东，董雄文，彭天剑，等. Ni-Co-Mn-H_2O 系电位-pH 图绘制及其应用[J]. 贵州科学，2019，37（06）：87-90.

[25]　李运姣，李玲，苏千叶，等. Li-Ni-Co-Mn-H_2O 系热力学分析及 LiNi_(0.5)Co_(0.2)Mn_(0.3)O_2 复合氧化物的湿法合成（英文）[J]. Journal of Central South University，2019，26（10）：2668-2680.

[26]　李林林，王昱杰，门一飞，等. 湿法冶金回收技术中无机酸作为浸出剂的研究进展[J]. 储能科学与技术，2021，10（01）：68-76.DOI:10.19799/j.cnki.2095-4239.2020.0289.

[27]　赵光金，夏大伟，胡玉霞，等. 废旧锂离子电池正极材料有价金属湿法浸出[J]. 中国有色金属学报：1-23[2022.11-23].

[28]　刘子潇，张家靓，杨成，等. 热力学研究在锂离子电池回收中的应用[J]. 化工进展，2021，40（10）：5325-5336. DOI: 10.16085/j.issn.1000-6613.2021-0818.

[29]　蒋玲. 废旧三元锂电池酸性浸出液中多金属的选择性沉淀分离[D]. 华东师范大学，2020.DOI:10.27149/d.cnki.ghdsu.2020.000349.

[30]　郭持皓，赵中伟，霍广生.Li-Ni-H_2O 系的热力学分析[J]. 电源技术，2005(06):376-379.

[31]　文士美，赵中伟，霍广生.Li-Co-H_2O 系热力学分析及 E-pH 图[J].电源技术，2005（07）：423-426.

[32]　赵中伟，霍广生.Li-Mn-H_2O 系热力学分析[J]. 中国有色金属学报，2004（11）：1926-1933.DOI:10.19476/j.ysxb.1004.0609.2004.11.023.

[33]　何晶晶，费子桐，孟奇，等. 废旧 LiNi0.5Co0.2Mn0.3O2 正极材料还原酸浸与沉淀再生研究[J]. 稀有金属与硬质合金，2021，49(2): 47-51.

[34]　Nishimura T, Umetsu Y. Separation of cobalt and nickel by ozone

oxidation[J]. Hydrometallurgy, 1992, 30(13): 483-497.

[35]   Chlas Z T, Mubarok M Z, Magnalita A, et al. Processing mixed nickelcobalt hydroxide precipitate by sulfuric acid leaching followed by selective oxidative precipitation of cobalt and manganese[J]. Hydrometallurgy, 2020, 191: 105185.

[36]   严浩. 从锰阳极渣制备前驱体羟基氧化锰及尖晶石锰酸锂研究[D]. 长沙: 中南大学，2012.

[37]   Nikolic C, Queneau P B, Sherwood W G. Nickel-Cobalt separation by ozonation[J]. CIM Bulletin, 1978, 71(798): 121-127.

[38]   Bratsch D, Steven G. Standard Electrode Potentials and Temperature Coefficients in Water at 298.15K[J]. Journal of Physical & Chemical Reference Data, 1989, 18(1): 1-21.

[39]   Bian Y, Zhang X, Guan Y, et al. Process for recycling mixed-cathode materials from spent lithium-ion batteries and kinetics of leaching[J]. Waste Management, 2018, 71: 362.371.

[40]   Li L, Fan E, Guan Y, et al. Sustainable recovery of cathode materials from spent lithium-ion batteries using lactic acid leaching system[J]. ACS Sustainable Chemistry & amp; Engineering, 2017, 5(6): 5224-5233.

第5章
废旧三元材料超声强化酸浸出再生研究

对于有机酸浸出体系，浸出时间通常相对较长，这无疑增加了回收成本。微波强化提取[1]和超声强化提取[2, 3]已成为新的提取技术，这两种外场强化提取方法可以增强传质过程，缩短提取时间并降低能耗。目前，$LiCoO_2$ 的浸出应用已有超声强化浸出[3]，但对于废旧 $LiNi_xCo_yMn_{1-x-y}O_2$ 材料的浸出研究很少被报道。若能够将超声用于增强有机酸对废旧 $LiNi_xCo_yMn_{1-x-y}O_2$ 材料的浸出效果，这将提高浸出反应速率并减少浸出时间。本实验研究了不同因素对镍、钴、锰和锂浸出率的影响；分析了浸出动力学和浸出机理；讨论了超声空化作用对滤渣形态的影响；并利用在最佳浸出条件下获得的浸出液成功再生制备出三元正极材料。

5.1 研究方案

5.1.1 废旧 $LiNi_{0.6}Co_{0.2}Mn_{0.2}O_2$ 预处理

废旧 $LiNi_{0.6}Co_{0.2}Mn_{0.2}O_2$ 的预处理主要包括放电、拆卸、分离等步骤，具体内容为：首先将废旧电池浸入质量分数为 5% 的 NaCl 溶液中 24 h；然后，将电池壳和电芯手动拆卸分离，并将正极片浸入 3 mol/L NaOH 溶液（可以防止 $LiPF_6$ 水解产生有毒气体 HF）中，铝箔可以与 NaOH 反应形成 H_2 和 $NaAlO_2$；而后，将铝箔和正极材料剥离，用热碱浸液洗涤 3 次以除去残留的铝等，然后进行抽滤得到正极材料；最后，将正极材料进行煅烧除去电极表面的 PVDF 和导电炭，研磨过筛获得平均粒径为 – 0.075 mm 的粉末。

5.1.2 废旧 $LiNi_{0.6}Co_{0.2}Mn_{0.2}O_2$ 材料的浸出再生

浸出：废旧 $LiNi_{0.6}Co_{0.2}Mn_{0.2}O_2$ 材料（标记为 SNCM）回收再生流程如图 5.1 所示。所有浸出实验均在超声池中进行，反应容器为 200 mL 三口烧瓶，对于每个实验，均为 100 mL 酸性溶液。由于浸出反应速率也取决于浸出液的 pH 值，低 pH 值环境下通常能够加快浸出反应的速率。而 DL-苹果酸作为有机酸中的强酸，可为浸出反应提供较低的 pH 值，故可用作浸出剂。首先将溶液加热到预定温度 40 ~ 80 ℃，温度控制精度为 ± 0.5 ℃，然后添加 0.5 ~ 1.5 mol/L 浸出剂（DL-苹果酸）、废旧 $LiNi_{0.6}Co_{0.2}Mn_{0.2}O_2$ 正极材料粉末（0.5 ~ 3 g）、0 ~ 6 vol% 还原剂（30 wt%H_2O_2）到烧瓶中进行浸出反应。实验完成后将金属浸出液用 0.22 μm 的滤膜过滤，得到浸出滤液，然后对滤液进行稀释。随后采用原子吸收光谱仪（AAS）测定滤液中 Li、Ni、Co、Mn 的含量，不同金属的浸出率可以根据等式（5.1）计算得出[5]。

$$L = \frac{C \times V}{m \times wt\%} \times 100\% \qquad (5.1)$$

式中，L 是金属的浸出率（%）；C 是滤液中金属离子的浓度（g/L）；V 是浸出液的体积（L）；m(g)和 wt%(%)分别是废旧 $LiNi_{0.6}Co_{0.2}Mn_{0.2}O_2$ 的质量和不同金属的质量分数。

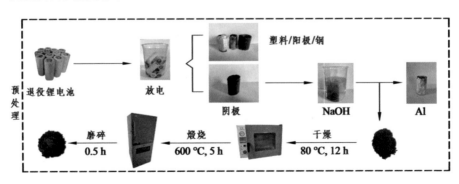

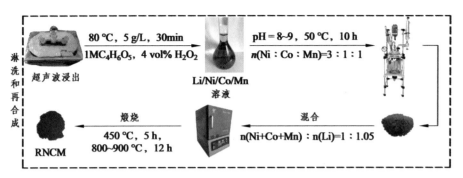

图 5.1 废旧 $LiNi_{0.6}Co_{0.2}Mn_{0.2}O_2$ 材料回收再生流程图

再生：浸出反应完成后过滤掉浸出渣并收集滤液，同时用 ICP-OES 测定 Ni、Co、Mn 和 Li 的含量。通过添加 $NiC_4H_6O_4 \cdot 4H_2O$、$MnC_4H_6O_4 \cdot 4H_2O$ 和 $C_4H_6CoO_4 \cdot 4H_2O$ 将 Ni、Co 和 Mn 的摩尔比调节为 $3:1:1$。将金属富集液（0.6 mol/L）和 Na_2CO_3 水溶液（0.6 mol/L）同时泵入连续搅拌釜反应器中。碳酸盐共沉淀条件为：pH $8 \sim 9$，温度为 50 °C，沉淀时间 10 h，陈化时间 10 h，反应完成后将沉淀物洗涤过滤，并在 120 °C 下真空干燥 12 h，获得前驱体 $Ni_{0.6}Co_{0.2}Mn_{0.2}CO_3$。然后将前驱体与 $LiOH \cdot H_2O$ 以摩尔比 Li/M = 1.05（M = Ni、Co 和 Mn 物质的量总和）混合。最后在 450 °C 下预烧 5 h，$800 \sim 900$ °C 下烧结 12 h，获得再生制备的 $LiNi_{0.6}Co_{0.2}Mn_{0.2}O_2$，并标记为 RNCM。

5.2 预处理研究

5.2.1 预处理对废旧三元材料的结构影响

为了确定废旧三元材料中有机物和碳等杂质的脱除煅烧温度，进行了热重/差热分析（TG/DSC），测试结果如图 5.2 所示。其中 TG/DSC 曲线显示了多步的重量损失和吸/放热峰。第一个失重（0.66%）发生在 $35 \sim 230$ °C 区域，这归因于结合水的去除[6]。第二个失重区（2.69%）出现在 $230 \sim 450$ °C 的区域内，这与 PVDF 的燃烧分解温度区间一致[7]。第三个失重区域（1.55%）出现在 $450 \sim 600$ °C 的区域，该区域在 522 °C 处观察到明显的放热峰，对应于乙炔黑的燃烧[8]。然后，在 600 ℃ 以上加热导致质量损失 1.95%，这可能是锂的损失和相变[9]。综上所述，为了使有机物和碳充分燃烧，将废旧三元材料的煅烧温度确定为 600 ℃，煅烧时间为 5 h。

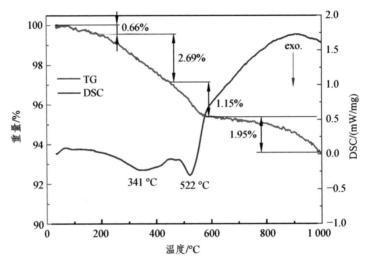

图 5.2　废旧 $LiNi_{0.6}Co_{0.2}Mn_{0.2}O_2$ 材料的 TG/DSC 曲线

为了进一步研究预处理前后废旧正极材料的结构变化，对其进行了 XRD 物相表征，如图 5.3 所示。可以发现，煅烧前与煅烧后正极废料都具有

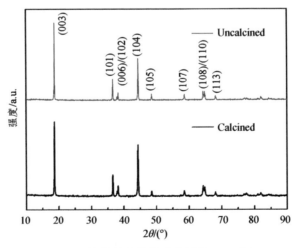

图 5.3　煅烧前和煅烧后废料的 XRD 图

α-NaFeO$_2$ 型层状结构，且无杂质相存在。为了进一步探究煅烧处理对废料结构的影响，并进行了 XRD 精修，如表 5.1 所示。经过煅烧后晶胞参数 c/a 变化不大，衍射峰（003）和（104）的峰强度之比 I_{003}/I_{104} 降低，说明经过煅烧处理后材料晶格中 Li/Ni 混排增加，这主要由于（104）晶面错落地分布着锂离子与过渡金属离子，高温下发生 Li 损失，导致该晶面的衍射强度增强，从而导致 I_{003}/I_{104} 降低。

表 5.1　煅烧前和煅烧后废料的 XRD 精修晶胞参数

样品	a/Å	c/Å	c/a	V/(Å)^3	I_{003}/I_{104}
煅烧前	2.873 08	14.218 75	4.949	101.65	1.53
煅烧后	2.875 93	14.230 03	4.948	101.93	1.44

同时对废旧三元材料粉末用 ICP-OES 测其金属元素含量，检测结果如表 5.2 所示。

表 5.2　在 600 ℃ 煅烧后废旧三元材料粉末的化学组成

元素	Li	Ni	Co	Mn	Al	Fe	Cu
含量/wt%	6.64	35.1	12.1	11.2	0.0313	0.04	0.0141

由表 5.2 可以看出，经过拆解得到的废料中 Al、Fe、Cu 杂质的含量相对较少，这意味着在拆解过程中杂质控制较好。综合物相和组分的分析结果表明，废旧三元材料为 $LiNi_{0.6}Co_{0.2}Mn_{0.2}O_2$。

5.2.2　预处理对废旧三元材料的形貌影响

废旧三元材料煅烧前后的形貌变化如图 5.4 所示。从图 5.4（d）～（f）可以看出，未煅烧处理废料由于表面有 PVDF 附着导电性低，较为灰暗，一次颗粒大小均匀，大部分都成类球形，并且有散落的一次颗粒，此外由于颗粒表面絮状的 PVDF 或导电碳存在，导致电极颗粒之间相互粘连，从而有较多团聚现象。从图 5.4（a）~（c）可以观察到，废旧三元材料颗粒大小为 4 ~ 19.04 μm，平均粒径为 12.97 μm，经过煅烧处理后，颗粒表面絮状物 PVDF 或导电碳几乎全部消失，颗粒整体明亮清晰，并且团聚降低。

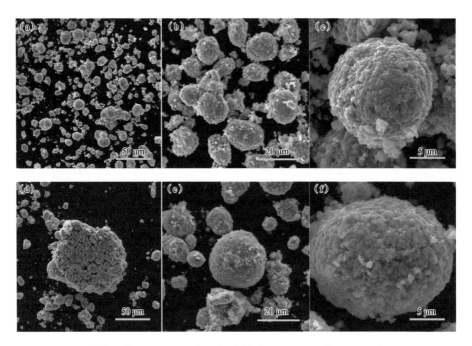

图 5.4　煅烧后［（a）~（c）］和煅烧前［（d）~（f）］SNCM 的 SEM 图

5.3　废旧 $LiNi_{0.6}Co_{0.2}Mn_{0.2}O_2$ 材料浸出正交实验分析

为了研究超声强化苹果酸浸出 SNCM 过程中各种因素对金属浸出率的影响，设计并进行了正交实验，结果如表 5.3 所示。由表 5.3 可以看出浸出率随条件的变化而变化，表明这些因素共同影响浸出率。同时对正交实验结果进行了极差分析，结果如表 5.4、表 5.5、表 5.6、表 5.7 所示，结果表明，影响浸出率大小程度由大到小顺序为：温度、浸出时间、DL-苹果酸浓度、超声强度和 H_2O_2 浓度。

表 5.3　正交实验设计的实验结果

序号	影响因素					浸出率/%			
	温度 /°C	时间 /min	苹果酸浓度 /(mol/L)	双氧水 /vol%	超声强度/ W	Ni	Co	Mn	Li
1	80	30	1.50	6	100	99.3	99.7	98.4	99.8
2	80	25	1.25	5	90	98.1	97.9	96.6	98.3
3	80	20	1.00	4	80	97.2	95.3	96.2	97.4
4	80	15	0.75	3	70	96.0	94.8	95.3	93.7
5	80	10	0.50	2	60	89.2	87.3	85.2	85.3
6	70	30	1.25	4	60	96.3	93.5	92.6	91.3
7	70	25	1.00	3	100	95.2	94.3	91.8	90.9
8	70	20	0.75	2	90	83.9	81.6	82.7	86.0
9	70	15	0.50	6	80	83.5	80.6	81.2	84.1
10	70	10	1.50	5	70	97.6	97.5	97.0	95.2
11	60	30	1.00	2	70	92.6	88.8	91.0	86.0
12	60	25	0.75	6	60	89.5	85.8	86.9	84.5
13	60	20	0.50	5	100	84.9	81.1	82.4	80.3
14	60	15	1.50	4	90	94.9	91.2	91.2	87.3
15	60	10	1.25	3	80	84.3	80.2	83.8	80.0
16	50	30	0.75	5	80	91.4	84.7	88.4	84.3
17	50	25	0.50	4	70	71.2	65.0	71.4	71.8
18	50	20	1.50	3	60	75.0	68.2	75.6	73.7
19	50	15	1.25	2	100	68.2	63.4	71.6	70.3
20	50	10	1.00	6	90	57.4	50.0	59.3	58.6
21	40	30	0.50	3	90	60.5	54.0	63.2	62.6
22	40	25	1.50	2	80	59.9	53.5	62.0	61.3
23	40	20	1.25	6	70	48.7	42.0	55.8	53.5
24	40	15	1.00	5	60	29.6	21.5	33.9	37.9
25	40	10	0.75	4	100	23.5	14.4	27.5	33.0

表 5.4　正交实验的分析结果（Ni 元素）

	影响因素	温度	时间	苹果酸浓度	双氧水	超声强度
Ni	K_1	95.96	88.02	85.34	75.68	74.22
	K_2	91.30	82.78	79.12	80.32	78.96
	K_3	89.24	77.94	74.40	76.62	83.26
	K_4	72.64	74.44	76.86	82.20	81.22
	K_5	44.44	70.40	77.86	78.76	75.92
	极差 R	51.52	17.62	10.94	6.52	9.04

优先顺序：温度 > 时间 > DL-苹果酸浓度 > 超声强度 > 双氧水浓度

表 5.5　正交实验的分析结果（Co 元素）

	影响因素	温度	时间	苹果酸浓度	双氧水	超声强度
Co	K_1	95.00	84.14	82.02	71.62	70.58
	K_2	89.50	79.30	75.40	76.54	74.94
	K_3	85.42	73.64	69.98	71.88	78.86
	K_4	66.26	70.30	72.26	78.30	77.62
	K_5	37.08	65.88	73.60	74.92	71.26
	极差 R	57.92	18.26	9.76	6.68	8.28

优先顺序：温度 > 时间 > DL-苹果酸浓度 > 超声强度 > 双氧水浓度

表 5.6　正交实验的分析结果（Mn 元素）

	影响因素	温度	时间	苹果酸浓度	双氧水	超声强度
Mn	K_1	94.34	86.72	84.84	76.32	74.34
	K_2	89.06	81.74	80.08	79.66	78.60
	K_3	87.06	78.54	74.44	75.78	82.32
	K_4	73.26	74.64	76.16	81.94	82.10
	K_5	48.48	70.56	76.68	78.50	74.84
	极差 R	45.86	16.16	10.40	6.16	7.98

优先顺序：温度 > 时间 > DL-苹果酸浓度 > 超声强度 > 双氧水浓度

表 5.7　正交实验的分析结果（Li 元素）

影响因素		温度	时间	苹果酸浓度	双氧水	超声强度
Li	K_1	94.70	84.60	83.26	75.90	74.06
	K_2	89.50	81.36	78.08	79.20	78.56
	K_3	83.62	78.18	74.16	76.16	81.42
	K_4	71.14	74.06	76.30	80.18	80.04
	K_5	49.66	70.42	76.82	77.18	74.54
	极差 R	45.04	14.18	9.10	4.28	7.36

优先顺序：温度 > 时间 > DL-苹果酸浓度 > 超声强度 > 双氧水浓度

5.4　废旧 $LiNi_{0.6}Co_{0.2}Mn_{0.2}O_2$ 材料浸出单因素条件实验分析

通过对废旧 $LiNi_{0.6}Co_{0.2}Mn_{0.2}O_2$ 材料的浸出正交实验进行极差分析，得出了各种因素之间的相互作用，以及对金属浸出率影响最大的因素。由于正交实验数据分布不均匀，为了进一步得出最优的浸出条件，需对其进行浸出单因素实验，并得出最佳的浸出条件同时验证正交实验结果。

5.4.1　超声强度对浸出率的影响

为了研究超声强度（60～100 W）对 SNCM 中不同金属浸出的影响，在 DL-苹果酸浓度为 1 mol/L，温度为 70 ℃，浸出时间为 20 min，H_2O_2 浓度为 2 vol%，固液比为 5 g/L 条件下进行浸出实验，结果如图 5.5 所示。可以看出，在不进行超声强化的情况下，Ni、Co、Mn、Li 的浸出率分别为 71.3%、70.3%、69.8% 和 72%，这说明在没有外场强化对流的情况下，金属浸出速率慢且浸出效率降低。为了强化金属氧化物颗粒的碰撞和金属溶液的对流扩散，引入超声波作为浸出强化场。当超声强度提高到 60 W 时，Ni、Co、Mn 和 Li 的浸出率分别为 92.3%、91.3%、89.8% 和 92.3%。并且可以发现，金属锂比其他金属更容易浸出。随着超声强度增加到 90 W 时，Ni、Co、Mn 和 Li 的浸出率分别为 95.6%、94.6%、94% 和 95.8%。当继续提高超声强度，浸出率并没有明显提高。为了兼顾高浸出率和低成本消耗，选择 90 W 为最佳的超声强度。

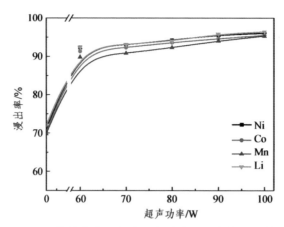

图 5.5　优化条件下超声强度对金属浸出率的影响

5.4.2　苹果酸浓度对浸出率的影响

为了研究苹果酸浓度（0.5～1.5 mol/L）对 SNCM 中不同金属浸出的影响，在超声强度为 90 W，温度为 70 ℃，浸出时间为 20 min，H_2O_2 浓度为 2 vol%，固液比为 5 g/L 条件下进行浸出实验，结果如图 5.6 所示。可以看出，随着酸浓度从 0.5 mol/L 增加到 1 mol/L，浸出率也大幅增加。当酸浓度超过 1 mol/L 时，浸出率变化不明显，表明 DL-苹果酸的最佳浓度为 1 mol/L。在最优条件下，Li、Ni、Co 和 Mn 的浸出率分别达到 95.6%、93.3%、95.2%、94.6%。

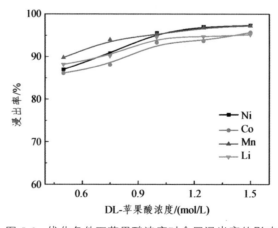

图 5.6　优化条件下苹果酸浓度对金属浸出率的影响

5.4.3　双氧水浓度对浸出率的影响

为了研究 H_2O_2 浓度（0～6 vol%）对 SNCM 中不同金属浸出的影响，在超声强度为 90 W，温度为 70 ℃，浸出时间为 20 min，DL-苹果酸浓度为 1 mol/L，固液比为 5 g/L 条件下进行浸出实验，结果如图 5.7 所示。可以发现在不添加 H_2O_2 的条件下，Ni、Co、Mn 的浸出率相对较低。然而，锂的浸出率可以达到 71.7%，表明锂的浸出比较容易进行，这主要是因为两方面：一是 Li^+ 位于过渡金属与 O 形成的八面体层中，与 O 化学键结合较弱，很容易从层状金属氧化物中析出；二是 Li^+ 的半径较小，很容易从八面体间隙溶出。当 H_2O_2 浓度增加到 3 vol% 过程中，浸出率明显增加，随着 H_2O_2 浓度从 3 vol% 增加到 6 vol%，浸出率变化很小，这表明过量还原剂的加入并不能显著提高浸出率。因此，最佳的还原剂浓度为 4 vol%。根据前人研究[10]用 H_2O_2 作为还原剂可以显著降低 SNCM 中金属的价态，Ni、Co、Mn 的价态降至+2 价[11]，可以破坏 O 与过渡金属形成的 MO_6 化合键，降低 O 对过渡金属的吸附，更有利于金属元素的浸出。

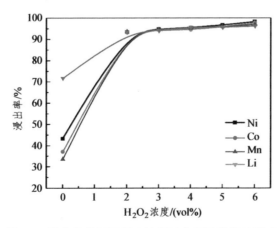

图 5.7　优化条件下双氧水浓度对金属浸出率的影响

5.4.4　固液比（S/L）对浸出率的影响

为了研究固液比（5～25 g/L）对 SNCM 中不同金属浸出的影响，在超声强度为 90 W，温度为 70 ℃，浸出时间为 20 min，DL-苹果酸浓度为 1 mol/L，

H_2O_2 浓度为 4 vol% 条件下进行浸出实验,结果如图 5.8 所示。可以发现,随着固液比的增加,镍、钴、锰和锂的浸出率降低。当 S/L 从 25 g/L 降至 10 g/L 时,镍、钴、锰和锂的浸出率分别从 62.7%、61%、57.5%、65.7% 增加到 81%、79.2%、78.4%、82.9%。这主要是由于在浸出过程中,较大的固液比一方面会极大降低溶液的对流和扩散且会降低超声的空化效率,另一方面化学计量比也限制了最大的 S/L 范围,从而引起金属浸出率的降低。因此,从 SNCM 中浸出镍、钴、锰和锂的最佳固液比为 5 g/L。

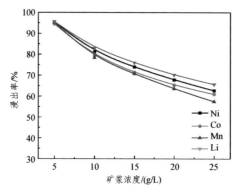

图 5.8　优化条件下固液比对金属浸出率的影响

5.4.5　浸出时间对浸出率的影响

为了进一步提高金属的浸出率,研究了浸出时间(5 ~ 40 min)对 SNCM 中不同金属浸出的影响,结果如图 5.9 所示。

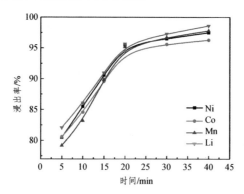

图 5.9　优化条件下浸出时间对金属浸出率的影响

由图 5.9 可以看出，在相对较高的温度下，浸出反应在前 20 min 之内进行迅速。随后浸出时间增加到 30 min 过程中，金属浸出率缓慢增加。当浸出时间超过 30 min，浸出率随时间变化很小。这主要是动力学限制了金属的浸出，一定温度下，必须延长浸出时间来增强反应物从表面到内核的扩散。综上所述，最佳浸出时间为 30 min。

5.4.6　浸出温度对浸出率的影响

正交实验分析的结果显示，温度对金属浸出率影响最大，从动力学角度来分析，温度的提高可以极大地降低反应的活化能，从而加快反应的速率。为了探究温度（50～90 ℃）对金属浸出率的影响，在超声强度为 90 W，浸出时间为 30 min，固液比为 5 g/L，DL-苹果酸浓度为 1 mol/L，H_2O_2 浓度为 4 vol% 条件下进行浸出实验，结果如图 5.10 所示。可以发现，随着温度从 50 ℃ 增加到 70 ℃，浸出率发生显著增加；当温度超过 70 ℃ 时，浸出率随时间略有变化；当温度从 80 ℃ 增加到 90 ℃ 过程中，浸出率基本不变。因此，最佳反应温度为 80 ℃。

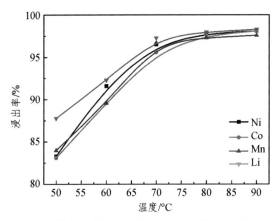

图 5.10　优化条件下浸出温度对金属浸出率的影响

总体而言，对于 SNCM 浸出，最佳的浸出条件为：DL-苹果酸浓度 1 mol/L、浸出时间 30 min、H_2O_2 浓度 4 vol%、固液比 5 g/L、温度 80 ℃、超声强度 90 W。金属的总浸出率如图 5.11 所示，在最佳浸出条件下，Ni、

Co、Mn 和 Li 的浸出率分别为 97.8%、97.6%、97.3% 和 98%。此外与其他金属相比，锂最容易实现浸出。

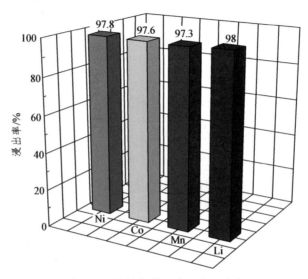

图 5.11　最佳条件下金属的浸出率

5.5　浸出过程动力学研究

为了确定超声强化 DL-苹果酸浸出废旧 $LiNi_{0.6}Co_{0.2}Mn_{0.2}O_2$ 过程的浸出反应控制机制，在上述优化条件下，以不同温度和浸出时间对 SNCM 中金属浸出率的影响为分析依据，进行了动力学分析。根据浸出过程的特性，对 SNCM 颗粒的浸出过程包括以下步骤：（1）反应性离子在液膜中的外扩散；（2）反应性离子通过膜的扩散，到达内核颗粒表面（内扩散）；（3）内核表面的化学反应。浸出动力学模型[12]可分为四种类型：表面化学控制［方程式（5.2）][13]；扩散控制模型［方程式（5.3）][10]；对数速率定律模型［方程式（5.4）][14]；Avrami 方程模型［方程式（5.5）][15]。

根据不同的浸出动力学拟合模型，在不同温度下从 SNCM 浸出金属过程中浸出率随时间变化的曲线分别如图 5.12、图 5.13、图 5.14、图 5.15 所示，对比模型 3 与其他三个模型的拟合结果，模型 3 的拟合曲线具有最佳的拟合相关性即最好的拟合度（R^2 值越接近于 1，拟合度越好），所以废旧

$LiNi_{0.6}Co_{0.2}Mn_{0.2}O_2$ 超声强化 DL-苹果酸浸出过程中，浸出速率控制步骤模型为对数速率定律模型。四种模型拟合得到的浸出动力学具体参数如表 5.8、表 5.9、表 5.10、表 5.11 所示。

模型 1：$1-(1-x)^{1/3} = k_1 t$ （5.2）

模型 2：$1-2/3x-(1-x)^{2/3} = k_2 t$ （5.3）

模型 3：$(-\ln(1-x))^2 = k_3 t$ （5.4）

模型 4：$\ln[-\ln(1-x)] = \ln k_4 + n\ln t$ （5.5）

此外，要借助 Arrhenius 方程[16][式（5.6）] 来获得不同金属的表现活化能（E_a）：

$$k = Ae^{-E_a/RT} \quad \text{或} \quad \ln k = \ln A - E_a/RT \quad （5.6）$$

式中 x 为 Li，Ni，Co 和 Mn 的浸出率；k 是反应速率常数（min^{-1}）；t 是反应时间（min）；A 是频率因子；E_a 是表观活化能；R 为气体常数 8.314 5 J/(K·mol)；T(K)是浸出温度。

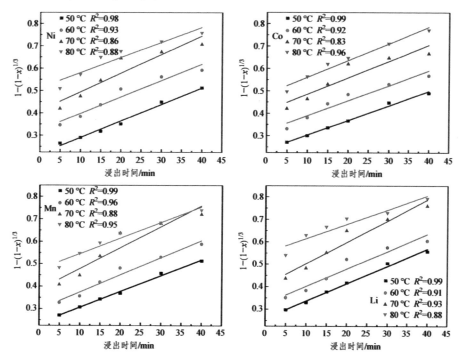

图 5.12　不同温度下从 SNCM 浸出金属过程中 $(1-(1-x)^{1/3})$ 随时间变化曲线

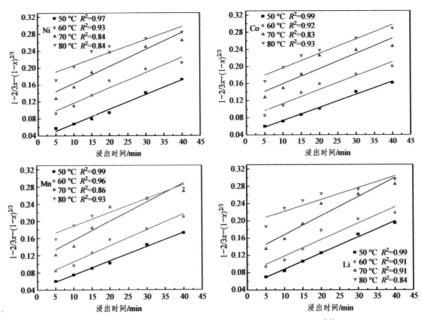

图 5.13　不同温度下从 SNCM 浸出金属过程 $(1-2/3x-(1-x)^{2/3})$ 随时间变化曲线

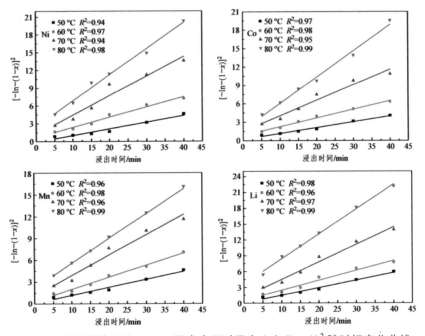

图 5.14　不同温度下从 SNCM 浸出金属过程中 $(-\ln(1-x))^2$ 随时间变化曲线

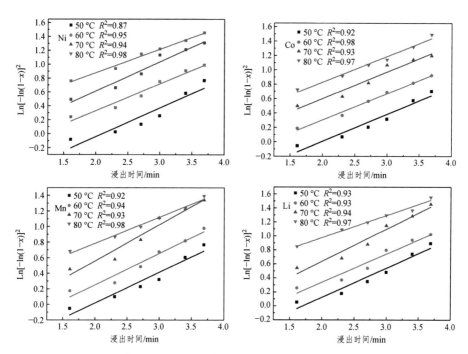

图 5.15　不同温度下从 SNCM 浸出金属过程中 $\ln[-\ln(1-x)]$ 随 $\ln t$ 变化曲线

表 5.8　超声强化 DL-苹果酸浸出镍的动力学参数

	T/K	模型 1	模型 2	模型 3	模型 4		
		R^2	R^2	R^2	R^2	n	$\ln k$
Ni	323.15	0.985 85	0.979 19	0.942 88	0.867 31	0.412 63	$-0.867\ 46$
	333.15	0.930 93	0.932 22	0.974 74	0.955 93	0.387 25	$-0.444\ 14$
	343.15	0.860 45	0.846 14	0.937 04	0.949 33	40.421 49	$-0.230\ 76$
	353.15	0.881 65	0.848 03	0.988 76	0.988 24	0.337 50	0.202 17

表 5.9　超声强化 DL-苹果酸浸出钴的动力学参数

	T/K	模型 1	模型 2	模型 3	模型 4		
		R^2	R^2	R^2	R^2	n	$\ln k$
Co	323.15	0.990 29	0.990 53	0.978 95	0.927 41	0.374 84	$-0.742\ 41$
	333.15	0.923 27	0.929 86	0.987 53	0.988 77	0.365 62	$-0.428\ 37$
	343.15	0.838 55	0.830 17	0.951 96	0.934 95	0.371 00	$-0.143\ 88$
	353.15	0.962 10	0.938 48	0.988 33	0.975 50	0.358 57	0.108 83

表 5.10　超声强化 DL-苹果酸浸出锰的动力学参数

	T/K	模型 1	模型 2	模型 3	模型 4		
		R^2	R^2	R^2	R^2	n	lnk
Mn	323.15	0.994 07	0.992 59	0.968 12	0.923 07	0.395 62	−0.773 23
	333.15	0.961 19	0.964 16	0.986 67	0.946 43	0.403 79	−0.556 14
	343.15	0.885 08	0.869 49	0.960 98	0.939 18	0.465 17	−0.372 36
	353.15	0.951 30	0.932 30	0.994 07	0.984 44	0.335 41	0.112 82

表 5.11　超声强化 DL-苹果酸浸出锂的动力学参数

	T/K	模型 1	模型 2	模型 3	模型 4		
		R^2	R^2	R^2	R^2	n	lnk
Li	323.15	0.990 94	0.992 11	0.980 37	0.935 37	0.416 30	−0.708 67
	333.15	0.917 03	0.916 63	0.961 43	0.933 92	0.402 31	−0.465 49
	343.15	0.932 56	0.912 28	0.975 05	0.945 35	0.459 70	−0.282 80
	353.15	0.886 69	0.842 48	0.994 13	0.978 34	0.316 39	0.342 27

反应速率常数 k 由方程式（5.6）计算得出，$\ln k$ 对 $1\,000/T$ 的曲线如图 5.16 所示。根据计算得出，Ni、Co、Mn 和 Li 的浸出活化能分别为 49.72 kJ/mol、48.33 kJ/mol、46.43 kJ/mol 和 41.92 kJ/mol。当活化能超过 40 kJ/mol[17]，这表明浸出过程中的浸出速率控制步骤是 Ni、Co、Mn 和 Li 的表面化学反应控制。这种模式下金属的浸出率受浸出温度影响较大，特别是在较高温度下，与正交实验结果相吻合。根据活化能的值，表明锂更容易实现浸出，该金属浸出顺序也在单因素实验中得到了验证。使用超声强化 DL-苹果酸浸出 SNCM 过程中，通过超声的空化作用能够在颗粒表面形成大量孔洞[18]，从而增加了反应面积（减小了颗粒粒径），降低了黏度，并促进金属离子和溶液的对流扩散[19]，使浸出剂可以扩散到颗粒内部，从而加速了浸出反应的进行。

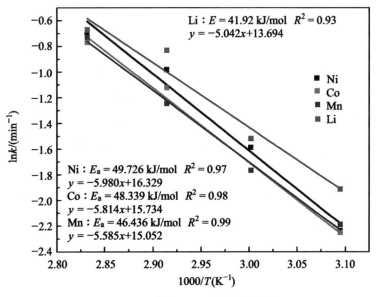

图 5.16 $\ln k$ 随 $1000/T$ 变化的曲线图

5.6 超声强化反应过程

为了探究超声强化苹果酸浸出的机理,对浸出渣进行 SEM 分析,图 5.17 (a)、(b),(c)、(d) 和 (e)、(f) 分别是 SNCM、无超声强化酸浸滤渣和超声强化酸浸滤渣的形貌图。从图 5.17 (a)、(b) 可以看出,在无超声和酸浸的条件下,SNCM 的粒径为 3 ~ 11 μm,颗粒为类球形,散落的一次颗粒较少且表面光滑。从图 5.17 (c) 可以看出,苹果酸浸出 SNCM 后,滤渣的粒径为 0.3 ~ 3 μm。从图 5.17 (d) 可以看出,常规的无超声酸浸法具有明显的颗粒团聚,这主要是因为在浸出过程中颗粒表面可能会附着反应产物,从而引起颗粒的团聚。图 5.17 (e)、(f) 是超声强化酸浸滤渣的形貌图。可以看出引入超声强化浸出后,颗粒尺寸减小,这主要是超声形成的"空化核"爆裂崩溃从而对颗粒表面造成刻蚀引起的。从图 5.17 (f) 可以清楚地看到,在颗粒表面上有大量的微孔,这表明在空化发生的微小空间内产生 5000 K 以上的高压、100 MPa 以上高温、冲击波、微射流可能会对颗粒造成微小区域的刻蚀溶解[20],这些微孔有助于增加反应的表面积,从而增加反应速率。同时高压和冲击波也能够加强溶液的对流，使浸出剂能够扩散到 SNCM 颗粒内部从而加快反应速率、提高金属的浸出率[21]。

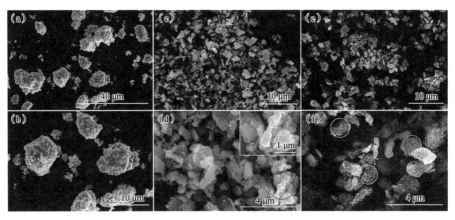

图 5.17　废料 [（a）、（b）]、常规浸出滤渣 [（c）、（d）]、超声强化酸浸出滤渣 [（e）、（f）] SEM 图

为了明确该浸出反应的方程式，分别对 SNCM 和浸出滤渣进行 FT-IR 分析，结果如图 5.18 所示。4 000 cm^{-1} 至 400 cm^{-1} 之间的全波数分为特征区域和指纹区域。首先分析特征区内相应有机物的化学键和特征基团，可以发现，反应后浸出滤渣具有两个主要特征区域（1 495 ~ 1 420 cm^{-1} 和 1 090 ~ 1 040 cm^{-1}），分别代表 C $=$ O 的拉伸振动（ν_{C-O}）和 C-H 的拉伸振动（ν_{C-H}）。1 495 ~ 1 420 cm^{-1} 的吸收峰也分别代表羧基的不对称拉伸振动（ν_{as}）和对称拉伸振动（ν_s）[22]。当 Δ [见式（5.7）] 小于 200 cm^{-1} 时，配位方式为桥接配位，浸出滤渣 Δ 为 68 cm^{-1}，表明存在桥接配位，浸出产物的可能结构模型如图 5.19 所示。

$$\Delta = \nu_{as} - \nu_s \tag{5.7}$$

在 SNCM 的指纹区域中，3 431 cm^{-1}、568 cm^{-1} 和 530 cm^{-1} 分别代表吸附 H$_2$O 中特征键（OH）[23]、M-O（ν_{M-O}）和 Li-O（ν_{Li-O}）的弯曲振动。浸出后 M-O（ν_{M-O}）和 Li-O（ν_{Li-O}）[24] 的特征键消失，表明 LiNi$_{0.6}$Co$_{0.2}$Mn$_{0.2}$O$_2$ 材料中过渡金属与 O 交替形成的层状氧化物层遭到严重破坏，同时 O 对 Li 的吸附作用大大降低。另外，浸出后 SNCM 峰强度显著降低，表明 SNCM 的结构

和成分发生了变化，这主要是金属与氧之间形成的化学键遭到破坏，从而造成结构变化和金属溶出。

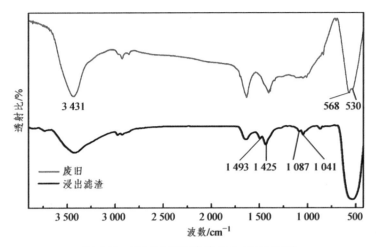

图 5.18　SNCM 和浸出滤渣的 FTIR 图谱

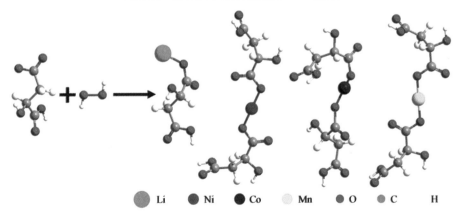

图 5.19　DL-苹果酸浸出三元材料过程中反应产物的可能结构模型图

使用 H_2O_2 作为还原剂，用 DL-苹果酸从 SNCM 中还原浸出 Co、Ni、Mn、Li 的化学反应方程如式（5.8）、式（5.9）所示。

$$LiNi_{0.6}Co_{0.2}Mn_{0.2}O_{2(s)}+C_4H_6O_{5(s)} \longrightarrow C_4H_5O_5Li_{(aq)}+$$
$$Ni(C_4H_5O_5)_{2(aq)}+Co(C_4H_5O_5)_{2(aq)}+Mn(C_4H_5O_5)_{2(aq)}+$$
$$H_2O_{(aq)}+O_{2(g)} \tag{5.8}$$

$$LiNi_{0.6}Co_{0.2}Mn_{0.2}O_{2(s)} + C_4H_6O_{5(s)} + H_2O_{2(aq)} \longrightarrow C_4H_5O_5Li_{(aq)} +$$
$$Ni(C_4H_5O_5)_{2(aq)} + Co(C_4H_5O_5)_{2(aq)} + Mn(C_4H_5O_5)_{2(aq)} +$$
$$H_2O_{(aq)} + O_{2(g)} \tag{5.9}$$

5.7 碳酸盐共沉淀制备再生 $LiNi_{0.6}Co_{0.2}Mn_{0.2}O_2$ 正极材料

5.7.1 煅烧温度对再生材料结构的影响

根据研究，在 pH = 8.5 条件下合成的前驱体具有最好的性能[25,26]。其中煅烧温度起着关键的作用，其有助于电极材料从非晶态到晶态 α-$NaFeO_2$ 型层状结构的转变，适当的二段煅烧温度将使材料结构发育完全，从而使再生材料有较好的电化学性能，因此只对二段煅烧温度进行优化。将 800 ℃、850 ℃、900 ℃ 下煅烧再生的 $LiNi_{0.6}Co_{0.2}Mn_{0.2}O_2$ 分别标记为 800-RNCM、850-RNCM、900-RNCM。

如图 5.20 为不同二段煅烧温度下再生 $LiNi_{0.6}Co_{0.2}Mn_{0.2}O_2$ 的 XRD 图，可以看出，再生的 $LiNi_{0.6}Co_{0.2}Mn_{0.2}O_2$ 材料都具有 α-$NaFeO_2$ 型层状岩盐结构，

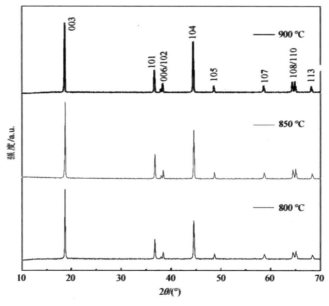

图 5.20 不同二段煅烧温度下再生 $LiNi_{0.6}Co_{0.2}Mn_{0.2}O_2$ 的 XRD 分析

且(006)/(012)和(108)/(110)峰分裂明显，说明材料的层状结构良好。如表 5.12 所示为具体的晶胞参数，可以发现，随着煅烧温度的增加，晶格参数 c/a 先增加后降低且都大于 4.94，850-RNCM 样品具有最高的 c/a 值为 4.956，说明其形成了较好的层状结构，有利于锂离子的扩散。同时 I_{003}/I_{104} 值被用来评价结构中锂离子与镍离子混排程度，一般来说应大于 1.2。850-RNCM 样品具有最大的 I_{003}/I_{104} 值为 1.573，即具有最小的锂镍混排。这说明了温度较高时，可能会造成材料晶格缺陷和结晶度降低。综上所述，再生 $LiNi_{0.6}Co_{0.2}Mn_{0.2}O_2$ 最佳的二段煅烧温度为 850 °C。

表 5.12   不同二段煅烧温度下再生 $LiNi_{0.6}Co_{0.2}Mn_{0.2}O_2$ 的 XRD 精修晶胞参数

样品	温度/°C	a/Å	c/Å	c/a	$V/(\text{Å})^3$	I_{003}/I_{104}
1	800	2.865	14.191	4.953	100.900	1.485
2	850	2.867	14.213	4.956	101.240	1.573
3	900	2.872	14.219	4.949	101.700	1.408

为了明确不同煅烧温度下再生样品的化学组成，用 ICP-OES 测定再生 $LiNi_{0.6}Co_{0.2}Mn_{0.2}O_2$ 中金属元素的含量，检测结果如表 5.13 所示。可以发现，再生样品的成分基本满足 $LiNi_{0.6}Co_{0.2}Mn_{0.2}O_2$ 成分要求。

表 5.13   不同二段煅烧温度下再生 $LiNi_{0.6}Co_{0.2}Mn_{0.2}O_2$ 的化学组成

样品	温度/°C	元素含量/wt%			
		Li	Ni	Co	Mn
1	800	7.07	35.56	11.84	11.31
2	850	7.05	35.03	11.72	11.15
3	900	7.03	34.68	11.43	11.04

5.7.2   煅烧温度对再生材料形貌的影响

为了研究二段煅烧温度对材料微观形貌的影响，对 800-RNCM、850-RNCM、900-RNCM 样品进行 SEM 分析，结果如图 5.21 所示。

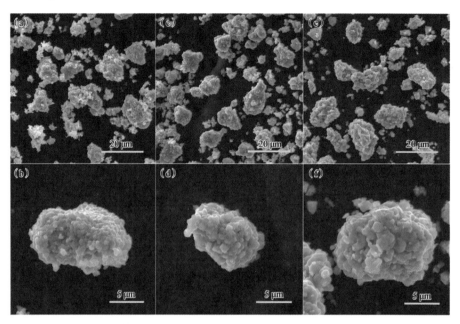

图 5.21　800-RNCM［(a)、(b)］850-RNCM［(c)、(d)］900-RNCM［(e)、(f)］
样品 SEM 图

　　从图 5.21（a）可以看出，在 pH = 8.5 条件下共沉淀再生制备的 $LiNi_{0.6}Co_{0.2}Mn_{0.2}O_2$ 颗粒大小不均匀，二次颗粒为类球形或不规则形状，表面有絮状的细小一次颗粒且有部分散落。从图 5.21（b）高倍数来看，一次颗粒较小，轮廓边缘不清晰，这主要是二段煅烧温度较低导致一次颗粒没有结晶发育完全造成的。从图 5.21（c）可以看出，在 850-RNCM 样品中二次颗粒表面的絮状一次颗粒消失，整体为类球状，经过粒径统计，二次颗粒的粒径为 4 ~ 15 μm，平均粒径在 8.25 μm 左右。从高倍数图 5.21（d）来看，一次颗粒明显长大，表面光滑且颗粒轮廓清晰、致密，有利于电解液的充分润湿且能够在一定程度上减缓电解液对电极材料的侵蚀。从图 5.21（e）、（f）可以看出，二段煅烧温度升高有助于一次颗粒的长大但部分颗粒边界模糊，这表明温度升高可能导致一次颗粒的融化。综上所述，850 ℃ 为最佳的二段煅烧温度。

　　为了分析在 850-RNCM 样品的元素分布，对其进行 EDS 表征，如图 5.22 所示，可以看出，Ni、Co、Mn、O 元素均匀分布在颗粒表面，这有利于电极材料表现出更好的电化学性能。

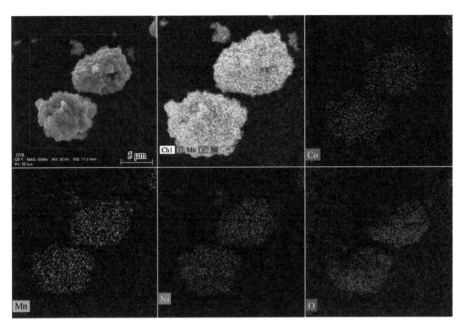

图 5.22　850-RNCM 样品的 EDS 元素扫描图

5.7.3　煅烧温度对再生材料电化学性能的影响

不同二段煅烧温度下再生 LiNi$_{0.6}$Co$_{0.2}$Mn$_{0.2}$O$_2$ 的首次充放电（0.1 C）曲线如图 5.23 所示。

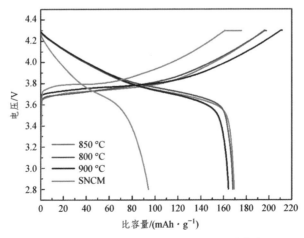

图 5.23　不同二段煅烧温度下再生 LiNi$_{0.6}$Co$_{0.2}$Mn$_{0.2}$O$_2$ 首次充放电（0.1 C）曲线

由图 5.23 可以直观地看出,850-RNCM 样品的电化学性能较优,在 0.1 C 电流密度下,初始放电比容量为 169.4 mA·h·g^{-1},库伦效率为 86.3%。这主要归因于较大的 c/a 和 I_{003}/I_{104} 值使得 850-RNCM 样品具有较好的层状结构,从而为 Li$^+$ 的扩散提供了结构基础。此外,800-RNCM、900-RNCM 样品在 0.1 C 电流密度下的首次放电比容量分别为 168.3 mA·h·g^{-1}、164.3 mA·h·g^{-1},库伦效率分别为 84.99%、78.24%。从图 5.23 中还可以看出,废旧三元材料充放电之间的平台间距最大且恒压充电平台最长,说明其电压极化最大,这主要是其内部的 Li$^+$ 传输通道发生严重的坍塌从而导致电化学性能极差。并且可以看出 SNCM 的库伦效率仅为 53.54%,这可归因于电极表面 SEI 膜增厚[27]、材料结构失效等。

不同二段煅烧温度下再生 LiNi$_{0.6}$Co$_{0.2}$Mn$_{0.2}$O$_2$ 前 103 次循环放电比容量、库伦效率图以及 850-RNCM 样品不同选定圈数的充放电曲线如图 5.24 所示。

从图 5.24(a)可以看出,850-RNCM 样品有最优的首次放电比容量和循环性能,在 1 C 电流密度下首圈放电比容量为 154.9 mA·h·g^{-1},循环 100 圈后,放电比容量为 131.8 mA·h·g^{-1},容量保持率为 85.1%。同时可以发现,在小电流激活过程中,0.2 C 倍率下的放电比容量高于 0.1 C 下的放电比容量,这主要归功于 850-RNCM 样品更有利于电解液的浸润,使再生 LiNi$_{0.6}$Co$_{0.2}$Mn$_{0.2}$O$_2$ 得到充分地激活,提高了 Li$^+$ 传输能力。从图 5.24(b)可以看出,随着循环圈数增加,充放电平台间距不断加大,电压平台升高,说明电化学极化增加。同时可以发现,1 C 倍率下,SNCM 的放电比容量为 36.1 mA·h·g^{-1},这也说明了经过多次充放电循环后,其内部的 Li$^+$ 传输通道遭到严重的破坏,Li$^+$ 难以进行嵌入/嵌脱。此外,800-RNCM、900-RNCM 样品在 1 C 电流密度下首圈放电比容量分别为 137.6 mA·h·g^{-1}、141.8 mA·h·g^{-1},800 °C 虽略低于 900 °C 下再生样品的放电比容量,但显示出更好的循环性能。800-RNCM 样品循环 100 圈后,依然可以提供 119.6 mA·h·g^{-1} 的放电比容量,900-RNCM 样品仅为 89.0 mA·h·g^{-1},容量保持率分别为 86.9%、62.7%。这主要归因于高温下部分再生 LiNi$_{0.6}$Co$_{0.2}$Mn$_{0.2}$O$_2$ 层状结构破坏以及颗粒长大降低了 Li$^+$ 的传输能力,这与 XRD 精修、SEM 分析结果是相印证的。从 5.24(c)可以看出,经过 0.1 C、

0.2 C、0.5 C 小电流密度充放电活化后，库伦效率都保持在 99% 以上。

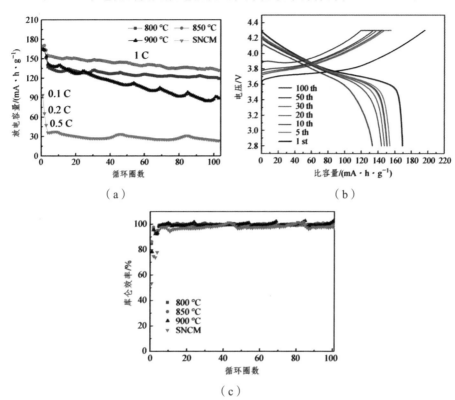

图 5.24 （a）不同二段煅烧温度下再生 $LiNi_{0.6}Co_{0.2}Mn_{0.2}O_2$ 前 103 次循环放电比容量；
（b）850-RNCM 样品选定圈数的充放电曲线；（c）不同二段煅烧温度下再生
$LiNi_{0.6}Co_{0.2}Mn_{0.2}O_2$ 的库伦效率图

为了进一步分析在 800-RNCM、850-RNCM、900-RNCM 三个样品在充放电过程中的电化学行为，在 2.8 ~ 4.3 V 的电压范围内以 0.1 mV/s 的扫描速率测定了三个样品的循环伏安曲线（CV），结果如图 5.25 所示。

从图 5.25（a）可以看出，不同煅烧温度下再生 $LiNi_{0.6}Co_{0.2}Mn_{0.2}O_2$ 的 CV 曲线都具有一对明显的氧化还原峰，对应 Li^+ 的嵌入/嵌脱过程（或对应 Ni^{2+}、Ni^{3+} 和 Co^{2+}、Co^{3+} 之间的氧化还原反应）。另外从图中可以测量得出三个样品的极化电压，850-RNCM 样品最小（约 0.14 V），900-RNCM 样品最大（约 0.2 V），800-RNCM 样品的极化电压为 0.17 V 左右。极化电压越小，说明 Li^+

在材料中进行嵌入/嵌脱反应阻抗越小，循环可逆性越好。图 5.25（b）是 850-RNCM 样品在 0.1 mV/s 扫描速率下的循环伏安曲线。从图 5.25（b）中可以看出经过 4 次循环后，电压极化减小，并且氧化还原峰接近一致，这说明 850-RNCM 样品具有较好的电化学可逆性。

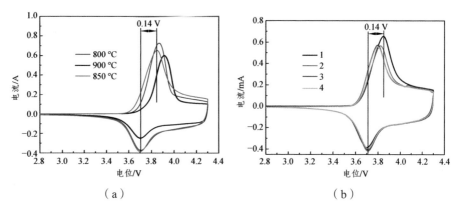

（a）　　　　　　　　　　　　　（b）

图 5.25　（a）不同二段煅烧温度下再生 $LiNi_{0.6}Co_{0.2}Mn_{0.2}O_2$ 的循环伏安曲线；
（b）850-RNCM 样品的循环伏安曲线

不同样品的交流阻抗（EIS）如图 5.26 所示。从图 5.26 可以发现，曲线由两个半圆弧和一条斜线所构成，第一个半圆弧（高频区）与 Z' 的截距代表了欧姆接触阻抗（R_e），半圆弧代表了固体电解质界面膜阻抗（R_{sf}），第二个半圆弧（中频区）代表电荷转移阻抗（R_{ct}），斜线则代表了 Li^+ 扩散的 Warburg

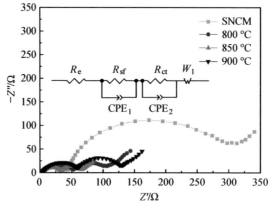

图 5.26　不同样品的 EIS 图

阻抗。对图谱进行拟合发现，每个阻抗图谱都与图 5.26 所示等效电路模型完全吻合，具体的拟合结果如表 5.14 所示。可以看出，废旧电极材料的固体电解质界面膜阻抗和电荷转移阻抗较大，这归因于材料经过多次循环充放电后导致锂离子的传输通道破坏严重。同时 850-RNCM 样品具有最小的 R_{sf} 和 R_{ct}，分别为 24.60 Ω、33.76 Ω，较小的电荷转移阻抗有利于锂离子的嵌入/嵌脱。综上所述，850-RNCM 样品具有最好的电化学性能。

表 5.14　不同样品的 EIS 拟合结果

样品	R_e/Ω	R_{sf}/Ω	R_{ct}/Ω
SNCM	1.36	42.73	219.50
800-RNCM	1.19	40.29	51.68
850-RNCM	1.42	24.60	33.76
900-RNCM	1.49	52.29	63.95

本章小结

本章采用超声强化 DL-苹果酸浸出-共沉淀-固相烧结法再生制备出结晶度良好的 $LiNi_{0.6}Co_{0.2}Mn_{0.2}O_2$ 材料，该方法提高了有机酸的浸出效率，缩短了浸出时间且相对环保。通过 TG/DSC、SEM、XRD 等分析，证实了预处理可以有效去除废旧三元材料中的 PVDF 或导电炭。通过对正交实验进行极差分析，得出对浸出率影响最大的因素为温度，并对其进行单因素优化实验，得出了最佳的浸出条件为超声强度为 90 W，DL-苹果酸浓度 1.0 mol/L，固液比 5 g/L，H_2O_2 浓度 4 vol%，温度 80 ℃，浸出时间 30 min，在此条件下，Ni、Co、Mn、Li 的浸出率分别为 97.8%、97.6%、97.3%、98%。经过动力学分析表明，Ni、Co、Mn 和 Li 的浸出活化能分别为 49.72 kJ/mol、48.33 kJ/mol、46.43 kJ/mol 和 41.92 kJ/mol，这表明浸出速率控制步骤是 Ni、Co、Mn 和 Li 的表面化学反应。并通过 FT-IR 分析，推断出浸出反应方程式。通过观察滤渣的微观形貌变化发现，超声波能够对颗粒造成微小区域的刻蚀溶解，这些微孔有助于增加反应的表面积，从而增加反应速率。碳酸盐共沉淀过程中，前驱体（反应 pH = 8.5）最佳的煅烧制度为 450 ℃ 下煅烧 5 h，850 ℃ 下煅烧 12 h，合成的电极材料呈类球形，平均粒径为 8.25 μm。850-RNCM 样品具有最好的性能，在 0.1 C 电流密度下的首次放电比容量为 169.4 mA·h·g^{-1}，1 C 倍率下首圈放电比容量为 154.9 mA·h·g^{-1}，循环 100 圈后，放电比容量为 131.8 mA·h·g^{-1}，容量保持率为 85.1%，经过循环伏安和电化学阻抗分析也证实 850-RNCM 样品具有最小的电压极化和电化学阻抗。

参考文献

[1] Wang H, Ma X D, Cheng Q B, et al. Deep Eutectic solvent-based microwave-assisted extraction of baicalin from scutellariabaicalensisgeorgi[J]. Journal of Chemistry, 2018, 6: 1-10.

[2] Jiang F, Chen Y, Ju S, et al. Ultrasound-assisted leaching of cobalt and lithium from spent lithium-ion batteries[J]. UltrasonSonochem, 2018, 48: 88-95.

[3] Prawang P, Zhang Y Q, Zhang Y, et al. Ultrasonic assisted extraction of artemisinin from artemisia annua L. using poly(ethylene glycol): toward a greener process[J]. Industrial & Engineering Chemistry Research, 2019, 58(2): 18320-18328.

[4] Li L, Zhai L, Zhang X, et al. Recovery of valuable metals from spent lithium-ion batteries by ultrasonic-assisted leaching process[J]. Journal of Power Sources, 2014, 262: 380-385.

[5] Chen X, Kang D, Cao L, et al. Separation and recovery of valuable metals from spent lithium ion batteries: simultaneous recovery of Li and Co in a single step[J]. Separation and Purification Technology, 2019, 210: 690-697.

[6] Li L, Lu J, Ren Y, et al. Amine K. Ascorbic-acid-assisted recovery of cobalt and lithium from spent Li-ion batteries[J]. Journal of Power Sources, 2012, 218(12): 21-27.

[7]　Wei J, Zhao S, Ji L, et al. Reuse of Ni-Co-Mn oxides from spent Li-ion batteries to prepare bifunctional air electrodes [J]. Resources, Conservation and Recycling, 2018, 129: 135-142.

[8]　Chen Y, Liu N, Hu F, et al. Thermal treatment and ammoniacal leaching for the recovery of valuable metals from spent lithium-ion batteries [J]. Waste Manag, 2018, 75: 469-476.

[9]　Li L, Fan E, Guan Y, et al. Sustainable recovery of cathode materials from spent lithium-ion batteries using lactic acid leaching system[J]. ACS Sustainable Chemistry & Engineering, 2017, 5(6). 5224-5233.

[10]　Zeng X, Li J, Shen B. Novel approach to recover cobalt and lithium from spent lithium-ion battery using oxalic acid[J]. Journal of Hazardous Materials, 2015, 295: 112.118.

[11]　Gao W, Song J, Cao H, et al. Selective recovery of valuable metals from spent lithium-ion batteries-process development and kinetics evaluation[J]. Journal of Cleaner Production, 2018, 178: 833-845.

[12]　Zhang Y J, Meng Q, Dong P, et al. Use of grape seed as reductant for leaching of cobalt from spent lithium-ion batteries[J]. Journal of Industrial And Engineering Chemistry, 2018, 66: 86-93.

[13]　Takacova Z, Havlik T, Kukurugya F, et al. Cobalt and lithium recovery from active mass of spent Li-ion batteries: Theoretical and experimental approach[J]. Hydrometallurgy, 2016, 163: 9-17.

[14]　Chen X, Ma H, Luo C, et al. Recovery of valuable metals from waste cathode materials of spent lithium-ion batteries using mild phosphoric acid[J]. Journal of Hazardous Materials, 2017, 326: 77-86.

[15]　Zhang X, Cao H, Xie Y, et al. A closed-loop process for recycling LiNi1/3Co1/3Mn1/3O2 from the cathode scraps of lithium-ion batteries: process optimization and kinetics analysis[J]. Separation and Purification Technology, 2015, 150: 186-195.

[16]　Yang Y, Xu S, He Y. Lithium recycling and cathode material regeneration

from acid leach liquor of spent lithium-ion battery via facile co-extraction and co-precipitation processes [J]. Waste Management, 2017, 64: 219-227.

[17] Yu H B, Wang X P. Apparent activation energies and reaction rates of N2O decomposition via different routes over Co3O4 [J]. Catal Commun, 2018, 106: 40-43.

[18] Dular M, Delgosha O C, Petkovsek M. Observations of cavitation erosion pit formation[J]. Ultrason Sonochem, 2013, 20(4): 1113-1120.

[19] Mason W, Baker W, Mcskimin H, et al. Measurement of shear elasticity and viscosity of liquids at ultrasonic frequencies[J]. Physical Review, 1949, 75(6): 936-946.

[20] Rozenberg L. High-intensity ultrasonic fields[M]. Springer Science & Business Media, 2013.

[21] Jiang F, Chen Y, Ju S, et al. Ultrasound-assisted leaching of cobalt and lithium from spent lithium-ion batteries[J]. Ultrason Sonochem, 2018, 48: 88-95.

[22] Li L, Bian Y, Zhang X, et al. Economical recycling process for spent lithium-ion batteries and macro- and micro-scale mechanistic study[J]. Journal of Power Sources, 2018, 377: 70-79.

[23] Kusmariya B S, Mishra A P. Co(II), Ni(II), Cu(II) and Zn(II) complexes of tridentate ONO donor Schiff base ligand: Synthesis, characterization, thermal, non-isothermal kinetics and DFT calculations[J]. Journal of Molecular Structure, 2017, 1130: 727-738.

[24] Chen X, Kang D, Cao L, et al. Separation and recovery of valuable metals from spent lithium ion batteries: simultaneous recovery of Li and Co in a single step[J]. Separation and Purification Technology, 2019, 210: 690-697.

[25] Ning P, Meng Q, Dong P, et al. Recycling of cathode material from spent lithium ion batteries using an ultrasound-assisted DL-malic acid leaching

system[J]. Waste Management, 2020, 103: 52.60.

[26]　Zhao W, Zheng B, Liu H,et al. Synthesis of LiNi0.6Co0.2Mn0.2O2 cathode material by a carbonate co-precipitation method and its electrochemical characterization[J]. Solid State Ionics, 2006, 177(37-38): 3303-3307.

[27]　Zhao W, Zheng B, Liu H, et al. Toward a durable solid electrolyte film on the electrodes for Li-ion batteries with high performance[J]. Nano Energy, 2019.

第6章
废旧锂电池正极材料苹果酸浸出液的萃取分离研究

　　溶剂萃取法[1]因其具有高提取率、选择分离性好、流程简单和操作连续化等优点，已经成为处理废旧锂电池中钴和锰等金属离子分离回收的主要方法。溶剂萃取法中大部分对金属离子的萃取反应是通过萃取剂与金属离子间发生离子交换反应来完成的，但也有少部分是通过离子缔合形成萃合物来完成萃取的[2]；有通过单一萃取剂对有价金属进行萃取回收的，也有利用多种萃取剂协萃效应来对有价金属进行萃取回收的。有针对某个金属元素来进行萃取回收的，也有针对某几个金属元素同时进行萃取回收的。溶剂萃取法目前针对废旧锂电材料回收有采用无机酸体系，也有少部分采用有机酸体系。溶剂萃取法在锂电材料回收方面的应用有以下研究案例。

　　（1）锰的萃取：Wang 等人[3]在 25 ℃ 的条件下，使用 0.25 mol/L 的 P204 和 0.5 mol/L 的 PC，稀释剂为磺化煤油，pH = 3.0，O/A = 6.0，对含有 22 g/L 的 Mn^{2+}、0.01 g/L 的 Ca^{2+}、4 g/L 的 Mg^{2+}的硫酸溶液进行萃取，锰的萃取率达到 99.9% 以上。Joo 等人[4]使用 P204/Versatic10 的协萃体系对废旧锂电池正极材料硫酸浸出液中的锰进行萃取回收。当条件为：P204 浓度为 0.43 mol/L，Versatic10 浓度为 0.7 mol/L，pH 值为 4.5，相比 O/A 为 1.0，经过三级逆流萃取锰的回收率可到 98%。

　　（2）钴的萃取：Ju 等人[5]对钴和镍的沉淀物使用盐酸完全溶解后，用萃取剂 N235 从溶液中萃取钴，在氯离子浓度为 9 mol/L，N235 浓度为 30%，相比（O/A）为 2，温度为 25 ℃ 的最佳萃取条件下，三级逆流萃取钴的萃取效率可达 99% 以上。李英等人[6]使用皂化 P507 为载体的微乳液膜在萃取剂浓度为 20%，NaOH 浓度为 3mol/L，乳水比为 1∶1，外水相的 pH 为 5 时，萃取时间为 10 min，对 Co^{2+} 的萃取率可达到 90.18%，Ni^{2+} 的萃取率为 10.52%，钴镍分离系数可达到 68。

（3）镍的萃取：李柏均[7]使用 P204 在相比 O/A 1.0，体积分数 30%，萃取振荡时间 1 min，皂化率 30% 的情况下，对镍的萃取率为 99.69%，实现了镍的有效分离。王一乔等人[8]使用 HBL110 对废旧镍氢电池硫酸浸出液中的有价金属进行萃取，在初始 pH 值为 2.3，相比 O/A 为 6，萃取剂浓度为 27%，协萃剂浓度为 25%，四级萃取的条件下，对镍的萃取率为 99.98，钴的萃取率 98.46%，锌的萃取率 89.62%。

（4）郑鸿帅[9]使用了羧基功能化离子液体选择性萃取废旧锂离子电池硫酸浸出体系中的锂，在最佳萃取条件：80 vol%TBP、20% 功能化离子液体，相比 O/A 为 2，室温，初始 pH 值为 3.00，萃取时间为 30 min，经过五级萃取，对锂的萃取率为 96.8%，获得了对锂的良好选择性和萃取效果。Zhang 等人[10]使用 0.4 mol/LHBTA + 0.4 mol/LTOPO + 煤油作为有机相，在相比 O/A = 1.0，pH = 8.5 的情况下通过三级逆流萃取回收了 90% 以上的锂。

由第 3、4 章的研究可以看出，越来越多的有机酸应用到 LIB 废旧正极材料的回收领域，因此，需要研究有机酸浸出体系的浸出液中 Ni、Co、Mn 等元素的萃取分离，本章在综述前人研究成果的基础，进行了苹果酸浸出液体系中 Ni、Co、Mn 的萃取分离，为有机酸浸出液体系中有价金属的萃取分离提供了一定的参考数据。

6.1　研究方案

1．NCM622 的苹果酸浸出模拟液的配制

因为废旧锂电池中有价金属的回收是目前的研究热门，选择使用了其中较典型的 NCM622 型电池，并结合实验室的其他研究结果，控制恒温水浴锅

温度为 90 ℃ 左右，取一定量的蒸馏水和 D-L 苹果酸，配制成 100 g/L 的 D-L
苹果酸溶液，当 D-L 苹果酸完全溶解后，分别加入锰、钴、镍的碳酸盐，配
制成单一的苹果酸合锰溶液（锰为 4.52 g/L）、苹果酸合钴溶液（钴为
6.21 g/L）、苹果酸合镍溶液（镍为 8.82 g/L）。做多级逆流萃取时按照 NCM622
材料浸出所得溶液的金属离子比例配制模拟液，其中锰、钴、镍、锂的具体
成分分析如表 6.1 所示。

表 6.1　逆流萃取时所用 NCM622 模拟浸出液中具体成分

名称	锰/(g/L)	钴/(g/L)	镍/(g/L)	锂/(g/L)
多级萃锰阶段模拟液#1	2.256	2.500	5.700	1.240
多级萃钴阶段模拟液#2	—	2.506	4.940	1.284
多级萃镍阶段模拟液#3	—	—	9.620	2.650

2．有机相的配制

将萃取剂 P204/Cyanex272/Versatic10 分别与煤油按体积比混合配制成不
同体积浓度的有机相。

3．萃取实验方法

取一定体积的模拟液，向其中加入一定体积的 30%NaOH 溶液来调模拟
液初始 pH 值，加入分液漏斗中，再按一定相比（O/A：有机相与浸出液的体
积比）向分液漏斗中加入不同体积浓度的有机相，在水浴恒温振荡器以
300 r/min 的速度振荡来进行萃取，控制振荡时间，振荡结束后，取出分液漏
斗静置。当分液漏斗中水相和有机相分相完成后，先从下口放出萃取后的水
相，待彻底放完后，再从下口放出有机相。

4．洗涤方法

取含一定被萃取元素的苹果酸溶液（防止被萃取元素也被洗涤出来），
按一定相比（O/A）与萃取后的负载有机相混合置于分液漏斗中，在水浴恒
温振荡器以 300 r/min 的速度振荡来进行萃取，控制振荡时间，振荡结束后，
取出分液漏斗静置。当分液漏斗中水相和有机相分相完成后，先从下口放出
洗涤液，待彻底放完后，再从下口放出洗涤后的有机相。

5. 反萃方法

可以通过具有一定酸度的反萃液与负载有机相混合，让负载有机相中的金属离子进入反萃液，其原因是当酸度变高时，被萃取元素与萃取剂结合形成的萃合物的结构会被破坏，从而使目标萃取元素被置换出来进入反萃液，以达到从有机相中将被萃取元素提取出来的目的。取洗涤后的负载有机相，与一定浓度的苹果酸溶液按照不同的反萃相比（O/A）在分液漏斗中混合，在水浴恒温振荡器以 300 r/min 的速度振荡来进行萃取，控制振荡时间，振荡结束后，取出分液漏斗静置。当分液漏斗中水相和有机相分相完成后，先从下口放出萃取后的水相，待彻底放完后，再从下口放出有机相。

6. 逆流萃取

本章中所用逆流萃取和逆流反萃均是宝塔式。以三级逆流为例，首先向分液漏斗 1 按一定相比加入有机相和水相，振荡后，静置分相，让水相进入分液漏斗 2，往分液漏斗 2 中加入新鲜有机相，往分液漏斗 1 中加入料液，进行第二次振荡，振荡后，静置分相，倒出分液漏斗 2 中的水相，将分液漏斗 1 中的水相加入分液漏斗 2 中，进行第三次振荡，振荡后，静置分相，倒出分液漏斗 2 中的水相，向分液漏斗 2 中加入新鲜料液，进行第四次振荡，振荡后，静置分离，这时得出的有机相为第一次三级逆流萃取。依次类推，直到出口水相和有机相的金属浓度不再变化为止。因为最开始几个循环时，两相金属浓度变化较大，三级逆流萃取的萃取率偏高，随着循环次数增加，金属浓度趋于稳定，称为达到稳态。

查阅相关文献后知[11-14]，在无机酸体系中 P204 萃取锰、Cyanex272 萃取钴、Versatic10 萃取镍均是增加温度有利于萃取反应的进行，且 $\lg D$ 与 T 是有一定线性关系的，与无机酸体系不同，在有机酸中，增加温度可能会导致苹果酸合锰的电离程度增加，从而导致萃取率增加，进而导致萃取率的变化，一方面由于游离的锰离子增加导致萃取率增加，另一方面则是因为整个反应为吸热反应，温度增加导致平衡向有利于生成萃合物的方向进行，所以，整个反应控制在恒温 25 ℃下进行，反萃实验也在 25 ℃下进行。

实验的工艺流程为对正极材料浸出液中的锰通过 P204 三级逆流萃取

后，对其有机相使用含锰的苹果酸溶液进行洗涤后，水洗液可浓缩后返回萃锰前液，再使用苹果酸溶液对洗涤后的有机相进行反萃，得到反萃液和贫有机相，贫有机相可以返回前端循环使用。萃锰后的水相在调节 pH 后，通过 Cyanex272 对其中的钴进行三级逆流萃取，负载有机相经过含钴的苹果酸溶液洗涤后，水洗液经浓缩后可返回萃钴前液，再使用苹果酸溶液对洗涤后的有机相进行反萃，得到反萃液和贫有机相，贫有机相可对萃钴前液中的钴进行萃取，以达到循环使用目的。萃钴后的水相在调节 pH 后，通过 Versatic10 对其中的镍进行三级逆流萃取，负载有机相经过含镍的苹果酸溶液洗涤后，水洗液经浓缩后可返回萃镍前液，再使用苹果酸溶液对洗涤后的有机相进行反萃，得到反萃液和贫有机相，贫有机相可对萃钴前液中的镍进行萃取，以达到循环使用目的。实验的工艺流程图如图 6.1 所示。

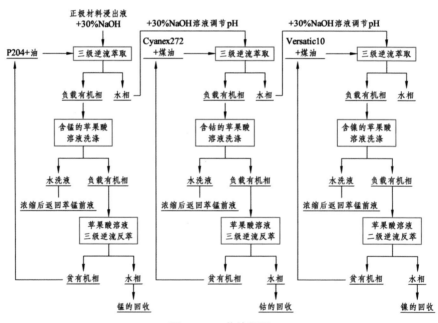

图 6.1　工艺流程图

6.2　废旧锂电池正极材料苹果酸浸出液中锰的萃取研究

本章使用了酸性磷类萃取剂 P204 对 NCM622 的苹果酸模拟浸出液中的

锰进行萃取分离，通过实验考察了萃取时间、相比（O/A）、萃取剂浓度、初始 pH 以及钴、镍、锂等离子浓度对 P204 萃取锰的影响，通过红外光谱和斜率法来研究有机酸体系中 P204 对锰的萃取回收机理。实验证明，通过 P204 能对苹果酸体系中的锰实现与镍、钴、锂等元素的有效分离。

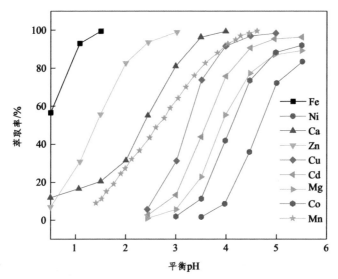

图 6.2　P204 对不同金属的萃取率与平衡 pH 值的关系图

　　P204 是一种常用来分离废旧锂电池中有价金属的酸性磷类萃取剂，其密度为 0.97 g/cm³，分子量为 322.48 g/mol，是一种无色透明较黏稠的液体[15-17]。P204 对金属作用的平衡 pH 值范围为 0.5～5.5，图 6.2 为 P204 在一定条件对钴、锰、镍、锌、铁等金属的萃取率与平衡 pH 值的关系图[13]。因为 P204 能够同时对多种金属进行萃取，所以，在使用 P204 对碱金属进行萃取时，需要对其 pH 值进行严格掌控。从图 6.2 中可以看出当 pH = 1.5 左右时开始对锰产生萃取效果。

6.2.1　P204 对锰的萃取实验研究

　　本节实验中除待考察因素各自的条件变化外，其他条件均为：温度为 25 ℃，萃取时间为 1 min，萃取相比（O/A）为 1.0，萃取剂浓度（P204 在有机相中的体积分数）为 20%，浸出液初始 pH 为 2.4，分相时间为 2～3 min。

6.2.1.1 萃取时间对 P204 萃取锰的影响

图 6.3 为萃取时间对 P204 萃取锰的萃取率的影响，根据图 6.3 可知，P204 对锰的萃取反应进行较快，当萃取时间为 1 min 时，P204 对锰的萃取率达到了 58.65%，当萃取时间继续增加，萃取率基本无变化。表明在苹果酸体系中，当萃取时间为 1 min 时，P204 与锰的反应已达到平衡。因此，1 min 为最佳萃取时间。

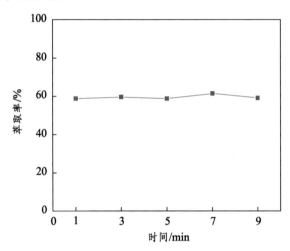

图 6.3 萃取时间对 P204 萃取锰的萃取率的影响

6.2.1.2 相比(O/A)对 P204 萃取锰的影响

图 6.4 为相比（O/A）对 P204 萃取锰的萃取率的影响。

根据图 6.4 可知，随着相比(O/A)的增加，萃取率也在逐渐增大。当相比（O/A）为 0.5 的时候，P204 对锰的萃取率为 37.75%；当相比（O/A）为 1.0 时，P204 对锰的萃取率为 63.15%，萃取率大幅上升；当相比（O/A）为 1.5 时，P204 对锰的萃取率为 72.58%，仅上涨了 9.43%。随着相比（O/A）的增加，萃取率增加幅度在逐渐降低，最后趋于稳定。这是因为在溶液中其他离子浓度确定的情况下，锰的萃取率取决于萃取剂 P204 量的多少，增大相比（O/A）就等于增加萃取剂 P204 的量，当相比（O/A）较小时，萃取剂 P204 基本与锰完全反应，随着相比（O/A）的增加，锰的萃取率不断增加，但溶液中锰的含量是一定的，所以最终锰的萃取率是趋于稳定的。考虑到有机相的成本及其利用率，选择最佳萃取相比（O/A）为 1.0。

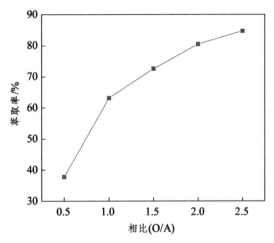

图 6.4　相比（O/A）对 P204 萃取锰的萃取率的影响

6.2.1.3　萃取剂浓度对 P204 萃取锰的影响

图 6.5 为萃取剂浓度对 P204 萃取锰的萃取率的影响。

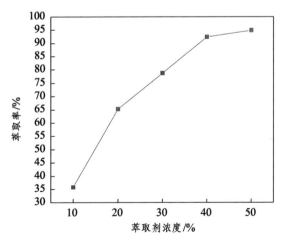

图 6.5　萃取剂浓度对 P204 萃取锰的萃取率的影响

根据图 6.5 可知，当 P204 浓度为 10% 时，P204 对锰的萃取率为 35.87%；当 P204 浓度为 20% 时，P204 对锰的萃取率为 65.25%，萃取率的提升比较明显；当 P204 浓度为 30% 时，P204 对锰的萃取率为 78.7%，上涨幅度相比浓度为 10% 至浓度为 20% 时较小。随着萃取剂浓度的不断增加，萃取率也在增加，最后趋于平衡。这是因为随着 P204 含量的增加，萃取剂与锰的接触几率增加，形成萃合物的几率增加，从而萃取率增加，因锰的含量是恒定的，使得最后萃取率趋于稳定。且萃取剂浓度过高会导致有机相黏度增加，有机相和水相的分相时间变长（当萃取剂浓度为 50% 时，分相时间为 4 min），从而影响萃取效率，考虑到萃取效率及萃取剂的利用率等，P204 萃取锰的最佳萃取剂浓度为 20%。

6.2.1.4 初始 pH 对 P204 萃取锰的影响

图 6.6 为初始 pH 对 P204 萃取锰的萃取率的影响。根据图 6.6 可知，当初始 pH 为 2.70 的时候，P204 对锰的萃取率为 75.17%，当初始 pH 值为 2.96 的时候，P204 对锰的萃取率为 89.75%，上涨幅度较大。随着 pH 值的逐渐增加，萃取率先增加后保持不变。因为在强酸环境下，P204 的电离被抑制，阻止 P204 中的氢离子与锰离子发生离子交换反应生成萃合物进入有机相，导致萃取率降低。随着萃取反应的进行，pH 值在不断降低，增加 pH 值可以中和反应产生的 H^+ 且减弱强酸环境对 P204 的电离的抑制作用，使反应向有利于生成萃合物的方向进行。因水相中锰离子量是一定的，所以随着初始 pH 的增加，萃取率趋于平稳，但过度增加 pH 值会导致金属离子发生水解，因此选择最佳初始 pH 为 2.96。

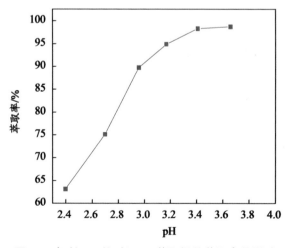

图 6.6 初始 pH 值对 P204 萃取锰的萃取率的影响

6.2.1.5　钴离子浓度对 P204 萃取锰的影响

图 6.7 为浸出液中钴离子浓度对 P204 萃取锰的萃取率的影响。根据图 6.7 可知，随着钴离子浓度的增加，锰离子萃取率在缓慢增加。由于添加碳酸钴导致初始 pH 发生变化，初始 pH 值变为 2.44～2.65，从 3.1.4 节的 pH 值条件实验可知，在无钴离子存在的情况下，P204 对锰的萃取率从 63%左右升至 73%左右，而添加钴离子后，锰的萃取率从 60.3% 增加到 70.4%，说明锰离子萃取率的增加主要是由于添加碳酸钴导致的初始 pH 变化引起的。随着钴离子浓度和初始 pH 值的增加，钴离子自身萃取率也在不断增加，但是分离系数 $\beta_{Mn/Co}$ 却在不断变小，钴离子的萃取率最大为 12%，此时两者分离系数 $\beta_{Mn/Co}$ 最小，为 17，这说明 pH 值的上涨对 P204 萃取钴也有一定促进作用。因为需要考虑萃取有机相中杂质离子含量，在对含较高钴离子的正极材料浸出液进行萃取锰的时候，P204 萃取锰后的有机相需要对其进行洗涤，除去其中大部分钴离子，保证锰离子的纯度。

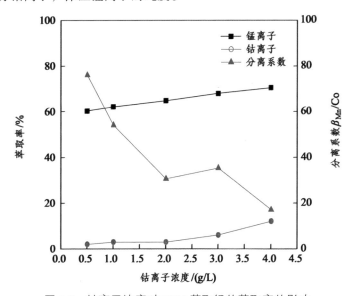

图 6.7　钴离子浓度对 P204 萃取锰的萃取率的影响

6.2.1.6　镍离子浓度对 P204 萃取锰的影响

图 6.8 为浸出液中镍离子浓度对 P204 萃取锰的萃取率的影响。根据图

6.8 可知，随着镍离子浓度的增加，P204 对锰的萃取率不断增加。由于加入了碳酸镍，导致初始 pH 值变为 2.48～2.78，从 3.1.4 节的 pH 值条件实验看，在无镍离子存在的情况下，锰的萃取率从 64% 左右升至 78% 左右，而添加镍离子后，锰的萃取率从 54.93% 升到 70.40%，说明锰离子萃取率的增加主要是由于添加碳酸镍导致的 pH 值变化引起的。随着镍离子浓度的增加和初始 pH 值的增加，镍离子萃取率先增加后下降，当镍离子浓度为 3 g/L 时，其萃取率达到最大，P204 对镍的萃取率为 26.67%，然后镍的萃取率逐渐变小，说明当镍离子浓度为 3 g/L 时，P204 对镍的萃取容量已经达到最大值，继续增加镍离子浓度，P204 对镍的萃取总量不变也就导致镍的萃取率变低，锰和镍分离系数 $\beta_{Mn/Ni}$ 逐渐增加，最大分离系数仅为 11.9，两者分离情况较差，因此在后续反萃锰的过程中需要通过洗涤除去镍离子，以保证锰的纯度。

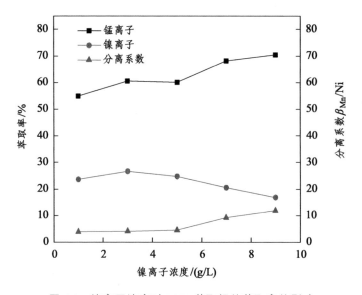

图 6.8 镍离子浓度对 P204 萃取锰的萃取率的影响

6.2.1.7 锂离子浓度对 P204 萃取锰的影响

图 6.9 为浸出液中锂离子浓度对 P204 萃取锰的萃取率的影响。

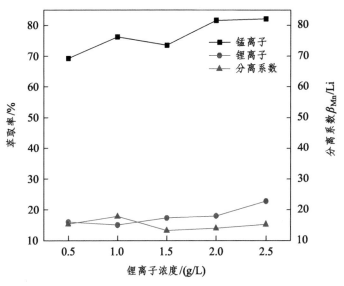

图 6.9　锂离子浓度对 P204 萃取锰的萃取率的影响

根据图 6.9 可知，随着锂离子浓度的增加，锰离子的萃取率不断增加。由于加入了碳酸锂，初始 pH 值变为 2.7 ~ 3.28，从 3.1.4 节的 pH 值条件实验可知，在无锂离子存在的情况下，P204 对锰的萃取率从 75% 左右上升到 95% 左右，添加锂离子后，萃取率由 69.28% 上升至 82.06%，说明锰离子萃取率的增加主要是由于添加碳酸锂导致的 pH 值变化引起的。随着浸出液中锂离子浓度和初始 pH 值不断增加，P204 对锂离子萃取率也在不断增加。当锂离子浓度为 1 g/L 时，两者分离系数 $\beta_{Mn/Li}$ 最大，为 17.83，说明 P204 不能有效的分离苹果酸体系中的锰和锂，因此需要在后续对锰的反萃过程前，对负载有机相进行洗涤，除去其中大部分的杂质离子。

6.2.2　萃取平衡等温线的绘制及萃取级数的确定

由于单级萃取的效果并不理想，本研究拟采用多级逆流萃取以达到对浸出液中金属实现有效分离的目的，于是选用 McCabe-Thiele 图解法对 P204 萃取锰的所需级数进行估算[18-19]。选择萃取时的最佳初始 pH 为 2.96，萃取剂浓度为 20%，萃取时间为 1 min，取相比（O/A）分别为 0.25、0.5、1、2、4进行实验，萃取后，分析萃取后两相中锰离子的浓度，以水相中锰离子的浓度为横坐标，有机相中锰离子的浓度为纵坐标，绘制锰的萃取平衡等温线图，如图 6.10 所示。以拟采用进行多级逆流萃取的相比（O/A）=1 为斜率来绘制操作线，以料液中锰离子的浓度在 x 轴上画一条直线与操作线相交，再从相交点画一条水平线与等温平衡线相交，再在这个相交点向下作垂线与操作线相交，重复此操作直到垂线接近 0 点，有几条与 x 轴水平的线就是需要进行几级萃取，最终确定理论的逆流萃取级数。

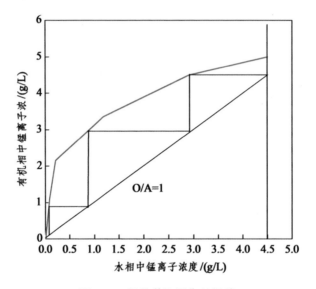

图 6.10　锰的萃取平衡等温线

由图 6.10 可知，在相比（O/A）为 1.0 的情况下，逆流萃取的理论级数为 3，即可将水相中绝大部分锰萃取出来。

6.2.3　P204 三级逆流萃取锰

由章节 3.2 可知，进行三级逆流萃取可将浸出液中的绝大部分锰萃取出来，实验条件为：萃取时间为 1 min，萃取相比（O/A）为 1.0，萃取剂浓度为 20%，初始 pH 为 2.96，萃取前液成分为：Mn：2.256 g/L，Co：2.50 g/L，Ni：5.7 g/L，Li：1.24 g/L。三级逆流萃取流程如图 6.11 所示，

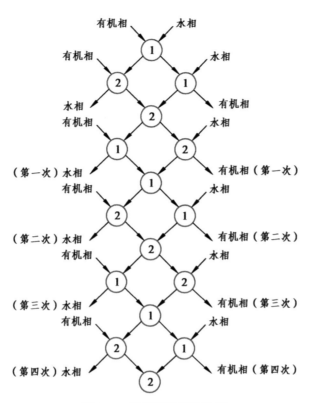

图 6.11　三级逆流萃取流程

当逆流萃取进行到第四次时，锰离子浓度趋于稳定，达到稳态。进行多次三级逆流萃取试验，试验结果如表 6.2 所示。

表 6.2　三级逆流萃取锰的实验结果

编号	萃余液成分/(g/L)				萃取级数	萃取率/%			
	Mn/(mg/L)	Co	Ni	Li		Mn	Co	Ni	Li
1	0.56	2.27	5.01	1.20	3	99.99	9.20	12.11	3.23
2	5.69	2.29	4.98	1.18	3	99.75	8.40	12.63	4.84
3	3.75	2.25	5.02	1.20	3	99.83	10.00	11.93	3.23

正如前文中所判断一样，经过三级逆流萃取后，有机相中绝大部分的锰都已经被萃取出来，锰的萃取率能到 99.99%，但同时也夹带了镍、钴、锂。

选用 1 g/L 锰及 100 g/L 的苹果酸溶液以相比（O/A）为 1.0 对有机相进行洗涤，洗涤后，有机相中锰为 2.505 g/L，镍为 0.036 g/L，钴仅含 0.023 8 g/L，锂离子浓度太低无法检测。由此可以对有机相中的锰进行反萃取实验。

6.2.4 锰的负载有机相反萃实验研究

本节实验中除待考察因素各自的条件变化外，其他条件均为：反萃液为苹果酸，反萃温度为 25 ℃，反萃相比（O/A）为 1.0，苹果酸浓度为 300 g/L，反萃时间为 20 min，分相时间为 1 ~ 2 min。

图 6.12 为苹果酸浓度对锰的反萃率的影响。根据图 6.12 可知，随着苹果酸浓度的增加，苹果酸溶液对锰的反萃率也在增加。当苹果酸浓度从 100 g/L 升到 500 g/L，苹果酸对锰的反萃率从 33.93% 升到了 60.27%，当浓度为 300 g/L 时，苹果酸对锰的反萃率为 54.29%，当苹果酸浓度超过 300 g/L 后，反萃率增加缓慢。当反萃液浓度过高时，对反萃液的利用率不高且处理反萃后液所需的中和碱的用量也会变大，因此选择反萃锰用的最佳苹果酸浓度为 300 g/L。经过单级反萃，苹果酸溶液对锰的反萃率为 54.29%。

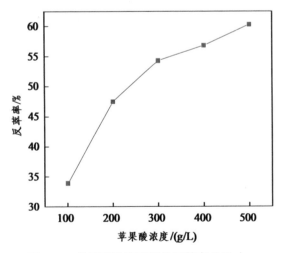

图 6.12 苹果酸浓度对锰的反萃率的影响。

图 6.13 为反萃相比（O/A）对锰的反萃率的影响。根据图 6.13 可知，随着反萃相比（O/A）的增加，苹果酸溶液对锰的反萃率先增加后减少。当反

萃相比（O/A）为 0.5 时，苹果酸对锰的反萃率仅为 54.77%，当反萃相比（O/A）为 1.0 时，苹果酸对锰的反萃率提升至 60.27%，当反萃相比（O/A）为 2.0 时，苹果酸对锰的反萃率为 45.1%，再增加反萃相比（O/A），反萃率逐渐下降，这是因为随着相比（O/A）的增加，负载有机相中的锰的总量也在增加，相对反萃剂量减少，虽然反萃液反萃下来的锰的总量也在增加，但是反萃率整体来看是下降的。从反萃率、苹果酸利用率、对锰的回收率来看，反萃相比（O/A）为 1.0 较为合适。

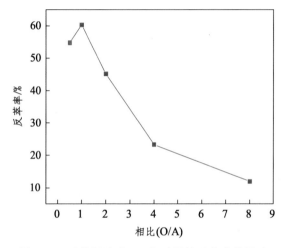

图 6.13　反萃相比（O/A）对锰的反萃率的影响

6.2.5　三级逆流反萃取实验

在苹果酸浓度为 300 g/L，反萃相比（O/A）为 1.0 的最佳反萃条件下，苹果酸溶液对锰的反萃率仅为 60.27%，锰的回收率有待提高，因此选择使用三级逆流反萃在同样条件下对锰的负载有机相进行反萃。有机相中锰浓度为 2.50 g/L，镍浓度为 35.80 mg/L，钴浓度为 23.40 mg/L，锂离子因浓度太低无法检测出，当三级逆流反萃进行到第三次时，锰离子浓度趋于稳定，达到稳态。进行多次三级逆流萃取实验，实验结果如表 6.3 所示。

由表 6.3 可以看出，当经过三级逆流反萃后，水相中锰离子浓度为 2.23 g/L，锰的反萃率达到 88.80%，苹果酸溶液已能将大部分的锰反萃下来。

表 6.3 三级逆流反萃锰的实验结果

编号	反萃后有机相中锰浓度/(g/L)	反萃级数	反萃率/%
1	0.28	3	88.80
2	0.28	3	88.80
3	0.30	3	88.00

6.2.6 P204 萃取锰的机理分析

取萃取锰前的有机相、萃取锰后的有机相、反萃锰后的有机相，对它们进行红外光谱分析，以此研究在苹果酸体系中 P204 萃取锰的机理，图 6.14 为 P204 的红外光谱分析图。

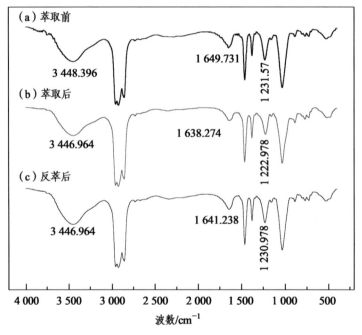

图 6.14 P204 萃取前后的红外光谱

由图 6.14 可知，萃取前在 3 448.396 cm^{-1} 出现二聚体分子间氢键伸缩振动峰，在 1 649.731 cm^{-1} 出现二聚体的 O—H 面内弯曲振动峰。在萃取后，3 448.396 cm^{-1} 振动峰强度由 0.573 11 降低到 0.655 91，但是仍能观察到二聚体峰，说明分子间形成的-OH 键中的 H 被锰取代，但是 P204 过量，未能完全消除二聚体的影响。而 1 649.731 cm^{-1} 的峰向低波位 1 638.274 cm^{-1} 移动，且峰强度有所降低，这是因为 P-O→Mn 的生成的同时使氢键电子云降低。在反萃后，振动峰强度有一定恢复且向高波数偏移至 1 641.238 cm^{-1}，这是因为反萃后锰被氢离子置换出去，但是仍未置换完全。

在 1 231.57 cm^{-1} 处出现 P=O 的伸缩振动峰，在萃取后，由高波位的 1 231.57 cm^{-1} 位移到 1 222.978 cm^{-1}，说明 P=O 键与 Mn 离子发生配位，波数变化是由于 P=O 键与 Mn 形成 P=O→Mn 配位键，使 P=O 双键的电子云密度降低，键的强度减弱，从而导致其震动频率下降。同时因为 Mn 与 P=O 的配位，使 P204 的对称性发生变化，P=O 键的偶极矩发生变化，导致峰强度减弱[20-22]。即萃取反应过程的实质是将 Mn 与 P—O—H 中的氢进行置换，并与 P=O 产生络合配位。

P204［二（2.乙基己基）磷酸酯］作为一款常用的酸性磷类萃取剂，在煤油中通过两个分子间氢键结合形成二聚体。因此，可以假设 P204 萃取锰的反应式如下：

$$m(HR)_{2(org)} + Me^{n+} \Longrightarrow MeR_n \cdot (2m-n)HR_{(org)} + nH^+ \qquad (6.1)$$

式中，Me^{n+} 为金属离子 Mn^{2+}；(HR)$_2$ 为 P204 的二聚体形式。平衡常数 K 表示为：

$$K = \frac{[MeR_n \cdot (2m-n)HR_{(org)}][H^+]^n}{[(HR)_2]^m[Me]^{n+}} \qquad (6.2)$$

此时分配系数 D 可以表示为：

$$D = \frac{[MeR_n \cdot (2m-n)HR_{(org)}]}{[Me^{n+}]} \qquad (6.3)$$

将式（6.3）带入式（6.2）可得：

$$K = \frac{[D][H^+]^n}{[(HR)_2]^m} \qquad (6.4)$$

对式（6.4）取对数有：

$$\lg D = \lg K + m\lg[(HR)_2] + n\text{pH} \qquad (6.5)$$

因为反应平衡常数 K 仅与温度有关，实验中萃取温度不变，均保持在室温，所以 K 为定值。当平衡 pH 不变时，$\lg D$ 与 $\lg[(HR_2)]$，即 $\lg[(P204)]$ 呈线性相关，也就是与萃取剂浓度呈线性相关。当萃取剂浓度不变时，$\lg D$ 与平衡 pH 呈线性相关。

基于图 6.5 和图 6.6 展示的结果，做 $\lg D—\lg[(P204)]$ 和 $\lg D—$ 平衡 pH 的关系图，并做线性拟合，结果如图 6.15 和图 6.16 所示。$\lg D—\lg[(P204)]$ 的线性拟合方程为 $y = 2.1975x + 0.807\,4$，相关系数 R^2 为 0.970 7，斜率为 2.197 5，表明 1 mol 的锰离子需要消耗 2 mol P204，即 $m = 2$。$\lg D$-平衡 pH 的线性拟合方程为 $y = 1.420\,3x - 2.960\,2$，斜率近似认为 1.5，相关系数 R^2 为 0.978 2，表明 1 mol 的锰离子会释放 1.5 mol 的 H^+，这种较低的斜率与萃取剂的质子化有关，即在较高氢离子浓度下，萃取剂倾向于直接与 H^+ 反应生成 H_2A^+ 的络合阳离子[23]。

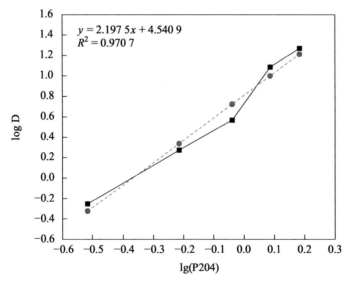

图 6.15　$\lg D - \lg[(P204)]$ 的关系图

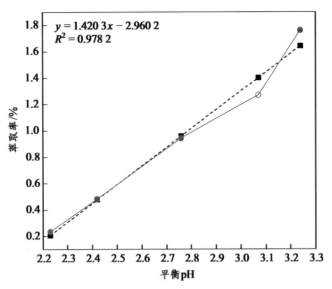

图 6.16　$\lg D$ – 平衡 pH 的关系图

因此，P204 从苹果酸浸出液中萃取分离锰的主要反应方程式如式（6.6）。

$$9[HR]_2 + 4Mn^{2+} =\!=\!=\!= 4[MnR_2 \cdot 2HR] + 6H^2 + 2H_2R^+ \qquad （6.6）$$

由此得出负载锰的 P204 的分子结构示意图，如图 6.17 所示。

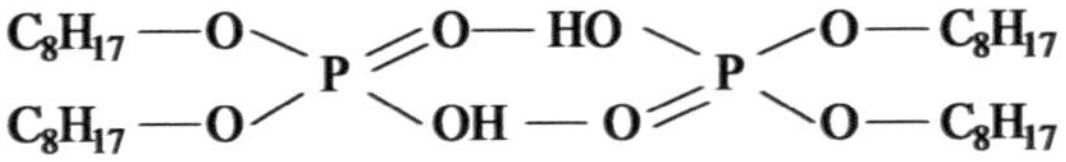

（a）P204 的二聚体结构

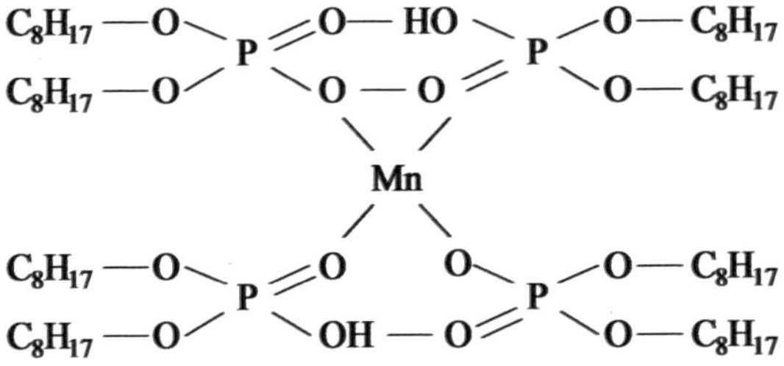

（b）P204 负载锰的结构

图 6.17　P204 的分子结构示意图

由以上研究可见：

（1）在苹果酸体系中对锰离子通过 P204 进行萃取，实验结果表明：在萃取时间为 1 min，萃取相比（O/A）为 1.0，萃取剂浓度（P204 占有机相的体积分数）为 20%，浸出液初始 pH 为 2.96，在单级萃取的情况下，P204 对锰的萃取率为 89.75%。随着钴、镍、锂离子浓度的增加，P204 对锰的萃取率均在增加。经过三级逆流萃取，P204 对锰的萃取率达到了 99.99%，对镍、钴、锂的共萃率分别为 12.11%、9.20%、3.23%。

（2）经萃取后的负载有机相通过用含锰 1 g/L、苹果酸浓度为 100 g/L，相比（O/A）为 1.0 的溶液洗涤，以除去其中的镍、钴、锂，再以苹果酸溶液为反萃液对负载有机相进行反萃。最佳反萃条件为：苹果酸浓度为 300 g/L，反萃相比（O/A）为 1.0，反萃时间为 20 min，单级反萃的情况下，苹果酸对 P204 中的锰的反萃率为 60.27%。通过三级逆流反萃，苹果酸溶液对锰的反萃率为 88.80%。

（3）通过红外光谱可以说明，P204 在煤油中以二聚体分子存在，在发生萃取时，部分分子间氢键和分子内氢键发生断裂，这说明 —OH 中的氢被锰离子取代，且 P＝O 双键的强度和波位的变化也说明 Mn 与 P＝O 键形成了 P＝O→Mn 配位键，通过理论计算证明，萃取 1 mol 的锰离子需要消耗 2 mol 的 P204 和释放出 1.5 mol 的氢离子，释放出的氢离子较少与萃取剂的质子化有关，即在较高氢离子浓度下，萃取剂倾向于直接与 H$^+$反应生成 H$_2$A$^+$的络合阳离子，萃取过程的实质是锰离子与 P—O—H 中的氢发生置换反应及锰离子与 P＝O 双键结合形成配位键进而使锰被萃取。

6.3 废旧锂电池正极材料苹果酸浸出液中钴的萃取研究

使用 P204 对锰进行萃取分离后，废旧锂离子电池中主要金属离子还剩下钴、镍、锂。本节采用对钴具有良好萃取率的 Cyanex272[23-24]进行萃取钴研究，通过实验考察了萃取时间、相比（O/A）、萃取剂浓度（Cyanex272 占有机相的体积分数）、初始 pH、不同平衡 pH 下对高浓度镍离子对 Cyanex272 萃取钴的影响，以及在最佳萃取条件下，锂、镍离子浓度对 Cyanex272 萃取钴的影响，通过红外光谱和斜率法来研究有机酸体系中 Cyanex272 对钴的萃取回收机理，实验证明，通过 Cyanex272 能对苹果酸体系中的钴实现与镍、锂元素的有效分离。

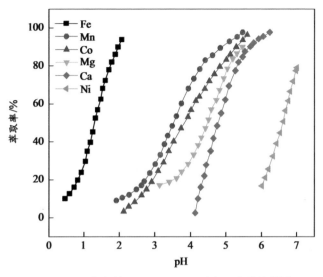

图 6.18 一定条件下 Cyanex272 对金属的萃取顺序

Cyanex272 是美国氰胺公司于 1982 年推出的一款磷酸类萃取剂，密度为 0.92 g/cm³，相对分子质量为 290.43 g/mol，为浅黄或无色的黏稠液体，因其自身结构和弱酸性，使其对钴、镍具有较强的分离能力，且对钙优先级比钴高[25-27]，因此避免了使用硫酸对负载有机相进行洗涤和反萃时生成二水硫酸钙结晶，对管道造成堵塞。图 6.18 为 Cyanex272 对钴、镍、钙等金属在一定条件下 pH 与萃取率的关系[28]。如图 6.18 所示，当 pH = 5.5 时，钴离子基本被萃取完全时，而镍离子萃取率还不到 20%，所以能够用来分离钴和镍，当 pH = 2 时，钴离子开始被 Cyanex272 萃取。

6.3.1 Cyanex272 对钴的萃取实验研究

本节实验中除待考察因素各自的条件变化外，其他反应条件均为：萃取温度为 25 ℃，萃取时间为 3 min，萃取相比（O/A）为 1.0，萃取剂浓度（Cyanex272 在有机相中的体积分数）为 20%，萃取平衡 pH 为 6.0。其中镍离子浓度为 10.40 g/L，分相时间为 5~6 min。

6.3.1.1 萃取时间对 Cyanex272 萃取钴的影响

图 6.19 为萃取时间对 Cyanex272 萃取钴的萃取率的影响。根据图 6.19 可知，Cyanex272 与钴的萃取反应进行较快，当萃取时间为 1 min 时，Cyanex272 对钴的萃取率为 80.61%，当萃取时间为 3 min 时，Cyanex272 对钴萃取率为 87.56%，上升了 7% 左右，继续增加萃取时间，萃取率基本无变化，即当萃取时间为 3 min 后，Cyanex272 与钴的萃取反应已基本达到平衡。因此，3 min 为最佳萃取时间。

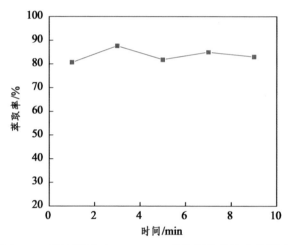

图 6.19　萃取时间对 Cyanex272 萃取钴的萃取率的影响

6.3.1.2 相比（O/A）对 Cyanex272 萃取钴的影响

图 6.20 为相比（O/A）对 Cyanex272 萃取钴的萃取率的影响。根据图 6.20 可知，随着相比（O/A）的增加，Cyanex272 对钴的萃取率先迅速增加后趋于稳定。当相比（O/A）为 0.75 时，Cyanex272 对钴的萃取率为 56.54%；当相比（O/A）为 1.0 时，Cyanex272 对钴的萃取率为 81.97%，上涨了 25.43%；而当相比（O/A）为 1.5 时，Cyanex272 对钴的萃取率为 86.74%，仅上涨了 4.77%。这是因为当溶液中其他离子浓度不变时，钴离子的萃取率取决于萃取剂 Cyanex272 的量多少，当相比（O/A）较低时，大部分的萃取剂分子都与钴结合生成萃合物。相比（O/A）增加，则萃取剂总量增加，与萃取剂结合的钴的量增加，进而萃取率增加，但水相中钴的总量是一定的，继续增加

相比（O/A），钴的萃取率最终趋于稳定，且过高的相比（O/A）会导致萃取剂的利用率降低，大量的有机相被浪费，因此，Cyanex272 萃取钴的最佳相比（O/A）为 1.0。

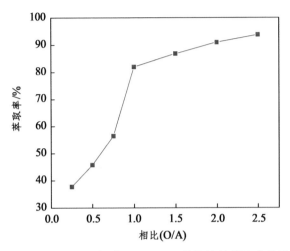

图 6.20　相比（O/A）对 Cyanex272 萃取钴的萃取率的影响

6.3.1.3　萃取剂浓度对 Cyanex272 萃取钴的影响

图 6.21 为萃取剂浓度对 Cyanex272 萃取钴的萃取率的影响。

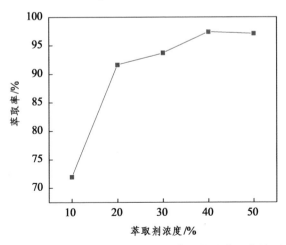

图 6.21　萃取剂浓度对 Cyanex272 萃取钴的萃取率的影响

根据图 6.21 可知，当萃取剂浓度分别 10%、20%、30%，Cyanex272 对钴的萃取率分别为 71.92%、91.65%、93.72%。随着萃取剂浓度的不断增加，萃取率也在增加，最后趋于平衡。这是因为萃取剂浓度的增加使单位体积内萃取剂分子增加，萃取剂与钴的接触几率增加，形成萃合物的几率增加，最终萃取率增加。当萃取剂浓度超过 20% 后，Cyanex272 对钴的萃取率增长幅度变缓，当萃取剂浓度超过 40% 时，Cyanex272 对钴的萃取率基本不变，这是因为水相中钴离子的量是一定的，所以最后萃取率趋于平衡，且萃取剂浓度过高会导致有机相黏度增加，有机相和水相的分相时间变长（萃取剂浓度为 50% 时，分相时间为 7 min），进而影响萃取效率，考虑到萃取效率及萃取剂的利用率等，选择最佳萃取剂浓度为 20%。

6.3.1.4　平衡 pH 值对 Cyanex272 萃取钴的影响

图 6.22 为萃取平衡 pH 值对 Cyanex272 萃取钴的萃取率的影响。

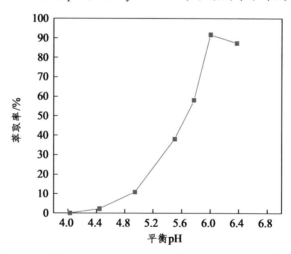

图 6.22　平衡 pH 值对 Cyanex272 萃取钴的萃取率的影响

根据图 6.22 可知，随着平衡 pH 值的增加，萃取率不断增加。当平衡 pH 值为 4.94～6.00 时，萃取率的增长幅度较大。当平衡 pH 值为 6.00，Cyanex272 对钴的萃取率为 91.75%。这是因为，随着萃取反应的进行，萃取剂分子中的氢被置换出来，导致 pH 值下降，进而造成强酸环境对 Cyanex272 的电离产生抑制作用，阻止萃取剂与锰离子结合形成萃合物达到萃取目的。增加 pH 值可以中和萃取反应产生 H$^+$，且降低酸性条件对 Cyanex272 电离的抑制作用，促使反应向有利于形成钴与 Cyanex272 的络合物的方向发生从而增大钴的萃取率。萃取率在平衡 pH 值为 6.0 之后出现小幅度下降，可能是出现了水解反应，导致萃取率下降。所以最终选择最佳平衡 pH 值为 6.0。

6.3.1.5　不同平衡 pH 值下高浓度镍离子对 Cyanex272 萃取钴的影响

由图 6.18 可以看到，当平衡 pH 值为 4.0 时，钴的萃取率约有 50%，但在本研究中当平衡 pH = 4.0 时，Cyanex272 对钴的萃取率却基本为 0%，这说明苹果酸体系对 Cyanex272 萃取钴存在较大的影响。因为 Cyanex272 是分离镍、钴的常用萃取剂，对镍、钴均具有较好的萃取效果，所以苹果酸体系对 Cyanex272 萃取钴造成了影响。

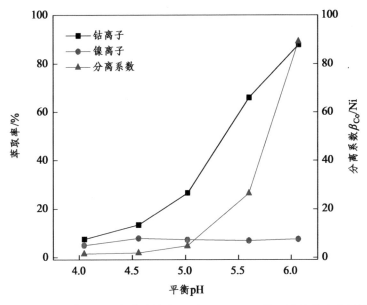

图 6.23　不同平衡 pH 下高浓度镍离子对 Cyanex272 萃取钴的萃取率的影响

根据图 6.23 可知，当平衡 pH 值 = 4.05 时，Cyanex272 对钴的萃取率为 7.4%，对镍的萃取率为 4.92%，当平衡 pH 值 = 6.07 时，Cyanex272 对钴的萃取率为 89.62%，对镍的萃取率未超过 7.95%，随着平衡 pH 值的增加，

Cyanex272 对钴离子的萃取率在不断增加，而对镍的萃取率基本保持不变。说明不同平衡 pH 值下，镍离子存在对 Cyanex272 萃取钴的萃取率基本无影响。

6.3.1.6　镍离子浓度对 Cyanex272 萃取钴的影响

图 6.24 为不同镍离子浓度对 Cyanex272 萃取钴的萃取率的影响。根据图 6.24 可知，随着镍离子浓度的增加，钴离子萃取率先增加后趋于平稳，镍离子萃取率先保持平衡后逐渐变小。当镍离子为 1 g/L 时，Cyanex272 对钴的萃取率为 77.12%，对镍的萃取率为 20.79%；当镍离子浓度为 5 g/L 时，Cyanex272 对钴的萃取率为 89.07%，对镍的萃取率为 22.91%；当镍离子浓度为 9 g/L 时，Cyanex272 对钴离子萃取率为 88.86%，对镍的萃取率为 16.8%。当镍离子浓度为 7 g/L 时，Cyanex272 对镍的萃取率为 20.6%，随后下降，结合上一节中镍离子浓度为 10.4 g/L 时，镍的萃取率为 7.5%，说明当镍离子浓度 7 g/L，Cyanex272 在该条件下对镍的萃取容量已经达到最大值。镍、钴最大分离系数 $\beta_{Co/Ni}$ 仅为 25.36，两者分离情况较差，因此在后续反萃钴的过程中需要通过洗涤除去镍离子，以保证钴的纯度。

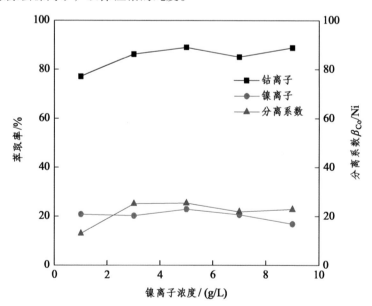

图 6.24　镍离子浓度对 Cyanex272 萃取钴的萃取率的影响

6.3.1.7　锂离子浓度对 Cyanex272 萃取钴的影响

图 6.25 为不同锂离子浓度对 Cyanex272 萃取钴的萃取率的影响。

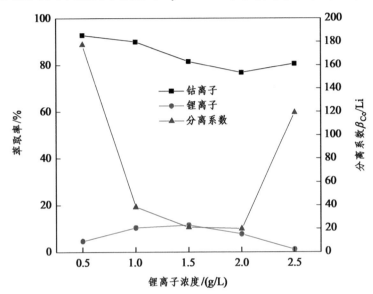

图 6.25　不同锂离子浓度对 Cyanex272 萃取钴的萃取率的影响

根据图 6.25 可知，随着锂离子浓度的不断增加，Cyanex272 对钴的萃取率整体呈不断下降趋势，而对锂的萃取率先增加后下降。当锂离子浓度为 0.5 g/L 时，Cyanex272 对钴的萃取率为 92.77%，对锂的萃取率为 4.6%，当锂离子浓度为 1.5 g/L 时，Cyanex272 对钴的萃取率为 81.53%，对锂的萃取率为 11.4%，此时锂和钴的分离系数 $\beta_{Co/Li}$ 接近最小，为 20.94。未添加锂离子时，Cyanex272 对钴的最大萃取率为 91.75%，这说明，当锂离子浓度较低时，锂对 Cyanex272 萃取钴基本无影响，随着锂离子浓度增加，锂对 Cyanex272 萃取钴产生了抑制作用，且抑制作用在逐渐增强。而锂离子萃取率在锂离子浓度为 1.5 g/L 后逐渐下降，是因为 Cyanex272 在该条件下对锂的萃取容量已经达到最大值，继续增加锂离子浓度，只会导致其萃取率变低，锂的最大萃取率为 11.4%，说明有不少量的锂进入了负载有机相。因此，在后续对钴的反萃过程前需要对负载有机相进行洗涤，除去其中的锂离子。

6.3.2 萃取平衡等温线的绘制及萃取级数的确定

选择萃取时的最佳平衡 pH 值为 6.0，萃取剂浓度为 20%，萃取时间为 3 min，萃取后，分析萃取后两相中钴离子的浓度，横坐标为水相中钴离子的浓度，纵坐标为有机相中钴离子的浓度，以拟采用多级逆流萃取的相比（O/A）＝1 为斜率来绘制操作线，具体操作与 6.2 节类似，最终确定理论的逆流萃取级数。图 6.26 为钴的萃取平衡等温线。

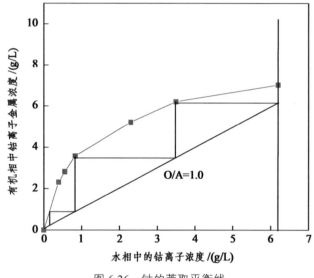

图 6.26 钴的萃取平衡线

由图 6.26 可知，在相比（O/A）＝1 的情况下，逆流萃取的理论级数为 3，即可将水相中绝大部分钴萃取出来。

6.3.3 Cyanex272 三级逆流萃取钴

由 4.2 节可知，进行三级逆流萃取可将浸出液中的绝大部分钴萃取出来，实验条件为：萃取时间 3 min，萃取相比（O/A）1.0，萃取剂浓度 20%，平衡 pH 值 6.0。当逆流萃取进行到第四次时，钴离子金属浓度趋于稳定，达到稳态。萃取前液成分为 Co：2.503 g/L，Ni：4.94 g/L，Li：1.284 g/L，进行多次三级逆流萃取试验，试验结果如表 6.4 所示。

表 6.4　三级逆流萃取钴的实验结果

编号	萃余液成分/(g/L)			萃取级数	萃取率/%		
	Co	Ni	Li		Co	Ni	Li
1	0.15	4.93	1.14	3	94.01	0.02	11.21
2	0.19	4.92	1.06	3	92.41	0.40	17.45
3	0.17	4.92	1.17	3	93.21	0.40	8.88

由表 6.4 可知，经过三级逆流萃取，钴的萃取率能达到 94.01%，其中夹带了少部分的锂离子，因此，选用 1 g/L 钴及 10 g/L 的苹果酸溶液以相比（O/A）为 1 对有机相进行洗涤，洗涤后，有机相中钴离子含量为 2.805 g/L，锂离子含量为 5.47 mg/L，镍离子因含量太低未检查出，可以进行下一步反萃实验。

6.3.4　钴的负载有机相反萃实验研究

本节实验中除待考察因素各自的条件变化外，其他反应条件均为：反萃液为苹果酸，反萃温度为 25 ℃，反萃时间为 20 min，反萃相比（O/A）为 1.0，苹果酸浓度为 30 g/L，分相时间为 3~4 min。

6.3.4.1　苹果酸浓度对反萃钴的影响

图 6.27 为苹果酸浓度对钴的反萃率的影响。根据图 6.27 可知，随着苹果酸浓度的增加，苹果酸溶液对钴的反萃率先增加后基本保持不变。当苹果酸浓度为 10 g/L 时，钴的反萃率仅为 60.35%，当苹果酸浓度为 30 g/L 时，钴的反萃率为 76.61%，当苹果酸浓度超过 30 g/L 后，钴的反萃率基本不变。反萃率随着苹果酸浓度增加的原因是，氢离子会与萃合物发生置换反应，将其中的金属离子置换出来，因此反萃剂需要有足够的浓度才能促进反应向右进行。但是随着反萃液浓度的增加，对反萃液的利用率变低且处理反萃后液时所需使用的碱量变多，导致生产成本增加。因此使用苹果酸反萃 Cyanex272 中的钴的最佳浓度为 30 g/L。

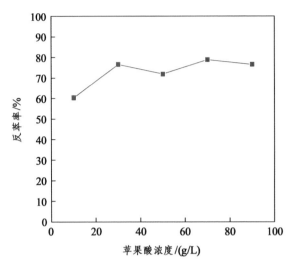

图 6.27　苹果酸浓度对钴的反萃率的影响

6.3.4.2　反萃相比（O/A）对钴反萃率的影响

图 6.28 为反萃相比（O/A）对钴反萃率的影响。

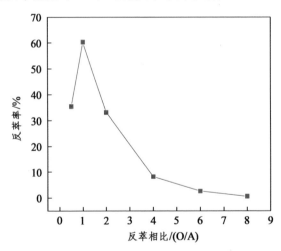

图 6.28　反萃相比（O/A）对钴的反萃率的影响

　　根据图 6.28 可知，随着反萃相比（O/A）的增加，苹果酸溶液对钴的反萃率先增加后减少。当反萃相比（O/A）为 0.5 时，苹果酸溶液对钴的反萃率仅为 35.8%，当反萃相比（O/A）为 1.0 时，苹果酸溶液对钴反萃率提升至

60.35%，当反萃相比（O/A）为 2.0 时，苹果酸溶液对钴反萃率为 33.07%，再增加反萃相比（O/A），苹果酸溶液对钴反萃率逐渐下降，这是因为随着反萃相比（O/A）的增加，负载有机相中的钴的总量也在增加，相对反萃剂量减少，虽然反萃液反萃下来的钴的总量也在增加，但是反萃率整体来看是下降的，且随着反萃相比（O/A）的增加，反萃后平衡 pH 值也在增加，因为反萃反应是氢离子与萃合物发生置换反应生成金属离子和萃取剂分子，增大 pH 使平衡向左，进一步降低了反萃率。从反萃率、苹果酸利用率、对钴的回收量来看，最佳反萃相比（O/A）为 1.0。

6.3.5　三级逆流反萃取实验

在苹果酸浓度为 30 g/L，反萃相比（O/A）= 1.0，反萃时间为 10 min 的最佳反萃条件下，钴的反萃率仅为 60.35%，钴的回收率有待提高，因此选择使用三级逆流反萃在同样条件下对钴的负载有机相进行反萃。当逆流反萃进行到第三次时，钴离子浓度趋于稳定，达到稳态。有机相中钴浓度为 2.83 g/L，锂离子浓度为 10.32 mg/L，镍离子浓度太低无法检测，进行多次三级逆流萃取实验，实验结果如表 6.5 所示。

如表 6.5 所示，当经过三级逆流反萃后，水相中钴的浓度为 2.829 5 g/L，钴的反萃率达到 99.98%，苹果酸溶液基本将钴完全反萃下来。

表 6.5　三级逆流反萃钴的实验结果

编号	反萃后有机相中钴浓度/(mg/L)	反萃级数	反萃率/%
1	0.50	3	99.98
2	1.00	3	99.96
3	16.00	3	99.43

6.3.6　Cyanex272 萃取钴的机理分析

6.3.6.1　萃钴的红外光谱分析

图 6.29 为 Cyaenx272 萃钴的红外光谱图。如图 6.29 所示，扫描范围为

$4\ 000 \sim 400\ \text{cm}^{-1}$，萃取前在 $3\ 448.396\ \text{cm}^{-1}$ 附近出现了二聚体分子间氢键伸缩振动峰，在 $1\ 639.706\ \text{cm}^{-1}$ 出现二聚体的 O—H 面内弯曲振动峰。在 $960.910\ 9\ \text{cm}^{-1}$ 附近出现了 P—O—H 的伸缩振动峰，在 $1171.423\ \text{cm}^{-1}$ 附近出现了 P=O 的伸缩振动峰。

在萃取后，$3\ 448.396\ \text{cm}^{-1}$ 振动峰强度由 $0.461\ 36$ 变到 $0.565\ 86$，但是仍能观察到二聚体峰，说明分子间形成的 —OH 键中的 H 被钴取代，但是 Cyanex272 过量，未能完全消除二聚体的影响。而 $1\ 639.706\ \text{cm}^{-1}$ 的峰向高波位 $1\ 649.731\ \text{cm}^{-1}$ 移动，且峰强度有所降低，这是因为 P—O→Co 的生成的同时使氢键电子云降低。在反萃后，振动峰强度有一定恢复且向高波数偏移至 $1\ 644.003\ \text{cm}^{-1}$，这是因为反萃后钴被氢离子置换出去，但是仍未置换完全。

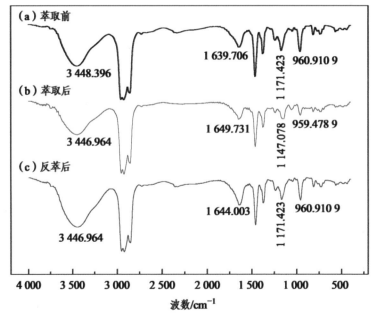

图 6.29　Cyanex272 萃取钴的红外光谱

在萃取后，由高波位的 $1\ 171.423\ \text{cm}^{-1}$ 的 P=O 的伸缩振动峰位移到低波位的 $1\ 147.078\ \text{cm}^{-1}$，这说明 P=O 键与钴离子发生配位，波数变化是由于 P=O 键与 Co 形成 P=O→Co 配位键，使 P=O 双键的电子云密度降低，键的强度减弱，从而导致其震动频率下降。同时因为钴与 P＝O 的配位，使 Cyanex272 的对称性发生变化，P＝O 键的偶极矩发生变化，导致峰强度减弱，即萃取反应过程的实质是 Co 与 P—O—H 中的氢发生置换反应，且与 P＝O 发生络合配位反应。

6.3.6.2　钴的萃取机理分析

Cyanex272 为酸性磷类萃取剂，在煤油中以二聚体形式存在[29]，因此推测 Cyanex272 萃取钴的机理与 P204 萃取锰的机理类似，因此存在式（6.7）。

$$\lg D = \lg K + m\lg[(HP)_2] + n\mathrm{pH} \qquad (6.7)$$

因为反应平衡常数 K 仅与温度有关，实验中萃取温度不变，均保持在室温，所以 K 为定值。当 pH 不变时，$\lg D$ 与 $\lg[(HR_2)]$，即 $\lg[(\text{Cyanex272})]$ 呈线性相关，也就是与萃取剂浓度呈线性相关；当萃取剂浓度不变时，$\lg D$ 与 pH 呈线性相关。

基于图 6.21 和图 6.23 展示的实验结果，做 $\lg D$-$\lg[(\text{Cyanex272})]$ 和 $\lg D$-平衡 pH 的关系图，并做线性拟合，结果如图 6.30 和图 6.31 所示。

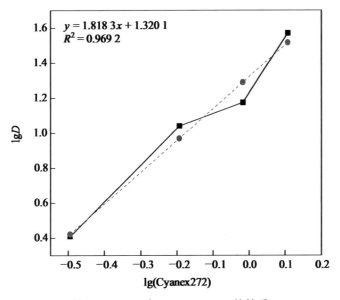

图 6.30　$\lg D$ 和 $\lg(\text{Cyanex272})$ 的关系

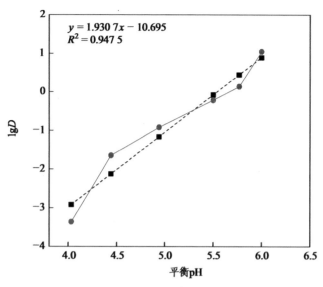

图 6.31　lg D 和平衡 pH 的关系

lg D-lg[(Cyanex272)] 的线性拟合方程为 $y = 1.839\,3 + 1.298\,8$，相关系数 R^2 为 0.979 3，斜率为 1.839 3，可近似认为 2，表明 1 mol 的钴离子需要消耗 2 mol 的 Cyanex272，即 $m = 2$。lg D-平衡 pH 的线性拟合方程为 $y = 1.930\,7x - 10.695$，相关系数 R^2 为 0.947 5，斜率为 1.930 7，可近似认为 2，表明萃取 1 mol 钴离子释放了 2 mol 的 H^+。

图 6.32 为 Cyanex272 的分子结构示意图。因此，结合红外光谱得出 Cyanex272 从苹果酸浸出液中萃取分离钴的反应方程式为式（6.8）：

$$2(HR)_{2(org)} + Co^{2+} \Longrightarrow CoR_2 \cdot 2HR_{(org)} + 2H^+ \qquad (6.8)$$

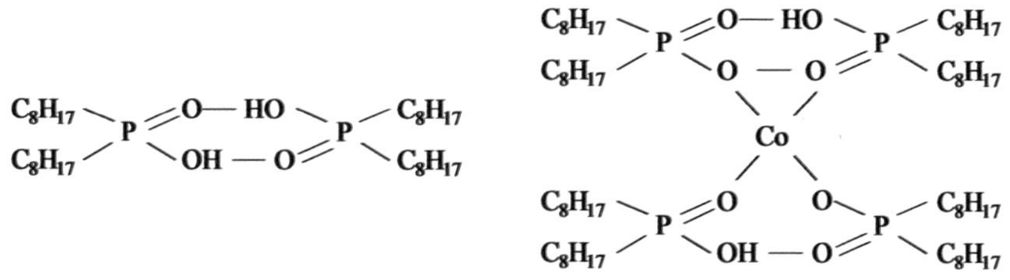

（a）Cyanex272 的二聚体结构　　　（b）Cyanex272 负载钴的结构

图 6.32　Cyanex272 的分子结构示意图

由以上研究可见：

（1）在苹果酸体系中通过 Cyanex272 对钴进行萃取，确定其最佳萃取条件为：萃取时间为 3 min，萃取相比（O/A）为 1.0，萃取剂浓度（Cyanex272 占有机相的体积分数）为 20%，平衡 pH 值为 6.0，在单级萃取的情况下，Cyanex272 对钴的萃取率为 91.75%。在不同平衡 pH 值下，高浓度的镍离子的存在对 Cyanex272 萃取钴的萃取率基本无影响；在最佳反应条件下，随着镍离子浓度的增加，钴的萃取率不断增加，随着锂离子浓度的增加，钴的萃取率在不断降低，锂对钴的抑制作用不断增强。通过三级逆流萃取，钴的萃取率为 94.01%，锂、镍的共萃率分别为 11.21% 和 0.02%。

（2）经萃取后的负载有机相选用钴为 1 g/L、苹果酸浓度为 10 g/L 的苹果酸溶液以相比（O/A）为 1.0 对负载有机相进行洗涤，以除去其中的锂，再以苹果酸溶液为反萃液对负载有机相进行反萃，最佳反萃条件为：苹果酸浓度为 30 g/L，反萃相比（O/A）=1.0，反萃时间为 10 min，在单级反萃的情况下，苹果酸溶液对钴的反萃率为 60.35%。通过三级逆流反萃，苹果酸溶液对钴的反萃率为 99.98%。

（3）通过红外光谱可以说明，Cyanex272 在煤油中以二聚体分子存在，在发生萃取时，部分分子间氢键和分子内氢键发生断裂，这说明 —OH 中的 H 被钴离子取代，且 P═O 双键的强度和波位的变化也说明 Co 与 P═O 键形成了 P═O → Co 配位键，通过理论计算证明，萃取 1 mol 的钴离子需要消耗 2 mol 的 Cyanex272 和释放出 2 mol 的氢离子，萃取过程的实质是钴离子与 P—O—H 中的氢发生置换反应及钴离子与 P═O 双键结合形成配位键进而被萃取。

6.4　废旧锂电池正极材料苹果酸浸出液中镍的萃取研究

使用 Cyanex272 对钴进行萃取后，此时正极材料浸出液中剩余的主要金属还有锂和镍，本节选用 Versatic10 对浸出液中的镍进行萃取，通过实验考察了萃取时间、相比（O/A）、萃取剂浓度(Versatic10 占有机相的体积分数)、平衡 pH 以及锂离子浓度对 Versatic10 萃取镍的萃取率影响。通过红外光谱和斜率法来研究苹果酸体系中 Versatic10 对镍的萃取回收机理，实验证明，通过 Versatic10 能实现苹果酸体系中镍的萃取，实现与锂的有效分离。

Versatic10 是一种常用来萃取铜、锌、镍的羧酸类萃取剂，其分子量为 172 g/mol，密度为 0.91 g/cm³，其化学性能稳定，对金属具有良好的萃取选择性[30-31]。Versatic10 在发生萃取作用时其平衡 pH 值常控制在 3～8，对金属离子的萃取能力与金属离子自身发生水解反应的难易有关。图 6.33 为 Versatic10 对镍铜钙镁等金属离子在一定条件下平衡 pH 值与萃取率的关系[32]。从图 6.33 中可以看出，当平衡 pH 值为 4.0 时，镍离子开始被 Versatic10 萃取。

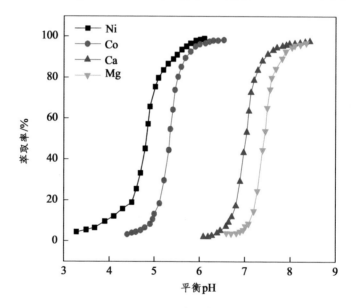

图 6.33　Versatic10 对金属离子的萃取顺序

6.4.1　Versatic10 对镍的萃取实验研究

本节实验中，除以萃取时间为变量的实验中，萃取剂浓度（Versatic10 在有机相中的体积分数）为 20%，其他实验中除待考察因素各自的条件变化外，其他条件均为：萃取温度为 25 ℃，萃取相比（O/A）为 1.0，萃取剂浓度为 30%，平衡 pH 值为 8.0，分相时间为 7～8 min。

6.4.1.1 萃取时间对 Versatic10 萃取镍的影响

图 6.34 为萃取时间对 Versatic10 萃取镍的萃取率的影响。根据图 6.34 可知，当萃取时间为 1 min 时，Versatic10 对镍的萃取率为 18.16%；当萃取时间为 9 min 时，Versatic10 对镍的萃取率为 60.94%；当萃取时间为 11 min 时，Versatic10 对镍的萃取率为 58.14%。当时间在 9 min 之前，随着时间增加，Versatic10 对镍的萃取率也逐渐增加，这是因为当萃取时间较短时，萃取反应尚未到达平衡，随着时间增加，萃取率也增加。当萃取率超过 9 min 后，Versatic10 对镍的萃取率趋于稳定，即 9 min 时 Versatic10 对镍的萃取反应已达到平衡。所以，9 min 为最佳萃取时间。

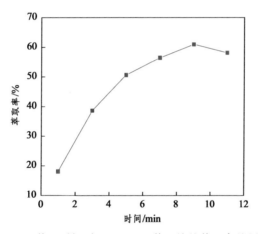

图 6.34 萃取时间对 Versatic10 萃取镍的萃取率的影响

6.4.1.2 相比（O/A）对 Versatic10 萃取镍的影响

图 6.35 为萃取相比（O/A）对 Versatic10 萃取镍的萃取率的影响。根据图 6.35 可知，随着相比（O/A）的增加，Versatic10 对镍的萃取率先迅速增加后趋于稳定。当相比（O/A）为 0.5 时，Versatic10 对镍的萃取率为 49.75%；当相比（O/A）为 1.0 时，Versatic10 对镍的萃取率为 76.35%，上涨了 26.6%；而当相比（O/A）为 1.5 时，Versatic10 对镍的萃取率为 84.63%，仅上涨了 8.28%，继续增加相比（O/A），萃取率基本无变化。这是因为当溶液中其他离子浓度不变时，镍离子的萃取率取决于萃取剂 Versatic10 的量多少，当相

比（O/A）较低时，大部分的萃取剂分子都与镍结合生成配合物。相比（O/A）增加，则萃取剂总量增加，与萃取剂结合的镍量增加，进而萃取率增加，但水相中镍的总量是一定的，继续增加相比（O/A），镍的萃取率最终趋于稳定，且过高的相比（O/A）会导致萃取剂的利用率降低，大量的有机相被浪费。因此，Versatic10 萃取镍的最佳相比（O/A）为 1.0。

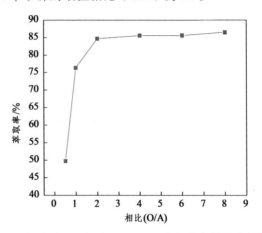

图 6.35　相比（O/A）对 Versatic10 萃取镍的萃取率的影响

6.4.1.3　萃取剂浓度对 Versatic10 萃取镍的影响

图 6.36 为萃取剂浓度对 Versatic10 萃取镍的萃取率的影响。

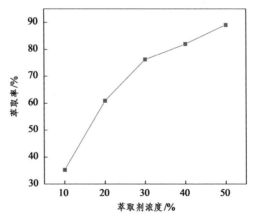

图 6.36　萃取剂浓度对 Versatic10 萃取镍的萃取率的影响

根据图 6.36 可知, 当萃取剂浓度为 10%时, Versatic10 对镍的萃取率为 35.27%; 当萃取剂浓度为 20% 时, Versatic10 对镍的萃取率为 60.94%; 当萃取剂浓度为 30% 时, Versatic10 对镍的萃取率为 76.18%, 随后继续增加萃取剂浓度, 萃取率增幅变小。这是因为随着 Versatic10 含量的增加, 萃取剂与镍的接触几率增加, 形成萃合物的几率增加, 从而萃取率增加, 因镍的含量是固定的, 且萃取剂浓度过高会导致有机相黏度增加, 有机相和水相的分相时间变长 (当萃取剂浓度为 50% 时, 分相时间为 10 min), 进而影响萃取效率, 考虑到萃取效率及萃取剂的利用率等, 选择萃取剂浓度为 30%。

6.4.1.4 平衡 pH 值对 Versatic10 萃取镍的影响

图 6.37 为萃取平衡 pH 值对 Versatic10 萃取镍的萃取率的影响。

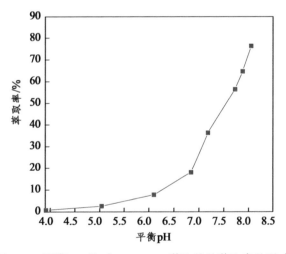

图 6.37 平衡 pH 值对 Versatic10 萃取镍的萃取率的影响

根据图 6.37 可知, 当平衡 pH 值 = 6.00, Versatic10 对钴的萃取率为 7.8%。随着平衡 pH 值的增加, Versatic10 对钴萃取率迅速增加, 当平衡 pH 值为 8.05 时, Versatic10 对钴萃取率为 76.35%。随着平衡 pH 值的增加, Versatic10 对钴的萃取率迅速增加, 这是因为, 随着萃取反应的进行, 萃取剂分子中的氢被置换出来, 导致 pH 值下降, 进而造成强酸环境对 Versatic10 的电离产生抑制作用, 阻止萃取剂与镍离子结合形成萃合物达到萃取目的。增加 pH 值可以中和萃取反应所产生的 H^+，且降低酸性条件对 Versatic10 电离的抑制作用，促使反应向有利于形成镍与 Versatic10 的萃合物的方向发生进而增大镍的萃取率。当平衡 pH 值 = 8.05 之后继续增加 pH 值，水相出现黏稠状，且有机相极难分相，所以选择 Versatic10 萃取镍的最佳平衡 pH 值为 8.05。

6.4.1.5　锂离子浓度对 Versatic10 萃取镍的影响

图 6.38 为不同锂离子浓度对 Versatic10 萃取镍的萃取率的影响。根据图 6.38 可知，随着锂离子浓度的增加，镍离子萃取率不断增加，锂离子萃取率基本保持不变。当锂离子浓度为 0.5 g/L 时，Versatic10 对镍的萃取率为 64.74%，当锂离子浓度为 1.0 g/L 时，Versatic10 对镍的萃取率为 72.36%，当锂离子浓度为 1.5 g/L 时，Versatic10 对镍的萃取率为 85.25%。当锂离子浓度为 1.0 g/L 时，锂的萃取率为 1.4%，当锂离子浓度为 2.0 g/L 时，锂的萃取率为 3.85%，整体变化不大，分离系数 $\beta_{Ni/Li}$ 在不断增加，最大为 290.476，说明镍和锂的分离效果较好。

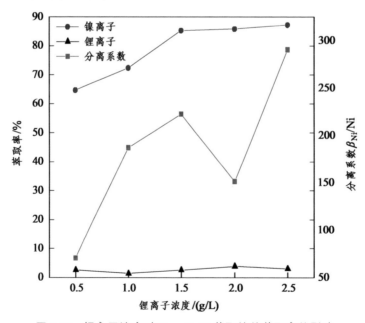

图 6.38　锂离子浓度对 Versatic10 萃取镍的萃取率的影响

6.4.2　萃取平衡等温线的绘制及萃取级数的确定

由于在最佳条件下，Versatic10 对镍的单级萃取率只有 76.35%，单级萃取的效果并不理想，所以，选择使用多级逆流萃取以达到对镍充分萃取的目的。选择萃取时的最佳平衡 pH 值为 8.05，萃取剂浓度为 30%，萃取时间为 9 min，萃取后，分析萃取后两相中镍离子的浓度，横坐标为水相中镍离子的浓度，纵坐标为有机相中镍离子的浓度，绘制镍的萃取平衡等温线图，如图 6.39 所示。以相比（O/A）= 1.0 为斜率来绘制操作线，具体操作与 6.2.2 节类似，最终确定理论的逆流萃取级数。图 6.39 为镍的萃取平衡等温线。

由图 6.39 可知，在相比（O/A）为 1.0 的情况下，逆流萃取的理论级数为 3，即可将水相中绝大部分镍萃取出来。

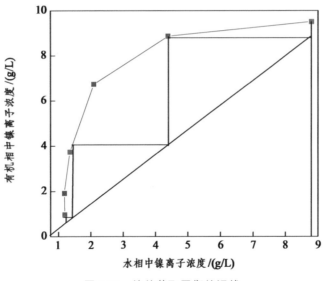

图 6.39　镍的萃取平衡等温线

6.4.3　Versatic10 三级逆流萃取镍

由 5.2 节可知，进行三级逆流萃取可将浸出液中的绝大部分镍萃取出来，实验条件为：萃取时间 9 min，萃取相比（O/A）1.0，萃取剂浓度 30%，平衡 pH 值 8.05，当逆流萃取进行到第三次时，镍离子金属浓度趋于稳定，达到稳态。萃取前液成分为 Ni：9.62 g/L，Li：2.65 g/L，进行多次三级逆流萃取试验，试验结果如表 6.6 所示。

表 6.6 三级逆流萃取镍的实验结果

编号	萃余液成分/(g/L)		萃取级数	萃取率/%	
	Ni	Li		Ni	Li
1	0.67	2.49	3	93.04	6.04
2	0.68	2.46	3	92.93	7.02
3	0.68	2.47	3	92.93	6.76

由表 6.6 可知，经过三级逆流萃取，浸出液中的绝大部分镍都被 Versatic10 萃取出来，镍的萃取率为 93.04%，有机相中夹带了部分的锂离子。用含镍 4 g/L 的，苹果酸浓度为 20 g/L 的溶液以相比（O/A）为 1.0 对有机相进行洗涤。洗涤后，有机相中镍为 6.29 g/L，锂 0.83 mg/L，洗涤液可以浓缩后加入萃镍前液进行二次回收利用。

6.4.4 镍的负载有机相反萃实验研究

本节实验中除待考察因素各自的条件变化外，其他条件均为：反萃液为苹果酸，反萃温度为 25 ℃，反萃时间为 10 min，反萃相比（O/A）为 1.0，苹果酸浓度为 40 g/L，分相时间为 5～6 min。

6.4.4.1 苹果酸浓度对反萃镍的影响

图 6.40 为苹果酸浓度对镍的反萃率的影响。

从图 6.40 可知道，随着苹果酸浓度的增加，苹果酸溶液对镍的反萃率先增加后基本不变。当苹果酸浓度为 20 g/L 时，苹果酸溶液对镍的反萃率仅为 65.23%，当苹果酸浓度为 40 g/L 时，苹果酸溶液对镍的反萃率为 89.12%，当浓度超过 40 g/L 后，苹果酸溶液对镍的反萃率基本不变。这是因为当浓度增加时，氢离子又会与萃合物发生置换反应，将其中的金属离子置换出来，因此反萃剂需要有足够的浓度才能促进反应向右进行，但是随着反萃液浓度的增加，对反萃液的利用率变低且处理反萃后液时所需使用的碱量变多,导致生产成本增加。因此使用苹果酸反萃 Versatic10 中的镍的最佳苹果酸浓度为 40 g/L。

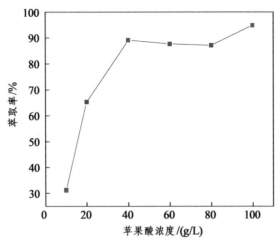

图 6.40　苹果酸浓度对镍的反萃率的影响

6.4.4.2　反萃相比（O/A）对镍反萃率的影响

图 6.41 为反萃相比（O/A）对镍的反萃率的影响。由图 6.41 可知,随着反萃相比（O/A）的增加,苹果酸溶液对镍的反萃率先增加后减少。当反萃相比（O/A）为 0.5 时,苹果酸溶液对镍的反萃率为 74.04%,当反萃相比（O/A）

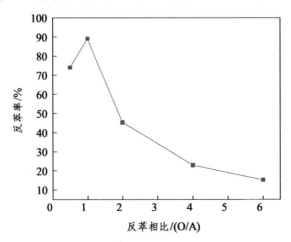

图 6.41　反萃相比（O/A）对镍的反萃率

为 1.0 时，苹果酸溶液对镍的反萃率提升至 89.12%，当反萃相比（O/A）为 2.0 时，苹果酸溶液对镍的反萃率为 45.29%，再增加相比（O/A），反萃率逐渐下降，这是因为随着相比（O/A）的增加，负载有机相中的镍的总量也在增加，虽然反萃液反萃下来的镍的总量也在增加，但是萃取率整体来看是下降的，且随着反萃相比（O/A）的增加，反萃后平衡 pH 值也在增加，因为反萃反应是氢离子与萃合物发生置换反应生成金属离子和萃取剂分子，增大 pH 使平衡向左，进一步降低了反萃率。从反萃率、苹果酸利用率、对镍的回收量来看，1∶1 作为反萃相比（O/A）较为合适。

6.4.5　二级逆流反萃取实验

在苹果酸浓度为 40 g/L，反萃相比（O/A）为 1.0，反萃时间为 10 min 的最佳反萃条件下，苹果酸溶液对镍的反萃率为 89.12%，镍的反萃率有待进一步提高，因此选择使用二级逆流反萃在同样条件下对镍的负载有机相进行反萃。当逆流反萃进行到第三次时，镍离子浓度趋于稳定，达到稳态。有机相中镍浓度为 6.98 g/L，锂离子浓度为 0.89 mg/L，进行多次二级逆流萃取实验，实验结果如表 6.7 所示。

表 6.7　二级逆流反萃镍的实验结果

编号	反萃后有机相中镍浓度/(mg/L)	反萃级数	反萃率/%
1	1.00	2	99.99
2	5.00	2	99.93
3	11.00	2	99.84

如表 6.7 所示，当经过二级逆流反萃后，水相中的镍浓度为 6.979 g/L，镍的反萃率达到 99.99%，苹果酸溶液基本将镍完全反萃下来。

6.4.6　Versatic10 萃取镍的机理分析

6.4.6.1　萃镍的红外光谱分析

图 6.42 为 Versatic10 萃镍的红外光谱图。如图 6.42 所示，扫描范围为

4 000 ~ 400 cm^{-1}，萃取前，在 3 418.322 cm^{-1} 附近出现了醇羟基的伸缩振动峰，在 1 699.853 cm^{-1} 出现了羰基伸缩振动吸收峰，在 1 463.563 cm^{-1} 附近出现了 COO — 的对称峰[33]。

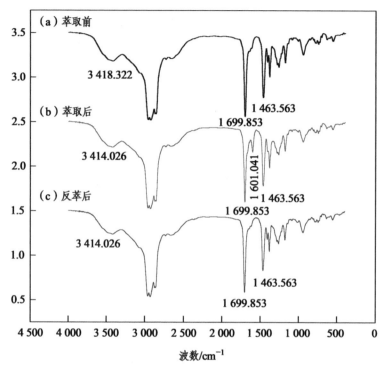

图 6.42　Versatic10 萃取镍的红外光谱

萃取后，醇羟基的伸缩振动峰由 3 418.322 cm^{-1} 向低波数 3 414.026 cm^{-1} 移动，位于 1 463.563 cm^{-1} 处的对称峰强度由 0.773 71 变到 0.784 42，且在 1 601.041 cm^{-1} 处出现了羰基的反对称峰，在羧酸金属盐中，对称峰与反对称峰的频率的差值取决于金属与羧酸中的羧基的强度，反应形成羧酸盐的对称峰和反对称峰的频率差距越大[34-35]，则 —O—M 越牢固。当频率差值小于 150 cm^{-1}，可以将 —O—M 视为离子键。

而位于 1 700 cm^{-1} 处的羰基之所以峰强度减弱而波数未变化是因为羧基中的氢被金属离子取代，由于金属离子的配位数未满，于是对 C=O 双键中的电负性较大的 O 周围的电子具有较强的吸附能力，使碳与氧之间电荷差异变小,减弱了偶极矩之间的变化,从而导致吸收峰强度降低。因此 Versatic10 萃取镍的机理就是 —COOH 中的氢与镍发生了离子交换反应。

6.4.6.2 镍的萃取机理分析

Versatic10 为一种羧酸类萃取剂,其萃取时以 —COOH 中的 H 与金属离子发生交换反应从而达到萃取目的,设其与镍的通常反应式为式(6.9)。

$$m\mathrm{HR}_{(\mathrm{org})} + \mathrm{Me}^{n+} \Longleftrightarrow \mathrm{MeR}_{m(\mathrm{org})} + n\mathrm{H}^+ \tag{6.9}$$

式中,Me^{n+} 为金属离子 Mn^{2+};HR 为萃取剂 Versatic10。

平衡常数 K 表示为:

$$K = \frac{[\mathrm{MeR}_m][\mathrm{H}^+]^n}{[\mathrm{HR}]^m} \tag{6.10}$$

此时分配系数 D 可以表示为:

$$D = \frac{[\mathrm{MeR}_m]}{[\mathrm{Me}^{n+}]} \tag{6.11}$$

将式(6.10)带入式(6.11)中可得:

$$K = \frac{[D][\mathrm{H}^+]^n}{[\mathrm{HR}]^m} \tag{6.12}$$

根据前文中对锰的萃取机理的类似计算可得出:

$$\lg D = \lg K + m\lg[\mathrm{HR}] + n\mathrm{pH} \tag{6.13}$$

因为反应平衡常数 K 仅与温度有关,实验中萃取温度不变,均保持在室温,所以 K 为定值。当 pH 不变时,$\lg D$ 与 $\lg[\mathrm{HR}]$ 呈线性相关,也就是与萃取剂浓度呈线性相关;当萃取剂浓度不变时,$\lg D$ 与平衡 pH 呈线性相关。

对于镍的萃取,基于图 6.36 和图 6.37 实验结果,做 $\lg D$-$\lg[\mathrm{HR}]$ 和 $\lg D$-平衡 pH 的关系图,并做线性拟合,结果如图 6.43 和图 6.44 所示。$\lg D$-$\lg[\mathrm{HR}]$ 的线性拟合方程为 $y = 1.6916x + 0.182$,相关系数 R^2 为 0.998,斜率为 1.691 6,近似认为 2。表明 1 mol 的镍离子需要消耗 2 mol Versatic10,即 $m = 2$。$\lg D$-

平衡 pH 值的线性拟合方程为 $y = 0.889x - 6.7029$ ，相关系数 R^2 为 0.982 1，斜率为 0.889，近似认为 1，表明 1 mol 镍离子会释放 1 molH$^+$。这种较低的斜率与萃取剂的质子化有关，即在较高氢离子浓度下，萃取剂倾向于直接与 H$^+$反应生成 H$_2$A$^+$的络合阳离子，因此，结合红外光谱得出 Versatic10 从苹果酸浸出液中萃取分离镍的反应方程式如式（6.14）：

$$Ni^{2+} + 3HR \Longrightarrow NiR_2 + H^+ + H_2R^+ \qquad （6.14）$$

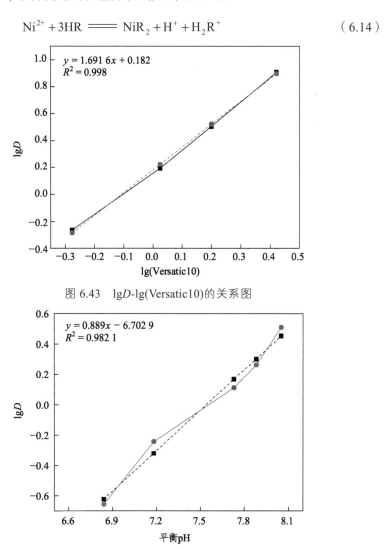

图 6.43　lg$D$-lg(Versatic10)的关系图

图 6.44　lg$D$-平衡 pH 值的关系图

因此得出负载镍的 Versatic10 的分子结构示意图，如图 6.45 所示，这也验证了上文中红外光谱得出羧基中的氢离子与钴离子发生置换形成萃合物进而被萃取的结论。

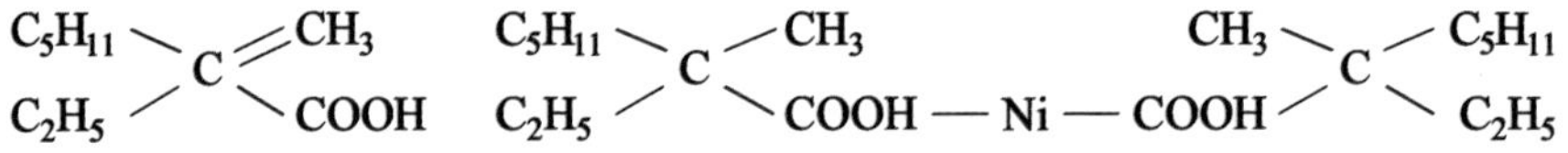

$$C_5H_{11} \diagdown C \diagup CH_3 \qquad C_5H_{11} \diagdown C \diagup CH_3 \qquad CH_3 \diagdown C \diagup C_5H_{11}$$
$$C_2H_5 \diagup \diagdown COOH \qquad C_2H_5 \diagup \diagdown COOH - Ni - COOH \diagup \diagdown C_2H_5$$

（a）Versatic10 结构　　　　　　（b）Versatic10 负载镍的结构

图 6.45　Versatic10 的分子结构示意图

由以上研究可见：

（1）在苹果酸体系中对镍离子通过 Versatic10 进行萃取，确定其最佳萃取条件为，萃取时间 9 min，萃取相比（O/A）1.0，萃取剂浓度 30%，平衡 pH 值 8.05，在单级萃取的情况下，Versatic10 对镍的萃取率为 76.35%。随着锂离子浓度的增加，镍的萃取率在不断增加。通过三级逆流萃取，镍的萃取率为 93.04%，锂的共萃率为 6.04%。

（2）经萃取后的负载有机相选用镍为 3 g/L、苹果酸浓度为 20 g/L 的溶液以相比（O/A）为 1.0 对负载有机相进行洗涤，以除去其中的锂。再以苹果酸溶液为反萃液对负载有机相进行反萃，最佳反萃条件为：苹果酸浓度 40 g/L，反萃相比（O/A）1.0，反萃时间 10 min，单级反萃的情况下，苹果酸溶液对镍的反萃率为 89.12%。通过二级逆流反萃，苹果酸溶液对镍的反萃率为 99.99%。

（3）通过红外光谱可以说明，Versatic10 中的羧基和醇羟基均发生了改变，即镍离子与 Versatic10 中羧基的氢以离子交换的形式被萃取。通过理论计算证明，萃取 1 mol 的镍离子需要消耗 2 mol 的 Versatic10 和释放出 1 mol 的氢离子，这是因为发生了萃取剂的质子化现象，即在高氢离子浓度下，Versatic10 与大部分的氢离子形成了 H_2A^+ 的络合阳离子，萃取过程的实质是 Versatic10 中的羧基中的氢离子与镍发生置换反应形成萃合物进而被萃取。

本章小结

本章以苹果酸体系浸出废旧锂离子电池获得的浸出液为研究对象，对其中的锰、钴、镍三种金属进行分步萃取回收，初步得出以下结论：

（1）在苹果酸体系中对锰离子采用 P204 进行萃取，通过研究获得最佳萃取条件为：萃取时间 1 min，萃取相比（O/A）1.0，萃取剂浓度（P204 占有机相的体积分数）20%，浸出液初始 pH 值 2.96。在单级萃取的情况下，P204 对锰的萃取率为 89.75%。随着钴、镍、锂离子浓度的增加，P204 对锰的萃取率均在增加。通过三级逆流萃取，P204 对锰的萃取率达到了 99.99%，镍、钴、锂的共萃率分别为 12.11%、9.2%、3.23%。对萃取后的负载有机相选用锰为 1 g/L、苹果酸浓度为 100 g/L 的溶液以相比（O/A）为 1.0 对有机相进行洗涤，以除去其中的镍、钴、锂等，再以苹果酸溶液为反萃液对负载有机相进行反萃，最佳反萃条件为：苹果酸浓度 300 g/L，反萃相比（O/A）1.0，反萃时间 20 min。单级反萃的情况下，苹果酸溶液对锰的反萃率为 60.27%。通过三级逆流反萃，苹果酸溶液对锰的反萃率为 88.80%。萃取 1 mol 的锰离子需要消耗 2 mol 的 P204 并释放出 1.5 mol 的氢离子，萃取过程的实质是锰离子与 P—O—H 中的氢发生置换反应及锰离子与 P=O 双键结合形成配位键进而被萃取。

（2）在苹果酸体系中对钴离子采用 Cyanex272 进行萃取，通过研究获最佳萃取条件为：萃取时间 3 min，萃取相比（O/A）1.0，萃取剂浓度（Cyanex272 占有机相的体积分数）20%，平衡 pH 值 6.0。在单级萃取的情况下，Cyanex272 对钴的萃取率为 91.75%。在不同 pH 值下，高浓度的镍离子的存在对 Cyanex272 萃取钴的萃取率基本无影响；在最佳反应条件下，随着镍离子浓度的增加，钴的萃取率不断增加，随着锂离子浓度的增加，钴的萃取率在不断降低，锂对 Cyanex272 萃钴的抑制作用不断增强。通过三级逆流萃取，Cyanex272 对钴的萃取率为 94.01%，对锂、镍的共萃率分别为 11.21% 和 0.02%。对萃取后的负载有机相选用钴为 1 g/L、苹果酸浓度为 10 g/L 的溶液以相比（O/A）为 1.0 对有机相进行洗涤，以除去其中的锂。再以苹果酸溶液为反萃液对负载有机相进行反萃，最佳反萃条件为：苹果酸浓度 30 g/L，反萃相比（O/A）1.0，反萃时间 20 min。在单级反萃的情况下，苹果酸溶液对钴的反萃率为 60.35%。通过三级逆流反萃，苹果酸溶液对钴的反萃率为 99.98%。萃取 1 mol 的钴离子需要消耗 2 mol 的 P204 和释放出 2 mol 的氢离子，萃取过程的实质是钴离子与 P—O—H 中的氢发生置换反应及钴离子与 P=O 双键结合形成配位键进而被萃取。

（3）在苹果酸体系中对镍离子采用 Versatic10 进行萃取，通过研究证明最佳萃取条件为：萃取时间 9 min，萃取相比（O/A）1.0，萃取剂浓度（Cyanex272 占有机相的体积分数）30%，平衡 pH 值 8.05。在单级萃取的情况下，Versatic10 对镍的萃取率为 76.35%。随着锂离子浓度的增加，镍离子萃取率不断增加。通过三级逆流萃取，Versatic10 对镍的萃取率为 93.04%，锂的共萃率为 6.04%。经萃取后的负载有机相选用镍为 3 g/L、苹果酸浓度为 20 g/L 的溶液以相比（O/A）为 1.0 对有机相进行洗涤，以除去其中的锂。再以苹果酸溶液为反萃液对负载有机相进行反萃，最佳反萃条件为：苹果酸浓度 40 g/L，反萃相比（O/A）1.0，反萃时间 10 min。在单级反萃的情况下，苹果酸溶液对镍的反萃率为 89.12%。通过二级逆流反萃，苹果酸溶液对镍的反萃率为 99.99%。通过红外光谱可以说明，镍离子与 Versatic10 中的羧基的氢以离子交换的形式被萃取。通过理论计算证明，萃取 1 mol 的镍离子需要消耗 2 mol 的 Versatic10 和释放出 1 mol 的氢离子。

参考文献

[1] 范丹丹. 抗坏血酸浸出报废镍钴锰三元电池中有价金属的研究[D]. 上海：上海第二工业大学，2019：4-8.

[2] Sato S. Extraction of Cu(Ⅱ) from hydrochloric acid solution by long-chain aliphatic amine[J]. APPL. Chem. 1966, (16): 305-310.

[3] Wang H J, Feng Y L, Li H L, et al. Recovery of vanadium from acid leaching solutions of spent oil hydrotreating catalyst using solvent extraction with D2EHPA (P204)[J]. Hydrometallurgy, 2020, 195: 105404.1-150414.7.

[4]　Joo S H , Shin D , Oh C H, et al. Extraction of manganese by alkyl monocarboxylic acid in a mixed extractant from a leaching solution of spent lithium-ion battery ternary cathodic material[J]. Journal of Power Sources,2016,305:175-181.

[5]　Ju J R, Feng Y L, Li H R,et al. Separation of Cu, Co, Ni and Mn from acid leaching solution of ocean cobalt-rich crust using precipitation with Na$_2$S and solvent extraction with N235[J]. Korean Journal of Chemical Engineering, 2022,39(3):706-716.

[6]　李英，张利华，郭胜惠，等. P_(507)微乳液膜萃取分离钴镍研究[J]. 有色金属工程，2016，6（06）：40-44.

[7]　李柏均，马晓鸥. P204 萃取废电池中镍的工艺研究[J]. 五邑大学学报（自然科学版），2007（01）：51-54.

[8]　王一乔，苏玉长，肖连生，等. 同步萃取 Ni、Co 和 Zn 在 MH/Ni 电池回收中的研究[J]. 电池，2014，44（06）：362.365.

[9]　郑鸿帅. 废旧锂离子电池正极材料分离回收锂的研究[D]. 北京：中国科学院大学（中国科学院过程工程研究所），2021.

[10]　Zhang P W, Toshiro Yokoyama, Osamu Itabashi, et al. Hydrometallurgical process for recovery of metal values from spent nickel-metal hydride secondary batteries[J]. Hydrometallurgy, 1998, 50(1): 61-75.

[11]　陈平. P204 和芳酰基硫脲对几种金属离子的固液萃取研究[D]. 兰州：西北师范大学，2012.

[12]　时美玲. 红土矿常压盐酸浸出液中镍钴萃取分离研究[D]. 秦皇岛：燕山大学，2014.

[13]　邱胤轩. Versatic10/Mextra1984H 萃取分离废水中的铜镍钴锌镉的研究[D]. 北京：北京有色金属研究总院，2014.

[14]　王雪. 废旧锂离子电池正极材料的回收再利用[D]. 贵阳：贵州师范大学，2018.

[15]　Park K H , Reddy R , Jung S H ,et al. Transfer of cobalt and nickel from sulphatesolutions to spent electrolyte through solvent extraction and

stripping[J]. Separation and Purification Technology, 2006, 51(3): 265-271.

[16] Rao M J, Zhang T, Li G H, et al. Solvent Extraction of Ni and Co from the Phosphoric Acid Leaching Solution of Laterite Ore by P204 and P507[J]. Metals, 2020, 10(4): 545.1-545.14.

[17] Wang Y S, Zeng L, Zhang G Q, et al. A novel process on separation of manganese from calcium and magnesium using synergistic solvent extraction system[J]. Hydrometallurgy, 2019, 185: 55-60.

[18] 王开毅，成本诚，舒万银. 溶剂萃取化学[M]. 长沙：中南工业大学出版社，1991：179-181.

[19] Jayachandran J, Dhadke P M. Liquid-liquid extraction separation of iron (III) with 2.ethyl hexyl phosphonic acid mono 2.ethyl hexyl ester[J]. Talanta, 1997, 44(7): 1285-1290.

[20] 吴诗婷. P204-添加剂改性萃取体系萃取钕、钇的研究[D]. 南昌：南昌航空大学，2018

[21] 李剑虹，张兴. P204-HCl-HAc 体系萃取 La 的机理分析与萃取平衡常数[J]. 稀有金属与硬质合金，2010，38（02）：11-13+25.

[22] 徐志高，王力军，吴延科，等. DIBK-P204 体系萃取分离锆和铪的机理[J]. 中国有色金属学报，2013，23（07）：2061-2068.

[23] Mubarok M Z, Hanif L I. Cobalt and Nickel Separation in Nitric Acid Solution by Solvent Extraction Using Cyanex 272 and Versatic 10[J]. Procedia Chemistry, 2016, 19: 743-750.

[24] Nam K M, Kim H J , Kang D H ,et al. Ammonia-free coprecipitation synthesis of a Ni-Co-Mn hydroxide precursor for high-performance battery cathode materials[J]. Green chemistry, 2015, 17(2): 1127-1135.

[25] Tsakiridis P E , Agatzini-Leonardou S. Solvent extraction of aluminium in the presence of cobalt, nickel and magnesium from sulphate solutions by Cyanex 272[J]. Hydrometallurgy, 2005, 80(1): 90-97.

[26] Liu W S, Zhang J, Xu Z Y, et al. Study on the Extraction and Separation

of Zinc, Cobalt, and Nickel Using Ionquest 801, Cyanex 272, and Their Mixtures[J]. Metals, 2021, 11(3): 401.1-401.12.

[27] Ichlas Z T , Ibana D C. Process development for the direct solvent extraction of nickel and cobalt from nitrate solution: aluminum, cobalt, and nickel separation using Cyanex 272[J]. International Journal of Minerals, Metallurgy, and Materials, 2017, 24(1): 37-46.

[28] Guimares A S, Silva L A , Pereira A M, et al. Purification of concentrated nickel sulfuric liquors via synergistic solvent extraction of calcium and magnesium using mixtures of D2EHPA and Cyanex 272[J]. Separation and Purification Technology, 2020, 239: 116570.1-116570.9.

[29] 石文堂. 低品位镍红土矿硫酸浸出及浸出渣综合利用理论及工艺研究[D]. 长沙：中南大学，2011.

[30] 张灿. 盐酸介质下酸性磷（膦）类萃取剂对稀土元素的协同萃取机理研究[D]. 北京：北京有色金属研究总院，2014.

[31] Qiu Y X, Yang L M, Huang S T, et al. The separation and recovery of copper(II), nickel(II), cobalt(II), zinc(II), and cadmium(II) in a sulfate-based solution using a mixture of Versatic 10 acid and Mextral 984H[J]. Chinese Journal of Chemical Engineering, 2017, 25(6):760-767.

[32] Hutton-Ashkenny M, Ibana D, Barnard K R. Reagent selection for recovery of nickel and cobalt from nitric acid nickel laterite leach solutions by solvent extraction[J]. Minerals Engineering, 2015,77:42.51.

[33] Cheng C Y, Zhang W S, Yoko Pranolo. Separation of Cobalt and Zinc from Manganese, Magnesium, and Calcium using a Synergistic Solvent Extraction System Consisting of Versatic 10 and LIX 63[J]. Solvent Extraction and Ion Exchange, 2010, 28(5): 608-624.

[34] 杨燕生，龚孟濂，李沅英. 稀土 Versatic-10 盐的研究[J]. 中国稀土学报，1983（02）：9-16.

[35] 彭安，戴桢容. 稀土化学论文集[M]. 北京：科学出版社，1982：39-40.

第7章
废旧三元材料喷雾干燥法再生研究

虽然超声可以提高苹果酸对废旧 $LiNi_{0.6}Co_{0.2}Mn_{0.2}O_2$ 的浸出效率，但是共沉淀法存在实验流程长、控制因素复杂等不足。若可以找到一种既不用分离提取有价金属，也无需控制繁琐工艺条件的方法来制备出前驱体，将极大简化再生 $LiNi_{0.6}Co_{0.2}Mn_{0.2}O_2$ 材料流程。

喷雾干燥法是一种较容易制备获得均匀前驱体的方法，该方法可以实现元素原子水平上的混合，且制备的前驱体为球形形态，其技术优势包括在反应器中的停留时间短、不需要进一步的纯化步骤，并且产物的组成是均匀的。若可以通过喷雾干燥从有机酸浸出液中快速高效地制备出均匀的前驱体，将有助于进一步缩短、简化工艺流程。本章节采用喷雾干燥法直接从有机酸浸出液中快速制备三元材料的前驱体，并结合高温煅烧再生制备 $LiNi_{0.6}Co_{0.2}Mn_{0.2}O_2$。主要研究了苹果酸与金属摩尔比、二段煅烧温度对再生制备材料性能的影响规律；分析表征了导致材料性能差异的内部结构原因。

7.1 研究方案

1. 废旧 $LiNi_{0.6}Co_{0.2}Mn_{0.2}O_2$ 浸出

基于第 5 章废旧 $LiNi_{0.6}Co_{0.2}Mn_{0.2}O_2$ 预处理和超声强化浸出研究，浸出液的制备步骤如下：在浸出温度 80 ℃、固液比 5 g/L、超声强度 90 W 的条件下，用 1.0 mol/L DL-苹果酸+4 vol% H_2O_2 溶液浸出煅烧除碳后的废旧 $LiNi_{0.6}Co_{0.2}Mn_{0.2}O_2$ 材料 30 min，得到废旧 $LiNi_{0.6}Co_{0.2}Mn_{0.2}O_2$ 的浸出液。

2．废旧 $LiNi_{0.6}Co_{0.2}Mn_{0.2}O_2$ 浸出-喷雾干燥-固相法再生

首先，用 ICP-OES 检测废旧 $LiNi_{0.6}Co_{0.2}Mn_{0.2}O_2$ 浸出液中金属的元素含量，并按照 $n(Ni)$：$n(Co)$：$n(Mn) = 3$：1：1，Li：$M(M = Ni+Co+Mn)=1.05$，加入 $NiC_4H_6O_4 \cdot 4H_2O$、$C_4H_6CoO_4 \cdot 4H_2O$、CH_3COOLi、$MnC_4H_6O_4 \cdot 4H_2O$，然后用 5 wt% $NH_3 \cdot H_2O$ 将溶液 pH 值调至 3（降低酸性溶液对机器的腐蚀同时防止金属离子的沉淀），配制成前驱体溶液。然后进行喷雾干燥，制备出 $LiNi_{0.6}Co_{0.2}Mn_{0.2}O_2$ 的前驱体，控制进口温度为 190 ℃、进料速度为 650 mL/h、进气压力为 0.2 MPa。将得到的淡粉红色前驱体在氧气气氛下 450 ℃ 预烧 5 h，冷却至室温后取出，在研钵中研磨 30 min，最后在 850～900 ℃ 下煅烧 12 h，得到再生 $LiNi_{0.6}Co_{0.2}Mn_{0.2}O_2$，主要实验流程如图 7.1 所示。

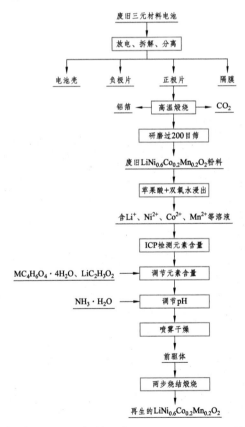

图 7.1　浸出-喷雾干燥-固相法再生 $LiNi_{0.6}Co_{0.2}Mn_{0.2}O_2$ 的工艺流程图

7.2 前驱体结构与形貌的研究

图 7.2 为喷雾干燥制备前驱体粉末的 XRD 图，从图中未观察到比较尖锐的衍射峰，呈现漫散峰，这说明制备出的前驱体为非晶态，这主要归因于低温、快速的成型过程。如图 7.3 是前驱体的微观形貌图，从图 7.3（a）、（d）可以清

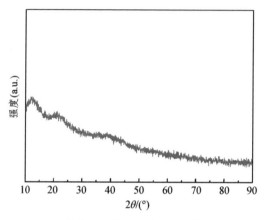

图 7.2 前驱体的 XRD 图

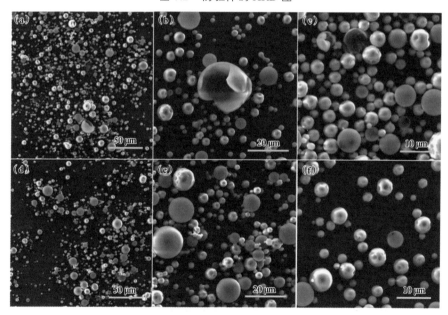

图 7.3 前驱体的 SEM 图

楚地看出前驱体较为分散，呈单一完整球形颗粒，这有利于后期烧结形成团聚现象较低的电极材料颗粒。同时可以发现颗粒分布不均一，经过测量和统计，球形颗粒直径分布在 1～15.2 μm。从图 7.3（b）、（e）可以看出大部分颗粒表面光滑，少部分前驱体颗粒为空心球壳且壁厚较大，这可能是由于前驱体溶液浓度较低造成的。从高倍数放大图 7.3（c）、（f）可以看出，较多颗粒表面略微凹陷，这可能是前驱体在形成后冷却过程中，颗粒内部气体收缩造成的。

7.3　苹果酸添加量对再生 $LiNi_{0.6}Co_{0.2}Mn_{0.2}O_2$ 材料性能的影响

7.3.1　再生 $LiNi_{0.6}Co_{0.2}Mn_{0.2}O_2$ 过程 TG/DSC 分析

为了进一步分析再生 $LiNi_{0.6}Co_{0.2}Mn_{0.2}O_2$ 过程中的物理和化学变化，对得到的前驱体进行热重/差热分析（35～1 000 ℃），测试结果如图 7.4 所示。从 TG/DSC 曲线图中可以看出，温度为 35～155 ℃ 时，重量损失为 4.22%，主要归因于前驱体中吸附水和结晶水的损失；155～364 ℃ 时，重量损失较大为 43.43%，查阅文献得知[1]，发生的反应为苹果酸的分解；当温度为 364～375 ℃ 时，主要归结于乙酸盐的分解[2]，重量损失为 8.59%；375～429 ℃ 时，

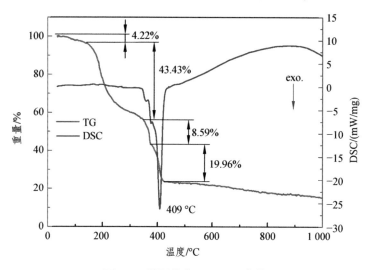

图 7.4　前驱体的 TG/DSC 曲线

重量损失为 19.96%，发生的反应为 $LiNi_{0.6}Co_{0.2}Mn_{0.2}O_2$ 的固态反应[3]；温度在 429 °C 以上时，重量损失为 8.13%，对应于材料的结晶度提升及锂损失[4]。由于在 429 °C 时，前驱体已完成固态反应，提高温度则会进一步提升材料的结晶度。综上所述，为了使有机物完全分解，将一段煅烧温度确定为 450 °C。具体的变化与反应如表 7.1 所示。

表 7.1　前驱体随温度变化过程中发生的变化与反应表

温度/°C	35~155	155~364	364~375	375~429	429~1000
重量损失/wt%	4.22	43.43	8.59	19.96	8.13
变化与反应	吸附水和结晶水的损失	苹果酸分解	乙酸盐分解	固态反应	结晶度提升及锂损失

7.3.2　苹果酸添加量对再生材料结构的影响

在制备前驱体金属溶液过程中，适量的螯合剂可以减少溶液中游离金属离子的数量，从而可以制备出成分均一、稳定的前驱体。由于采用苹果酸进行酸浸出，其在结构上具有 2 个羧基且有二级电离，与金属离子可以快速形成较多的络合离子，提高了金属浸出液的稳定性，从而有利于制备出成分均一的前驱体。如果苹果酸添加量过高，则表面会形成薄的双电层，排斥能就会相应的降低，喷雾干燥得到的前驱体就会存在严重的团聚现象，不利于提高材料的性能。而降低添加量会使得形成的金属溶液成分均一性降低[5]。为了能在两项参数之间找到一个平衡点，进行了不同苹果酸添加量的试验。按照不同的苹果酸添加量将实验分为 3 组，其中，将苹果酸和(Ni+Co+Mn+Li)的摩尔比记为 $1:n$，其中 $n = 1.0$、2.0、3.0，并依次记为 1-1、1-2、1-3 样品。

对不同苹果酸添加量下再生 $LiNi_{0.6}Co_{0.2}Mn_{0.2}O_2$ 进行物相分析，结果如图 7.5 所示。可以看出，再生的三元材料都具有 α-$NaFeO_2$ 型层状岩盐结构，属于六方晶系，没有杂质峰存在，衍射图中(006)/(012)和(108)/(110)峰分裂明显，说明材料形成了良好的层状结构。为了进一步得到再生三元材料的晶胞参数，特对 XRD 谱图进行精修，结果如表 7.2 所示。可以看出，随着 n 值的增加，晶格参数 a 和 c 增加，c/a 值先增加后降低，一般来说，c/a 值显示了锂离子扩散通道的优劣，比值越大越有利于锂离子的扩散，可以看出 1-2 样品具有最高的 c/a 值。此外 I_{003}/I_{104} 被用来评价结构中锂离子与镍离子混排程度，一般来说应大于 1.2。从表中可以看出 1-2 样品具有良好的层状结构并且锂镍混排程度最低。

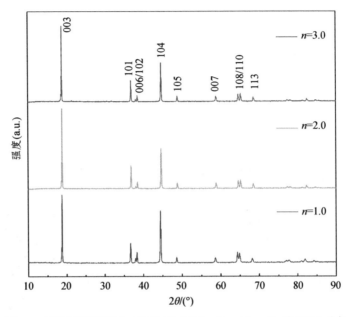

图 7.5　不同苹果酸添加量下再生 $LiNi_{0.6}Co_{0.2}Mn_{0.2}O_2$ 的 XRD 分析

表 7.2　不同苹果酸添加量下再生 $LiNi_{0.6}Co_{0.2}Mn_{0.2}O_2$ 的 XRD 精修晶胞参数

样品	n	a/Å	c/Å	c/a	$V/(Å)^3$	I_{003}/I_{104}
1-1	1	2.874	14.253	4.958	102.020	1.300
1-2	2	2.863	14.206	4.961	100.880	1.770
1-3	3	2.860	14.190	4.960	100.560	1.540

7.3.3　苹果酸添加量对再生材料形貌的影响

不同苹果酸添加量下再生 $LiNi_{0.6}Co_{0.2}Mn_{0.2}O_2$ 材料的微观形貌如图 7.6 所示。从图 7.6（a）可以看出，1-1 样品团聚现象严重，没有保持前驱体的球形形貌，颗粒形状不规则且周围伴随有散落的小颗粒，这归因于前驱体的球形框架是由有机物构成的，当有机物燃烧时结构就会坍塌，而大量有机物燃烧分解则会由于双电层的存在造成颗粒团聚。从图 7.6（b）可以看出二次颗粒不光滑，表面有一些孔洞，这主要是苹果酸和有机盐燃烧生成 H_2O 和 CO_2 气体造成的。图 7.6（c）表明了二次颗粒表面致密且不光滑，一次颗粒轮廓不清晰，粒径为 $0.32 \sim 0.95\ \mu m$。从图 7.6（d）可以看出，当苹果酸和（Ni+Co+Mn+Li）的摩尔比为 1∶2 时，颗粒粒径减小，团聚大幅降低，颗粒为条状或类球形等不规则形状，虽存在极少数大颗粒但整体颗粒较小，经统计颗粒平均粒径为 $2.24\ \mu m$，粒径基本保持均匀。从图 7.6（e）、（f）可以看出，颗粒表面光滑，颗粒为片状或不规则块状分布，整体颗粒粒径分布均一，较小粒径的电极材料能够缩短 Li^+ 在正负极中的扩散距离，有利于电池进行

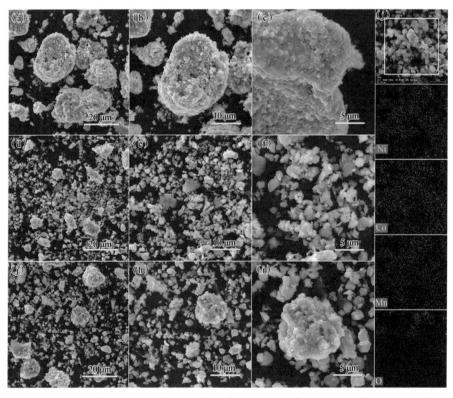

图 7.6　1-1 样品 [（a）～（c）]、1-2 样品 [（d）～（f）]、1-3 样品 [（g）～（i）] 的
SEM 图及 1-2 样品（j）的 EDS 元素扫描图

快速地充放电，改善材料的离子电导率，进而使材料表现出更好的电化学性能。随着苹果酸与（Ni+Co+Mn+Li）的摩尔比增加为 1∶3 时，从图 7.6（g）可以看出，较 1-1 样品来看，颗粒团聚大幅降低，虽有少量 10 μm 左右的颗粒，但整体颗粒分布均匀。从图 7.6（h）、（i）可以看出，二次颗粒表面粗糙，一次颗粒大小不均匀、致密且轮廓模糊，散落的小颗粒为不均匀块状分布，表面光滑，粒径在 2 μm 左右。

同时对 1-2 样品进行了 EDS 元素面扫描，如图 7.6（j）所示。可以看出 1-2 样品表面的 Ni、Co、Mn、O 元素分布均匀且较为清晰，这也说明该样品形成了较好的 MO_6 八面体结构层，为材料表现出良好的电化学性能奠定了基础。

7.3.4　苹果酸添加量对再生材料电化学性能的影响

不同苹果酸添加量下再生 $LiNi_{0.6}Co_{0.2}Mn_{0.2}O_2$ 的首次充放电（0.1 C）曲线如图 7.7 所示。可以直观地看出，SNCM 的充放电平台间距较大，这主要归因于废旧电池材料在长期循环过程中结构受到破坏而失效、SEI 膜增厚等，锂离子扩散受到严重的阻碍，需要通过提高电压来提供锂离子嵌入/嵌

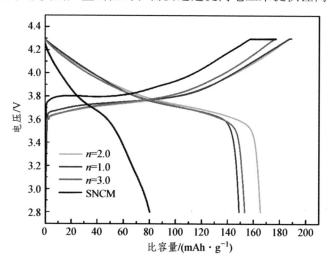

图 7.7　不同苹果酸添加量下再生 $LiNi_{0.6}Co_{0.2}Mn_{0.2}O_2$ 和 SNCM 的
首次充放电（0.1 C）曲线

脱所需的能量。1-1、1-2、1-3、SNCM 样品在 0.1 C 倍率下，首次放电比容量分别为 148.9 mA·h·g^{-1}、165.3 mA·h·g^{-1}、153.2 mA·h·g^{-1}、80.2 mA·h·g^{-1}，再生的三个样品都具有完整的充放电电压平台且都维持在 3.77 V 左右，同时可以发现 1-1 与 1-3 样品在恒压充电时，1-1 样品有更长的平台说明其电压极化大于 1-3 样品。1-2 样品具有较小的充放电平台间距，说明极化电压小，材料的循环可逆性好。同时也说明苹果酸的加入会极大地改变电池材料性能，这主要归因于苹果酸的两个羧基基团对金属离子的螯合作用，螯合作用太强会导致再生制备的电极材料团聚严重，螯合作用太弱则会造成样品成分不均匀，从而不利于提高电极材料的电化学性能。

再生 LiNi$_{0.6}$Co$_{0.2}$Mn$_{0.2}$O$_2$ 和 SNCM 前 103 次循环放电比容量及库伦效率图如图 7.8 所示。可以明显地看出，SNCM 在前三圈激活过程中，放电比容量迅速衰减，1 C 倍率下放电比容量仅有 21.5 mA·h·g^{-1}，库伦效率仅为 45.3%，说明其结构已经受到严重的破坏。1-1 样品在 0.1 C 电流密度下首次放电比容量为 148.9 mA·h·g^{-1}，库伦效率为 78.8%。1-2 样品首次放电比容量为 165.3 mA·h·g^{-1}，库伦效率为 87.9%。1-3 样品首次放电比容量为 153.2 mA·h·g^{-1}，库伦效率为 86.5%。较高的库伦效率可归因于 1-2 样品表面的副反应少、不可逆相变少等。三个样品在 1 C 电流密度下首圈放电比容量分别为 117.6 mA·h·g^{-1}、158.9 mA·h·g^{-1}、123.3 mA·h·g^{-1}，循

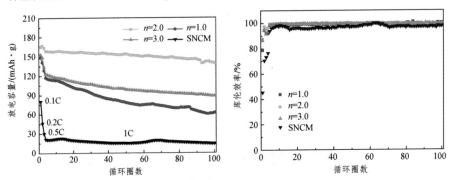

图 7.8 不同苹果酸添加量下再生 LiNi$_{0.6}$Co$_{0.2}$Mn$_{0.2}$O$_2$ 和 SNCM 前 103 次循环放电比容量及库伦效率图

环 100 圈后，容量保持率分别为 56.9%、86.7%、71.9%，SNCM 仅有 67.9%。同时可以发现 1-1、1-3 样品在活化过程中放电比容量也出现不同程度的衰减，其中 1-2 样品的性能最优，经过 0.1 C 循环后，0.2 C 反而比 0.1 C 下放电比容量高，这主要是归因于 1-2 样品更有利于电解液的浸润，从而提高了再生材料的电化学性能。经过活化后，三个再生样品的库伦效率 > 99.5%，而 SNCM 库伦效率在 97% 左右浮动。由此可见，1-2 样品具有较好的循环性能和库伦效率。

不同苹果酸添加量下再生的 $LiNi_{0.6}Co_{0.2}Mn_{0.2}O_2$ 倍率性能曲线如图 7.9 所示，从图 7.9（a）直观地看出，SNCM 在不同倍率下容量衰减特别严重，在 4 C、5 C 电流密度下，放电比容量几乎为 0，可见废旧电极材料的电化学性能非常差。1-2 样品在不同倍率下都具有较高的放电比容量，且在 0.2 C 电流密度下的放电比容量最高，高达 168.5 $mA \cdot h \cdot g^{-1}$。从 0.1 C 倍率到 0.2 C 倍率充放电过程中，放电比容量略微提升，这可能是由于在充放电过程中电解液对再生 $LiNi_{0.6}Co_{0.2}Mn_{0.2}O_2$ 的充分浸润，电池得到了充分激活，进而材料的电化学性能得到了提升。再生 $LiNi_{0.6}Co_{0.2}Mn_{0.2}O_2$ 在 5 C 倍率下的放电比容量仍然可以保持在 134.1 $mA \cdot h \cdot g^{-1}$，当再次以 0.1 C 的电流密度充放电时，放电比容量高达 163.3 $mA \cdot h \cdot g^{-1}$，容量保持率为 98.8%。这说明该材料具有优异的倍率性能和电化学可逆性，有利于电极材料进行大倍率充放电。1-3 样品虽然具有较好的首圈放电比容量，但在 0.1 C、0.2 C、0.5 C 电流密度下，放电比容量低于 1-1 样品，在大倍率放电时，1-3 样品表现出更好的放电比容量，这主要是 1-1 样品颗粒大且团聚严重，在大倍率充放电时，锂离子扩散距离和阻抗增加，进而影响了 Li^+ 的扩散动力学。当再次以 0.1 C 的电流密度充放电时，1-1 样品放电比容量为 127.1 $mA \cdot h \cdot g^{-1}$，容量保持率为 85.4%；1-3 样品放电比容量为 116.6 $mA \cdot h \cdot g^{-1}$，容量保持率为 76.1%。

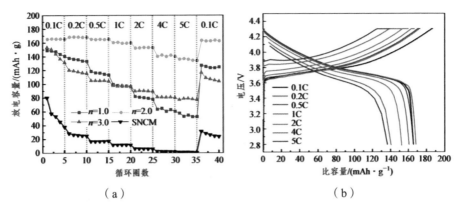

图 7.9 （a）不同苹果酸添加量下再生 $LiNi_{0.6}Co_{0.2}Mn_{0.2}O_2$ 的倍率性能曲线和
（b）1-2 样品在不同倍率下的首圈充放电曲线

1-2 样品在不同充放电倍率下的首圈充放电曲线如图 7.9（b）所示，可以看出随着充放电倍率的增加，充放电比容量降低，但是依然可以提供一定的放电比容量且具有典型的充放电平台。说明再生的 $LiNi_{0.6}Co_{0.2}Mn_{0.2}O_2$ 具有良好的电化学可逆性和优异的倍率性能，这主要是较小的电极颗粒缩短了 Li^+ 的扩散距离，可以在一定程度上提高 Li^+ 的嵌入/嵌脱效率。

7.4 煅烧温度对再生 $LiNi_{0.6}Co_{0.2}Mn_{0.2}O_2$ 材料性能的影响

7.4.1 煅烧温度对再生材料结构的影响

不同煅烧温度下再生 $LiNi_{0.6}Co_{0.2}Mn_{0.2}O_2$ 的 XRD 图谱如图 7.10 所示，可以看出再生制备的材料都具有 α-$NaFeO_2$ 型层状岩盐结构，属于六方晶系，$R\overline{3}m$ 空间群，没有杂质峰存在，(006)/(012)和(108)/(110)峰分裂明显，说明材料形成了良好的层状结构。为了进一步得到再生三元材料的晶胞参数，特对 XRD 谱图进行精修，结果如表 7.3 所示。随着煅烧温度的增加，晶格参数 c/a 先增加后降低且都大于 4.95，说明形成了较好的层状结构，有利于锂离子的扩散，可以看出煅烧温度为 850 ℃ 时具有最高的 c/a 值为 4.961。同时观察 I_{003}/I_{104} 值[6]也说明随温度升高锂镍混排程度加重，这可能是 Li 损失造成的。从表 7.3 中可以看出，850 ℃ 下再生材料具有较好的层状结构且锂镍混排程度低。将在 800 ℃、850 ℃、900 ℃下煅烧再生的 $LiNi_{0.6}Co_{0.2}Mn_{0.2}O_2$
分别标记为 800-RNCM、850-RNCM、900-RNCM 样品。

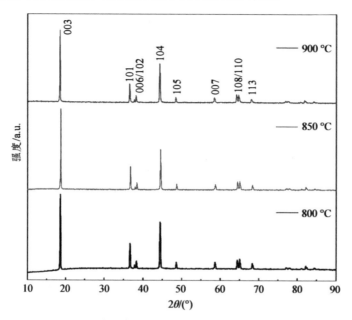

图 7.10　不同煅烧温度下再生 $LiNi_{0.6}Co_{0.2}Mn_{0.2}O_2$ 的 XRD 分析

表 7.3　不同煅烧温度下再生 $LiNi_{0.6}Co_{0.2}Mn_{0.2}O_2$ 的 XRD 精修晶胞参数

样品	温度/℃	a/Å	c/Å	c/a	V/(Å)^3	I_{003}/I_{104}
1	800	2.866	14.216	4.960	101.130	1.640
2	850	2.863	14.206	4.961	100.880	1.770
3	900	2.875	14.244	4.953	102.010	1.550

　　为了进一步分析煅烧温度对再生样品的影响，对材料进行傅氏转换红外
线光谱分析（FT-IR）从而得到化学键的信息，不同煅烧温度下再生
$LiNi_{0.6}Co_{0.2}Mn_{0.2}O_2$ 的 FT-IR 图谱如图 7.11 所示。

　　由图 7.11 可见，4 000 cm^{-1} 至 400 cm^{-1} 之间的全波数分为特征频率区域
（4 000 ~ 1 330 cm^{-1}）和指纹区域（1 330 ~ 400 cm^{-1}）。结果表明，三个样品
具有相似的光谱，在 578 cm^{-1} 附近的吸收带为过渡金属氧化物（MO_6）的不

对称拉伸振动（ν_{M-O}）[7]，在 531 cm^{-1} 附近的吸收带主要是弯曲振动（ν_{Li-O}）[8]，可以看出 850-RNCM 样品具有较强的 M-O 键，这有助于电极材料进行充放电循环时保持更好的层状结构。同时也观察到在 1 637 cm^{-1} 和 3 417 cm^{-1} 存在两个明显的吸收峰，表示材料中吸附 H$_2$O 存在的弯曲振动（ν_{O-H}），此宽带与文献报道的完全一致[9]，也说明 850-RNCM 样品中吸附水较少（水分与电解液反应少），有利于材料电化学性能的提升，由此证实了再生 LiNi$_{0.6}$Co$_{0.2}$Mn$_{0.2}$O$_2$ 的化学完整性。

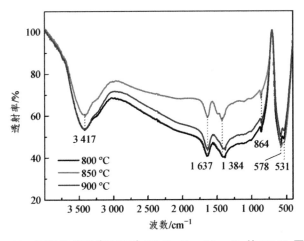

图 7.11　不同煅烧温度下再生 LiNi$_{0.6}$Co$_{0.2}$Mn$_{0.2}$O$_2$ 的 FT-IR 图谱

7.4.2　煅烧温度对再生材料形貌的影响

800-RNCM 样品的形貌和元素扫描如图 7.12 所示。从图 7.12（a）可以看出颗粒形状不规则，呈类球形或者类三角形等，同时也有少量一次颗粒，经过粒径统计，整体颗粒粒径为 7.6～17.9 μm。从图 7.12（b）可以看出，颗粒表面不光滑，表面有凸起的一次颗粒，不利于充放电时 SEI 膜的形成从而增加电压极化。从图 7.12（c）可以观察到，二次颗粒表面粗糙，一次颗粒呈多面体和片状，且一次颗粒边缘轮廓不清晰，这主要是由于在相对低的温度下进行煅烧结晶，一次颗粒长大不完全造成的，同时也会造成团聚严重。从整体上来看，800-RNCM 样品大于 850-RNCM 样品的颗粒粒径。对二次颗粒进行 EDS 元素扫描可以看出，Ni、Co、Mn、O 元素分布均匀。

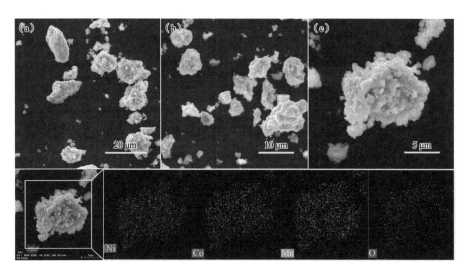

图 7.12　800-RNCM 样品的 SEM 图与 EDS 元素扫描图

同时对 900-RNCM 样品进行了形貌和元素扫描分析如图 7.13 所示。从图 7.13（a）可以看出，相比于煅烧温度为 900 ℃，800-RNCM 样品中颗粒的团聚现象减少，整体来看颗粒粒径为 1.17 ~ 9.38 μm，平均粒径为 3.36 μm。从图 7.13（b）可以看出，相对于 850 ℃ 下再生的 $LiNi_{0.6}Co_{0.2}Mn_{0.2}O_2$，颗粒明显长大，说明温度促进了一次颗粒的长大从而形成更大的二次颗粒。从图 7.13（c）可以看出，有部分散落的一次颗粒，粒径在 1.68 μm 左右，二次颗粒呈多面体状并且表面一次颗粒融化导致边界模糊，同时表面不光滑，有少量细小颗粒凸起，从 EDS 元素扫描图来看，Ni、Co、Mn、O 元素分布也相对均匀。

为了进一步研究 850-RNCM 样品的晶体结构，特对样品进行了 HRTEM 分析，如图 7.14 所示。从图 7.14（a）可以看出，再生 $LiNi_{0.6}Co_{0.2}Mn_{0.2}O_2$ 颗粒的粒径在 2.5 μm 左右且分布均匀，这与 SEM 观测的形貌一致。从图 7.14（b）、（c）、（d）可以看出，标定晶格条纹的间距分别为 0.244 nm、0.475 nm、0.204 nm，这也代表着三元材料中最强的三条衍射峰，分别对应于（101）、（003）、（104）晶面，由此证明了再生制备材料的结构完整性。

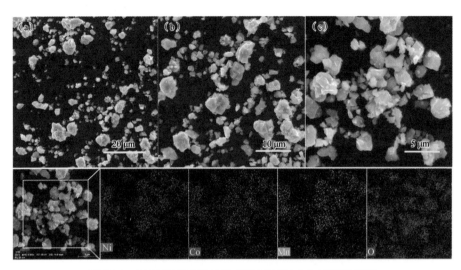

图 7.13　900-RNCM 样品的 SEM 图与 EDS 元素扫描图

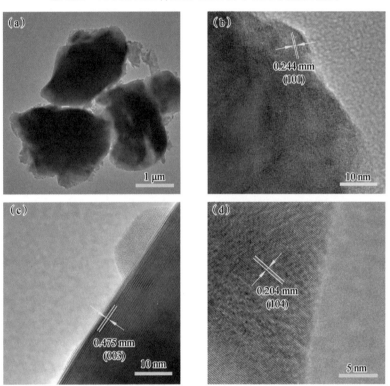

图 7.14　850-RNCM 样品的 HRTEM 图

7.4.3　煅烧温度对再生材料电化学性能的影响

不同煅烧温度下再生 $LiNi_{0.6}Co_{0.2}Mn_{0.2}O_2$ 的首次充放电（0.1 C）曲线如图
7.15 所示。可以看出，850-RNCM 样品在 0.1 C 电流密度下充放电比容量最高，
首次充电比容量为 188 $mA \cdot h \cdot g^{-1}$，首次放电比容量为 165.3 $mA \cdot h \cdot g^{-1}$，
库伦效率为 87.91%，放电中压为 3.77 V。此外，800-RNCM 样品在 0.1 C 电
流密度下的首次放电比容量为 152.8 $mA \cdot h \cdot g^{-1}$，库伦效率为 82.43%，放电
中压为 3.79 V。900 ℃ 再生的 $LiNi_{0.6}Co_{0.2}Mn_{0.2}O_2$ 在 0.1 C 电流密度下的首圈
放电比容量为 152.1 $mA \cdot h \cdot g^{-1}$，库伦效率为 80.19%，放电中压为 3.76 V。
从图中还可以看出，850-RNCM 样品的充放电电压平台之间的间距较小，这
说明 850 ℃ 下再生制备的 $LiNi_{0.6}Co_{0.2}Mn_{0.2}O_2$ 极化电压小，有利于材料进行
循环充放电。

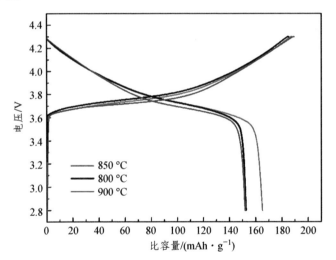

图 7.15　不同煅烧温度下再生 $LiNi_{0.6}Co_{0.2}Mn_{0.2}O_2$ 的首次充放电（0.1 C）曲线

不同煅烧温度下再生 $LiNi_{0.6}Co_{0.2}Mn_{0.2}O_2$ 前 103 次循环放电比容量及库伦
效率图如图 7.16 所示。可以看出来，850-RNCM 样品具有最好的首次放电比
容量和循环性能，在 1 C 电流密度下首圈放电比容量为 158.9 $mA \cdot h \cdot g^{-1}$，
循环 100 圈后，放电比容量为 137.8 $mA \cdot h \cdot g^{-1}$，容量保持率为 86.7%。经
过 0.1 C、0.2 C、0.5 C 小电流密度充放电活化后，库伦效率都保持在 99%

以上。此外，样品 800-RNCM 和 900-RNCM 样品在 1 C 电流密度下首圈放电比容量分别为 140.7 mA·h·g^{-1}、141.2 mA·h·g^{-1}，虽 800 ℃ 略高于 900 ℃下再生样品的放电比容量，但显示出更好的循环性能，循环 100 圈后，依然可以提供 115.1 mA·h·g^{-1} 的放电比容量，900-RNCM 样品仅为 99.8 mA·h·g^{-1}，容量保持率分别为 81.8%、70.7%。这归因于高温下部分 LiNi$_{0.6}$Co$_{0.2}$Mn$_{0.2}$O$_2$层状结构的破坏，以及颗粒长大使 Li$^+$ 扩散距离增加，从而降低了 Li$^+$ 的传输能力，这与 XRD 精修和 SEM 分析结果是相符合的。并且可以发现，三个再生样品在 0.2 C 倍率下的放电比容量反而比 0.1 C 倍率下的放电比容量高，这可以归功于在充放电过程中，电解液实现了对正极材料的充分浸润，使再生的 LiNi$_{0.6}$Co$_{0.2}$Mn$_{0.2}$O$_2$ 得到充分地激活，从而提高了材料的电化学性能。

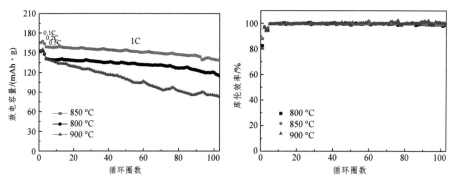

图 7.16　不同煅烧温度下再生 LiNi$_{0.6}$Co$_{0.2}$Mn$_{0.2}$O$_2$ 前 103 次循环放电比容量及库伦效率图

850-RNCM 样品选定圈数的充放电曲线及不同温度下 LiNi$_{0.6}$Co$_{0.2}$Mn$_{0.2}$O$_2$ 的倍率性能曲线如图 7.17 所示。从图 7.17（a）可以看出，从 1st→100th 的充放电循环过程中，样品的工作电压缓慢降低，这表明材料的电化学极化增加较慢，结构稳定性更好。850-RNCM 样品在不同充放电倍率下依然有最高的放电比容量，且在 0.2 C 电流密度下的放电比容量最高，高达 168.5 mA·h·g^{-1}。从 0.1 C 倍率到 0.2 C 倍率充放电过程中，放电比容量略微提升，这可能是由于在充放电过程中再生的 850-RNCM 样品更有利于电解液的充分浸润，电化学性能得到充分激活，进而材料的电化学性能得到了提升。再生 LiNi$_{0.6}$Co$_{0.2}$Mn$_{0.2}$O$_2$ 在 5 C 倍率下的放电比容量仍然可以保持在

$134.1\ mA \cdot h \cdot g^{-1}$，说明该材料能够进行大倍率充放电。当再次以 0.1 C 的电流密度充放电时，放电比容量高达 $163.3\ mA \cdot h \cdot g^{-1}$，容量保持率为 98.8%，这说明该材料具有良好的倍率性能和电化学可逆性。800-RNCM 和 900-RNCM 样品的倍率性能曲线有相同规律，800-RNCM 和 900-RNCM 样品当再次以 0.1 C 的电流密度充放电时，放电比容量分别为 $152.5\ mA \cdot h \cdot g^{-1}$、$137.2\ mA \cdot h \cdot g^{-1}$，容量保持率分别为 99.8%、90.3%。这与 XRD 分析结果相印证。

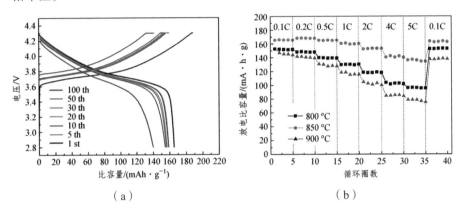

图 7.17　（a）850-RNCM 样品选定圈数的充放电曲线；（b）不同煅烧温度下再生 $LiNi_{0.6}Co_{0.2}Mn_{0.2}O_2$ 的倍率性能曲线

为了进一步分析再生样品电化学性能的差异，在 $0.1\ mV \cdot s^{-1}$、$0.2\ mV \cdot s^{-1}$、$0.4\ mV \cdot s^{-1}$、$0.6\ mV \cdot s^{-1}$、$0.8\ mV \cdot s^{-1}$ 的扫描速率下进行循环伏安测试，并拟合分析了 Li^+ 嵌入/脱嵌反应的动力学参数，如图 7.18 所示。从图 7.18（a）、（b）和（c）可以看出随着扫描速率的增加，氧化峰移至高电位，而还原峰移至低电位。此外，峰值电流（I_p）随着扫描速率的增加而增加。同时看出 850-RNCM 样品在扫描速率为 $0.1\ mV \cdot s^{-1}$ 时，有差距更小的一对氧化还原峰（3.84/3.70 V），说明该样品具有良好的可逆性和较小的极化电压，这与 XRD 精修和充放电测试结果是相印证的。对于均质系统，可以根据 Randles　Sevcik[10, 11] 方程（式 7.1）计算锂离子扩散系数：

$$I_p = \frac{0.447F^{3/2}An^{3/2}D^{1/2}Cv^{1/2}}{R^{1/2}T^{1/2}} \tag{7.1}$$

式（7.1）中，I_p 是峰值电流（A）；n 是转移的电子数（$n=1$）；F 为法拉第常数（96 458 C/mol）；A 是正极片面积（1.33 cm^2）；C 是电极中 Li$^+$ 浓度（1.65×10^{-2} mol·cm^{-3}）；D 是 Li$^+$ 扩散系数（cm^2·s^{-1}）；ν 是扫描速率（V·s^{-1}）；R 是气体常数 [8.314 J/(K·mol)]；T 是热力学温度（取常温，298 K）。

将上述参数数值带入式（7.1），简化后得到式（7.2）。

$$I_p = 5.903 \times 10^3 D^{1/2} \nu^{1/2} \tag{7.2}$$

如图 7.18（b）、（d）和（f）所示，I_p 与 $\nu^{1/2}$ 曲线呈线性拟合，这表明了反应过程由扩散控制[12, 13]。根据 dI_p/d($\nu^{1/2}$)的斜率，计算得出三个样品在氧化过程的 D_{Li^+} 分别为 8.74×10^{-11} cm^2·s^{-1}、4.25×10^{-10} cm^2·s^{-1}、6.5×10^{-11} cm^2·s^{-1}，在还原过程的 D_{Li^+} 分别为 1.53×10^{-10} cm^2·s^{-1}、3.36×10^{-10} cm^2·s^{-1}、7.34×10^{-11} cm^2·s^{-1}。结果表明 850-RNCM 样品有较大的 Li$^+$

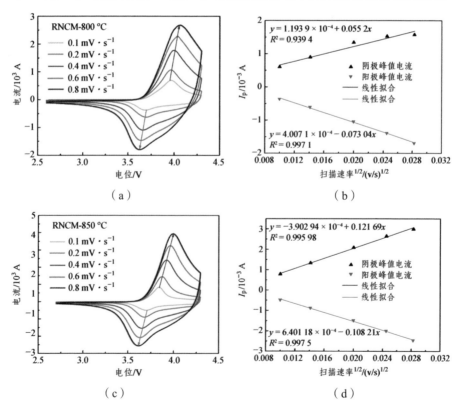

（a）

（b）

（c）

（d）

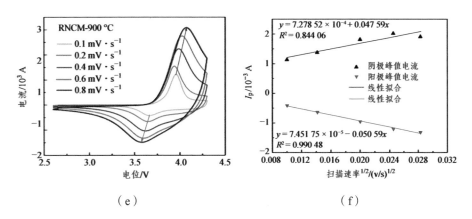

（e）　　　　　　　　　　　　　（f）

图 7.18　（a）800-RNCM、（c）850-RNCM、（e）900-RNCM 样品在不同
扫描速率下的 CV 曲线；（b）800-RNCM、（d）850-RNCM、
（f）900-RNCM 样品的 $I_p \sim v^{1/2}$ 曲线

扩散系数，与已有研究结果相接近[14]，也进一步证明最佳的煅烧温度为
850 ℃。良好的锂离子扩散系数也为电池进行快速充放电提供了动力学条件，
从而使该样品具有优异的倍率性能。

在不同煅烧温度下再生 $LiNi_{0.6}Co_{0.2}Mn_{0.2}O_2$ 和 SNCM 的交流阻抗(EIS)，
如图 7.19 所示。首先将电池以 1 C 倍率充电至 4.3 V，然后保持在 4.3 V 直至
电流密度降低至 0.1 C，然后再用于测试电化学阻抗谱。每个阻抗图谱都与图
7.19 所示等效电路模型完全吻合，具体的拟合结果如表 7.4 所示。可以看出，

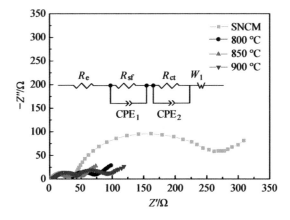

图 7.19　不同煅烧温度下再生 $LiNi_{0.6}Co_{0.2}Mn_{0.2}O_2$ 和 SNCM 的 EIS 图

表 7.4　不同煅烧温度下再生 $LiNi_{0.6}Co_{0.2}Mn_{0.2}O_2$ 和 SNCM 的 EIS 拟合结果

样品	R_e/Ω	R_{sf}/Ω	R_{ct}/Ω
SNCM	2.41	37.67	192.5
800-RNCM	3.54	25.97	35.66
850-RNCM	3.16	20.15	22.19
900-RNCM	3.28	35.19	41.02

废旧电极材料的固体电解质界面膜阻抗和电荷转移阻抗较大，这归因于材料经过多次循环充放电后导致锂离子的传输通道破坏严重。同时 850-RNCM 样品具有最小的 R_{sf} 和 R_{ct}，分别为 20.15 Ω、22.19 Ω，较小的电荷转移阻抗有利于锂离子的嵌入/嵌脱，使电池能够进行快速充放电，这与前面的 XRD 和充放电曲线结果是一致的。SNCM 的阻抗较大，不利于锂离子的嵌入/嵌脱，这也是 SNCM 电化学性能下降的主要原因。综上所述，850 °C 下再生制备的 $LiNi_{0.6}Co_{0.2}Mn_{0.2}O_2$ 具有最好的电化学性能。

本章小结

本章采用喷雾干燥法与固相法成功再生了高性能 $LiNi_{0.6}Co_{0.2}Mn_{0.2}O_2$ 正极材料，该方法简单高效且生态环保，为废旧三元锂离子电池的回收提供了新思路。通过 TG/DSC、XRD 等分析，证实了前驱体的分解温度和反应变化。通过 SEM、XRD 等分析证明，当有机物的螯合作用较强时，会由于双电层的排斥能降低而导致电极材料团聚严重，从而影响再生材料的电化学性能。当有机酸：金属摩尔比为 1∶2 时，再生制备出的 $LiNi_{0.6}Co_{0.2}Mn_{0.2}O_2$ 材料呈不规则形状、团聚较低，平均粒径为 2.24 μm，且 Ni、Co、Mn、O 元素分布均匀。并借助 FT-IR 分析进一步证实 850 °C 下再生制备的材料具有更强的 M—O 键，这有利于材料在循环充放电过程中保持稳定的层状结构，最后通过 HRTEM 进一步证明再生材料为 $LiNi_{0.6}Co_{0.2}Mn_{0.2}O_2$。电化学测试结果表明，850-RNCM 样品具有最好的电化学性能，在 0.1 C 电流密度下首次放电比容量为 165.3 mA·h·g^{-1}，1 C 倍率下首圈放电比容量为 158.9 mA·h·g^{-1}，循环 100 圈后，依然可以提供 137.8 mA·h·g^{-1} 的放电比容量，容量保持率为 86.7%。同时，850-RNCM 样品具有优良的倍率性能，在 5 C 倍率下，放电比容量为 36.1 mA·h·g^{-1}。

参考文献

[1] Fujishige S. Thermal decomposition of solid state poly (β -L-malic acid)[J]. Journal of Thermal Analysis and Calorimetry, 2002, 70(3): 861.

[2] Lee Y S, Sun Y K, Nahm K S. Synthesis of spinel $LiMn_2O_4$ cathode material prepared by an adipic acid-assisted sol-gel method for lithium secondary batteries[J]. Solid State Ionics, 1998, 109(3-4): 285-294.

[3] Wu H, Tu J, Chen X, et al. Synthesis and characterization of $LiNi_{0.8}Co_{0.2}O_2$ as cathode material for lithium-ion batteries by a spray-drying method[J]. Journal of Power Sources, 2006, 159(1): 291-294.

[4] Yue P, Wang Z, Peng W,et al. Spray-drying synthesized $LiNi_{0.6}Co_{0.2}Mn_{0.2}O_2$ and its electrochemical performance as cathode materials for lithium ion batteries[J]. Powder Technology, 2011, 214(3): 279-282.

[5] 朱冰滢. 锂离子电池正极材料镍钴铝锂的制备与其电化学性能的研究[D]. 南京理工大学，2016.

[6] Liu J, Wang Q, Reeja-Jayan B, et al. Carbon-coated high capacity layered $Li[Li_{0.2}Mn_{0.54}Ni_{0.13}Co_{0.13}]O_2$ cathodes[J]. Electrochemistry Communications, 2010, 12(6): 750-753.

[7] Manikandan P, Periasamy P. Novel mixed hydroxy-carbonate precursor assisted synthetic technique for $LiNi_{1/3}Mn_{1/3}Co_{1/3}O_2$ cathode materials[J]. Materials Research Bulletin, 2014, 50: 132.140.

[8] Liu X, Li H, Ishida M, Zhou H. PEDOT modified $LiNi_{1/3}Co_{1/3}Mn_{1/3}O_2$ with enhanced electrochemical performance for lithium ion batteries[J].

Journal of Power Sources, 2013, 243: 374-380.

[9] Lv X, Chen S, Chen C,et al. One-step hydrothermal synthesis of $LiMn_2O_4$ cathode materials for rechargeable lithium batteries[J]. Solid State Sciences, 2014, 31: 16-23.

[10] Zheng Z, Guo X D, Chou S L, Hua W B, Liu H K, Dou S X, Yang X S. Uniform Ni-rich $LiNi_{0.6}Co_{0.2}Mn_{0.2}O_2$ porous microspheres: facile designed synthesis and their improved electrochemical performance[J]. Electrochimica Acta, 2016, 191: 401-410.

[11] Zhang T, Fu L, Gao J,et al. Nanosized tin anode prepared by laser-induced vapor deposition for lithium ion battery[J]. Journal of Power Sources, 2007, 174(2): 770-773.

[12] Zhou P, Meng H, Zhang Z, et al. Stable layered Ni-rich $LiNi_{0.9}Co_{0.07}Al_{0.03}O_2$ microspheres assembled with nanoparticles as high-performance cathode materials for lithium-ion batteries[J]. Journal of Materials Chemistry A, 2017, 5(6): 2724-2731.

[13] Zhou P, Meng H, Zhang Z, et al. Stable layered Ni-rich $LiNi_{0.9}Co_{0.07}Al_{0.03}O_2$ microspheres assembled with nanoparticles as high-performance cathode materials for lithium-ion batteries[J]. Journal of Materials Chemistry A, 2017, 5(6): 2724-2731.

[14] Zhang X D, Shi J L, Liang J Y, et al. An effective $LiBO_2$ coating to ameliorate the cathode/electrolyte interfacial issues of $LiNi_{0.6}Co_{0.2}Mn_{0.2}O_2$ in solid-state Li batteries[J]. Journal of Power Sources, 2019, 426: 242.249.

第8章
废旧三元材料球磨喷雾直接再生研究

现行工业化的废旧锂离子电池正极材料回收技术一般是通过加碳酸钠进行分级沉淀回收各金属元素，这种技术存在回收率低，回收成本高等缺点。针对现有回收技术的缺点，研究人员提出通过直接再生技术对废旧锂离子电池进行回收处理，直接再生技术是在废旧正极材料中加入一定量的原料，然后进行后处理（如再锂化、退火等方法）修复废旧正极材料的成分和结构缺陷，从而获得新的正极材料的方法，这种方法具有回收效率高、环保、经济效益好、能耗低的优点，为未来的回收处理方法提供了新思路。在第7章中，以正极材料浸出液为原料，先经过各元素化学计量比和 pH 值的调整，再采用喷雾干燥技术再生出前驱体，但由于喷雾干燥工艺本身的特性，再生获得的前驱体颗粒空心化较严重，振实密度低，造成再生前驱体电化学性能还不够理想，因此为进一步解决喷雾干燥法易生成空心球颗粒的难题，结合退役动力电池拆解研究发现正极材料结构变化较小，产生微裂纹使颗粒易破碎等现象，提出预浸-球磨喷雾法。

在现有大规模应用的三元材料商业料中，$LiNi_{0.5}Co_{0.2}Mn_{0.3}O_2$（NCM523）正极材料最为常见。基于此，本章利用球磨喷雾法对废旧 NCM523 进行回收再生。该技术对预处理后的废旧正极材料进行球磨细化，经过喷雾干燥迅速制备再生材料的前驱体，并结合高温煅烧制备再生 NCM523 材料。本章主要研究了再生过程中添加剂、球磨时间以及补锂量对再生材料的影响，并对再生过程中发生的形貌、结构、粒径大小及元素含量的变化进行了分析，最后得出了球磨喷雾再生法的最优方案。

8.1 研究方案

废旧锂离子电池失效原因主要是正极材料中元素的缺失及层状结构破坏严重。针对这一问题，该研究用于恢复正极材料容量的技术思路是首先对废旧锂离子电池进行预处理得到正极材料粉末，然后加入乙酸盐将缺失的金属元素补足，通过球磨法对正极材料进行破碎并混合均匀，利用喷雾法对正极材料进行造球处理，最后煅烧使正极材料重新获得层状结构。

为了防止废旧 NCM523 电池中残留电荷在电池拆解过程中引起起火、爆炸等安全问题，首先将废旧锂电池完全浸泡在饱和 NaCl 溶液中 36 h 进行放电处理。然后手工拆解废旧 NCM523 电池，剥离出废旧 NCM523 正极片、隔膜、石墨负极片、电池壳和电芯。将废旧 NCM523 正极片在空气气氛中 650 ℃ 煅烧5 h，使添加剂和导电碳充分燃烧，从而实现废旧 NCM523 正极材料和铝箔的分离。最后将煅烧后收集的废旧 NCM523 正极材料（SNCM523）过 200 目筛。

通过 ICP 和 XRD 对其进行元素分析和物相分析测试，结果如表 8.1 和图8.1 所示。

表 8.1　废旧 NCM523 正极材料主要化学成分分析结果

元素	Li	Ni	Co	Mn	Fe	Cu	Al
含量/wt%	6.23	27.47	11.00	16.09	0.03	0.0112	0.022

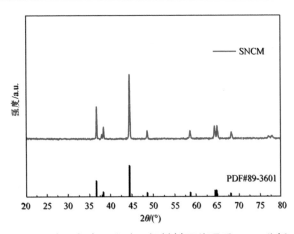

图 8.1　废旧锂离子电池正极材料预处理后 XRD 分析

图 8.1 和表 8.1 分别显示了废旧锂离子电池正极材料预处理后的物相结构和化学组成。图 8.1 表明，在 R3m 的空间群中，退役锂离子电池正极材料为六方 α-NaFeO$_2$ 结构，且没有其他多余的杂质反射峰。表 8.1 表明铝、铁、铜等杂质的含量相对较少，这意味着在拆卸过程中对杂质的去除效果很好。图 8.1 和表 8.1 的分析结果表明，该废旧正极材料是 NCM523。

将预处理后得到 SNCM523 粉末与 NiC4H6O4·4H2O、C4H6CoO4·4H2O、CH3COOLi、MnC4H6O4·4H2O 混合，通过计算得出缺失的元素量来调节有价金属化学计量比，使得 n（Li）：n（M）（M = Ni+Co+Mn 的摩尔量）= 1.x：1（x = 1，2，3），Ni：Co：Mn = 5：2：3，然后与添加剂混合放入行星球磨机，通过控制球料比为 10：1；固液比为 50 g/L；球磨时间为 5～15 h；球磨转速为 400 r/min 的球磨条件进行高能球磨细化，将球磨后所得的悬浊液搅拌均匀后进行喷雾干燥，设置喷雾干燥参数，空气流量为 40 m^3/h，进风温度为 200 ℃，出风温度为 150 ℃，吸料速度 650 mL/h，收集喷雾后所得的粉末，将其标记为 PNCM523，将 PNCM523 置于马弗炉中，在氧气气氛条件下，以每分钟 3 ℃ 的升温速率升温至 450 ℃ 焙烧 5 h，再以同样的升温速率升温至 850 ℃ 煅烧 12 h，得到再生的 NCM523 材料，标示为 RNCM523。

8.2　添加剂对再生 NCM523 材料的影响

为了考察添加剂的用量对 SNCM523 材料的结构形貌及电化学性能的影响，首先在无添加剂条件下，确定有价金属比例为 n（Li）：n（M）　　（M = Ni+Co+Mn 的摩尔量）= 1.2：1，球磨时间为 10 h，其他条件不变的情况下对废旧 NCM523 材料进行球磨喷雾法再生处理。

分别对无添加剂时不同阶段下废料、球磨后、喷雾后、再生材料的样品进行 SEM 分析，如图 8.2 所示。由图 8.2（a）废料的扫描电镜图可以看出 SNCM523 的球状结构破坏明显，颗粒发生了团聚现象，颗粒表面出现了非常严重锂枝晶析出现象，部分颗粒还伴有破碎的现象，结构破坏较为严重。图 8.2（b）为 SNCM523 经球磨后再烘干的样品，发现球磨后的样品中球形结构被严重破坏，从图中可以看到一些散落的碎屑，这表明在球磨细化过程中废料的大颗粒被打碎，但从图中依然可以看到发生了团聚现象，这可能是由于球磨前添加的乙酸盐在烘干后导致了团聚的发生[1]。图 8.2（c）中发现经过了喷雾干燥后的前驱体呈现单一完整的球形颗粒，材料重新具有了球形结构，证明了喷雾干燥法能够使得球磨后颗粒破碎严重的 SNCM523 材料重塑球形。图 8.2（d）中发现 RNCM523 大致保持了前驱体中的球形形貌，颗粒形状呈现出一种多孔球形形貌，这是因为有机物构成前驱体的球形框架，烧结过程中有机物的氧化反应会使球形颗粒出现大量孔洞。

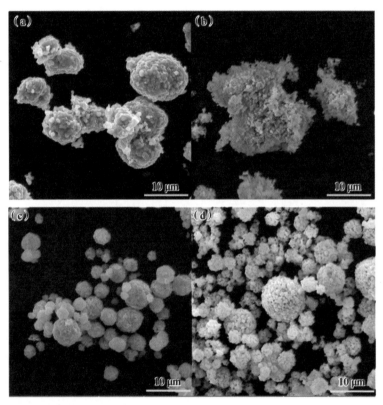

图 8.2　废料（a）、球磨后（b）、喷雾后（c）、再生材料不添加添加剂样品（d）的 SEM 图

为了进一步探究添加剂对再生过程中的影响，对 PEG-6000 在氧气气氛下进行了热重/差热分析测试（35～1 000 ℃），测试结果如图 8.3 所示。从图 8.3 中可以看出有机添加剂将在 600～750 ℃时发生氧化反应迅速分解殆尽。

由于在再生过程中，乙酸盐作为补充 SNCM523 缺失金属元素的化合物，其将在加热与强酸条件下与醇类物质发生酯化反应[2]，但在本回收过程中尚未满足这个条件，故不会生成大量酯类有机物，但 PEG-6000 在 60~90 ℃ 的条件下仍会与乙酸类物质产生较强的相互作用[3]。

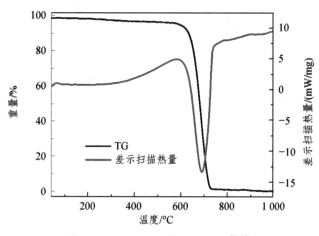

图 8.3　PEG-6000 的 TG/DSC 曲线

由于添加剂 PEG-6000 会在 700 ℃ 左右燃烧殆尽，所以添加剂对再生料的成分可能影响不大，但由于其与乙酸盐会产生强相互作用，这势必会对再生材料产生影响。为了进一步考察添加剂对再生 NCM523 材料的影响，在球磨前分别加入 5%、10%、15%质量比的 PEG-6000 作为添加剂进行球磨喷雾法回收再生，探究随着添加剂量的增加，再生过程中发生的变化。

8.2.1　添加剂用量对再生 NCM523 材料形貌影响

分别对添加了 5%、10%、15% 质量比的添加剂后获得的再生样品进行 SEM 分析，结果如图 8.4 所示。通过比较 SEM 可知，随着添加剂含量的增加，再生后的 NCM523 材料一次颗粒有变小的现象，这是由于前驱体的球形框架是由有机物构成，于是随着添加剂含量的增加，对于单个颗粒而言，单位面积上的有机物含量也在增加，而在喷雾后的煅烧过程中，更多的有机物分解使得一次颗粒破碎而导致一次颗粒更小。同时三个电镜图中 RNCM523 的二次颗粒大小分布均不均匀，且当添加质量比 15% 的添加剂时，产生了更

大的二次颗粒。乙酸类的有机物和 PEG 的相互作用更强，导致了分子间作用
力更强，在喷雾成球过程中形成了更加大的二次颗粒。

图 8.4　添加了 5%（a）、10%（b）、15%（c）质量比的添加剂后获得的
再生样品的 SEM 图

对添加了不同用量添加剂后所得的 RNCM523 进行物相分析，结果如图
8.5 所示，可以看出 SNCM523 材料均具有 α-NaFeO$_2$ 结构，属于六方晶系，
且没有多余的杂质峰存在，说明 SNCM523 材料经过球磨喷雾法再生后，添
加剂并不会产生其他晶型结构，且随着添加剂用量的增加，晶型结构没有发
生明显的改变，说明添加剂对晶体晶型也不会造成影响。不同对比组
RNCM523 材料（006）/（102）和（108）/（110）分裂均明显，说明添加剂
对再生材料的层状结构形成无明显影响。

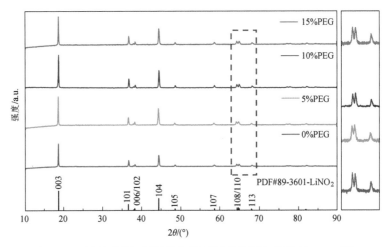

图 8.5　在不同添加剂用量条件下制备的再生样品的 XRD 图

8.2.2　添加剂用量对再生 NCM523 材料电化学性能影响

在不同添加剂用量条件下再生的 RNCM523 材料的 100 次循环放电比容量图、首次放电（0.1 C）电压比容量图、倍率性能、库伦效率图如图 8.6 所示。

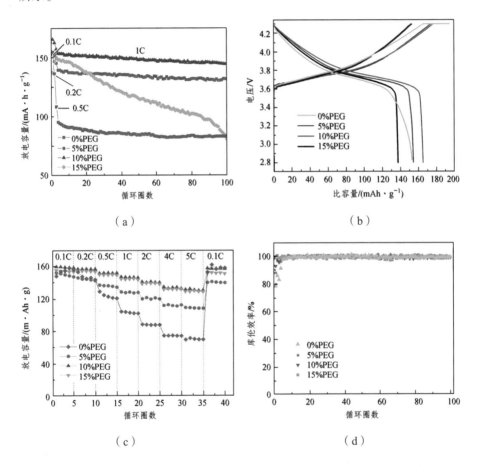

（a）

（b）

（c）

（d）

图 8.6　不同添加剂用量条件下再生的 NCM523 材料的 100 次循环放电比容量图（a）、首次放电（0.1 C）电压比容量图（b）、倍率性能（c）、库伦效率图（d）

由图 8.6（a）可知，RNCM523 的容量受添加剂用量的影响极大，当无添加剂时，再生材料首圈放电比容量为 153.024 mA·h·g^{-1}。在 1 C 条件下，随着充放电次数的增加，放电比容量降低并不明显，但是在电流密度为 1 C

的充放电长循环中，该材料的容量是最低的。图 8.6（b）可以看出无添加剂的 RNCM523 放电电压平台很不明显，这是因为材料结构差，不利于锂离子正常脱嵌与电子传导而导致的。图 8.6（c）中，高电流密度条件下，无添加剂的 RNCM523 表现最差，在循环倍率为 5 C 的条件下，容量仅仅只有 70 mA·h·g^{-1} 左右，而其他有添加剂情况下再生的 RNCM523 的容量都在 100 mA·h·g^{-1} 以上，容量相差极明显。在 5 C 下循环 5 圈后重新进行 0.1 C 的循环时，发现无添加剂的 RNCM523 能够与有添加剂的材料一样能重新恢复原有的容量，这表明了添加剂在充放电过程中对 RNCM523 的稳定性影响不大，但是对锂离子的传导运输影响很大。

结合 XRD 图和 SEM 图分析，这可能是由于在无添加剂条件下，一次颗粒过大，导致喷雾干燥后在成球过程中，由一次颗粒形成的二次颗粒过于致密，不利于电子进入内部参与反应和锂离子正常的嵌入与脱出，从而导致了二次颗粒无法正常参与充放电过程，只有少部分的球形小颗粒能正常进行充放电，使得高倍率循环过程中的容量偏低。

对比有添加剂的 RNCM523 回收再生材料，10% 的添加剂用量获得再生料显现出优异的电化学性能，1 C 下首圈的放电比容量为 153.405 mA·h·g^{-1}，容量明显高于 5% 的添加剂用量下获得的 RNCM523。结合电镜图分析，可能是因为当添加剂用量升高时，再生 NCM523 材料一次颗粒更小，更加容易发生充放电反应。而 15% 添加剂用量下获得的 RNCM523 在 0.1 C 的倍率充放电的条件下，虽然能在首圈拥有较高的充放电容量，但是随着循环次数的增加后，容量迅速下降，并且持续降低。导致 15% 添加剂用量下获得的 RNCM523 容量迅速下降的原因可能是由于乙酸与 PEG 的强相互作用[3]，导致在喷雾干燥过程中形成的二次颗粒过大，在充放电循环过程中由于充放电倍率快速升高，锂离子的快速脱嵌导致未能形成稳定的 SEI 膜来保持结构的稳定性[4]，且二次颗粒外围的一次颗粒过大而导致分子间的作用力减弱，不利于 RNCM523 继续保持结构稳定性。当活性物质与电解液接触后，发生副反应，导致 RNCM523 的一次颗粒出现了脱落的现象[5]，从而造成容量的迅速下降。综上所述，选择 10%PEG 添加剂用量对于 SNCM523 再生为最优方案。

8.3　球磨时间对再生 NCM523 材料的影响

不同的球磨时间会导致形成不同的纯化颗粒料浆，废料的破碎程度大小以及混合程度强弱是由球磨时间来决定的，而这些都是制备稳定前驱体的重要因素。如果球磨机粉碎时间短，则废料不能充分粉碎与混合，那么将不能得到超细颗粒，在喷雾过程中难以得到成分更均匀的前驱体。如果球磨机破碎时间过长，粒度大小接近球磨机所能破碎的极限粒度，继续延长球磨时间，产品粒度将几乎不会减小，这将导致喷雾干燥过程中得到的前驱体含有微粉的存在，不利于提高再生材料性能。只有选择适当的球磨时间才有利于获得粒度小且元素分布均匀的产品，从而为下一步进行喷雾干燥制备成分均匀的前驱体打下基础。

为了找到两者之间的平衡，针对不同球磨时间进行了研究。根据不同的球磨时间将实验分为三组，在球磨前添加 10% 添加剂与适量的乙酸盐，并保持其中有价金属比例为 $n(\text{Li}) : n(\text{M})(\text{M} = \text{Ni} + \text{Co} + \text{Mn}$ 的摩尔量 $) = 1.2 :$ 1；Ni : Co : Mn = 5 : 2 : 3；球料比为 10 : 1；固液比为 50 g/L；球磨转速为 400 r/min 条件下分别对悬浊液进行湿法球磨 5 h、10 h、15 h。

8.3.1　球磨时间对废旧 NCM523 材料的形貌和粒径影响

为了确定球磨时间对再生过程的影响，首先对废旧 NCM523 材料进行了不同时间的球磨处理。分别取经不同时间球磨获得的悬浊液于不同的培养皿中，并对悬浊液进行过滤洗涤处理，然后将这些培养皿置于 50 ℃ 的干燥箱中进行烘干处理，将球磨后的样品标记为中间体（MNCM523），采用 SEM 进行形貌分析，如图 8.7（a）、（b）、（c）所示。

从图 8.7（a）中可以观察到经 5 h 球磨后的 MNCM523 有团聚现象发生，在团聚颗粒的周围可以观察到细小的碎屑散落，这说明经过 5 h 的球磨后，废旧材料中的类球形形貌遭受到了破坏，球形大颗粒破碎成了较为细碎的块状颗粒，这说明在球磨过程中废料颗粒被破坏粉碎。当球磨时间增加，在球磨时间达到 10 h 后，发现球磨后的颗粒形貌有较大的改变，如图 8.7（b）所示，发现团聚的情况更加严重，并且在团聚的表面发现了一种胶状的物质附着在颗粒的表面，但依稀仍然可以看到一些表面存在一些碎屑附着其上，并且周围几乎看不见散落的碎屑。随着球磨时间继续增加，团聚的现象更加严重，当球磨时间达到 15 h 后，如图 8.7（c）所示，颗粒表面几乎完全被胶状的物质附着，在颗粒的表面几乎已经看不到碎屑。

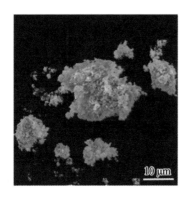

（a）5 h 球磨后的 MNCM523

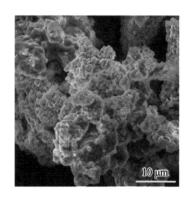

（b）10 h 球磨后的 MNCM523

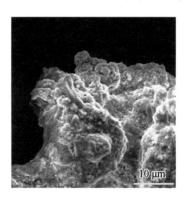

（c）15 h 球磨后

图 8.7　MNCM523

为了进一步探究球磨后颗粒的变化情况，继续对不同球磨时间后的产品进行粒径分布分析，分别取 5 h、10 h、15 h 球磨后的悬浊液于烧杯中，充分搅拌均匀后，通过粒径分析仪对球磨后的材料进行粒径分布测定。粒径分布结果如图 8.8（a）、（b）、（c）所示。

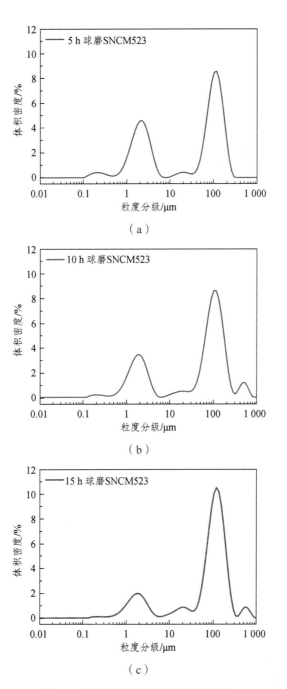

（a）

（b）

（c）

图 8.8　不同球磨时间下的粒径分布

从图 8.8 中可以清晰看出，废料经过球磨处理后，粒径主要分布在 1～ 10 μm 和 100 μm 左右；通过对比 5 h 与 10 h 球磨后的粒径分级的体积密度，发现随着球磨时间延长，0.1～1 μm 的粒径区间体积密度有所降低，而 100 μm 左右的粒径区间的体积密度未发生明显增加，但新出现了大于 300 μm 的粒径区间；继续延长球磨时间至 15 h，发现 1～10 μm 粒径区间的体积密度继续降低，0.1～1 μm 粒径区间颗粒分布几乎消失。这种现象的发生与 SEM 的结果是相符的，这证明了随着球磨时间的增加，粒径分布反而会向大颗粒变化，团聚的现象也越来越明显。

随着球磨时间的增加，废料颗粒反而有向更大颗粒变化的趋势，结合图 8.8（b）中无添加剂的电镜图进行比对，在有添加剂的情况下，球磨后颗粒的胶状物附着更加明显，则胶状物的形成与添加剂有直接的关系。这种现象的发生可能是因为当球磨时间增加后，高能行星球磨机由于长时间高速旋转而产生了大量的热，而随着热量不断产生，导致了湿磨过程中溶剂的温度升高，在添加剂的作用下，形成这种胶状物，从而使 10 μm 以上的颗粒体积密度不断增加[6]。

综上所述，由于胶状物的产生，如果进一步延长球磨时间，球磨对细化废旧颗粒的效果将逐渐减弱，细化的作用也将微乎其微，且当颗粒细化到一定粒径后尺寸变小，比表面能同时也显著增大，所以继续延长球磨时间的意义不大。

8.3.2 球磨时间对再生 NCM523 材料的形貌影响

分别对不同球磨时间的 MNCM523 做进一步的再生处理，得到再生的 NCM523 材料，对其进行 SEM 测试，如图 8.9 所示。通过对比低放大倍数电镜图中不同球磨时间下再生得到的 RNCM523，在球磨 5 h 后的 RNCM523 电镜图中，RNCM523 的颗粒较小，只有少数由一次颗粒聚合形成的二次颗粒；而球磨 10 h 的 RNCM523 电镜图中，基本上都能形成球形的二次颗粒，且散落的一次颗粒并不明显，而且不存在特别巨大的二次颗粒；球磨 15 h 的 RNCM523 电镜图中，很明显地能看出有部分一次颗粒的散落现象，且聚合形成的二次颗粒粒径相差明显。不难发现随着球磨时间的增加，RNCM523 中聚合的二次颗粒有继续长大的现象。继续对高放大倍数的电镜图进行比较，发现 5 h 球磨后的 RNCM523 与 10 h、15 h 球磨后的 RNCM523 形貌差别很大，其中 5 h 球磨后的 RNCM523 并没有聚合成球状，其形状类似于一次颗粒散落成的类单晶状，且这些颗粒的团聚现象明显。而经 10 h 与 15 h 球磨再生 RNCM523 的形貌差别并不大，都能保持球形结构，但 10 h 球磨再生得到的 RNCM523 分布更加均匀。

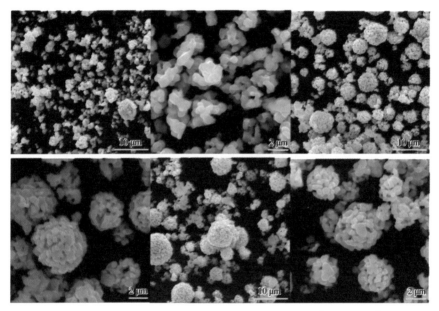

图 8.9　5 h-RNCM523〔(a)、(b)〕、10 h-RNCM523〔(c)、(d)〕和
15 h-RNCM523〔(e)、(f)〕的 SEM 图

　结合球磨后的 MNCM523 电镜图和粒径分析仪结果以及 PEG-6000 的热重图进行分析，球磨后形成的胶状物形貌、球磨后测得的粒径分布与 RNCM523 的形貌有极强的相关性。在 5 h 球磨后的 MNCM523 中，虽然也有团聚的发生，但胶状物并不明显，结合相应的 RNCM523 电镜图分析认为，5 h 球磨组在再生过程中的聚合力较差，可能和球磨后未能产生胶状物以及粒径更小具有相关性。10 h 球磨后的 RNCM523 一次颗粒脱落的现象更少，从而导致的团聚现象更少。在 15 h 球磨后的 MNCM523 中，球磨 15 h 后大

颗粒更多，导致相应的 RNCM523 粒径更大。当 RNCM523 的粒径更大时，由于分子间作用力的原因使得一次颗粒脱落更加严重，而一次颗粒过多则会导致团聚现象的发生。

发生这些现象的原因是：虽然在长时间球磨后形成的胶状物在常温下的水溶性并不好，但在喷雾过程中由于温度的上升，乙酸盐和 PEG-6000 会同时产生强相互作用而更容易形成良好的球形形貌，从而使喷雾后成球的效果更好。在喷雾过程中，最高温度不会超过 200 °C，且 PEG-6000 的热解温度起码在 600 °C 以上，所以 PEG 并不会在喷雾造球过程中热解，而是对球磨后球型结构的生成产生了相当大的作用。

对不同球磨时间下的 RNCM523 进行物相分析，如图 8.10 所示，可以看出，不同球磨时间下的材料（006）/（102）和（108）/（110）分裂均明显，均具有 α-NaFeO$_2$ 层状岩盐型结构，但球磨 5 h 后的 RNCM523 锂镍混排现象很严重，这可能是由于球磨 5 h 后的碎屑更多，比表面积更大，在煅烧过程中无定向型晶体结构难以向层状结构转变。

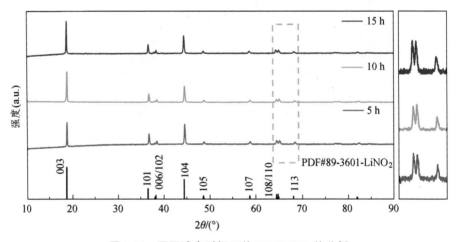

图 8.10　不同球磨时间下的 RNCM523 的分析

8.3.3　球磨时间对再生 NCM523 材料的电化学性能影响

不同球磨时间条件下再生的 RNCM523 的 100 次循环放电比容量图、首次放电（0.1 C）电压比容量图、倍率性能、库伦效率图如图 8.11 所示。

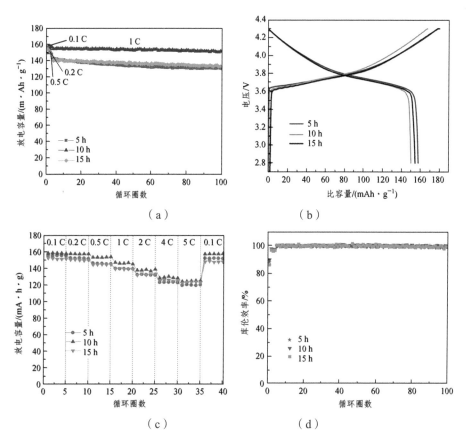

图 8.11　不同球磨时间下再生的 RNCM523 的 100 次循环放电比容量图（a）、
首次放电（0.1 C）电压比容量图（b）、倍率性能（c）、库伦效率图（d）

由图 8.11（a）可知，不同球磨时间下再生的 RNCM523 都具有良好的循环性能，其中在 1 C 的充放电倍率下循环 100 圈时，5 h-RNCM523 和 15 h-RNCM523 的放电比容量均在 130 mA·h·g^{-1} 以上，10 h-RNCM523 的放电比容量在 145 mA·h·g^{-1} 以上，再生后的 RNCM523 均具有良好的循环稳定性，但是不同球磨时间下再生的 RNCM523 容量仍然存在差距，这是因为 RNCM523 塑造了一种多孔结构，而 10 h-RNCM523 参与反应的比表面积比 15 h-RNCM523 更大，导致了电池容量上升。5 h-RNCM523 比 10 h-RNCM523 的放电比容量低的原因是 RNCM523 中多孔结构对应的材料疏松，压实密度差，而 10 h-RNCM523 粒度不均一，大小颗粒混搭的情况变相地增加了电池的压实密度，使得容量更高。

图 8.11（b）中，不同球磨时间再生后的材料均有稳定的充放电平台并且保持在 3.6 V 左右，这与三组不同球磨时间下的再生材料均具有良好的循环稳定性是相符的。

图 8.11（c）中，5 h-RNCM523、10 h-RNCM523、15 h-RNCM523 均具有良好的倍率性能，在 5 C 的电流密度下，5 h-RNCM523、10 h-RNCM523 和 15 h-RNCM523 的放电比容量分别为 119.695 mA·h·g^{-1}、124.274 mA·h·g^{-1} 和 122.428 mA·h·g^{-1}，且在 5 C 的电流密度下循环 5 圈后，继续以 0.1 C 的电流密度充放电时，均能恢复至首圈水平，容量保持率分别为 98.1%、99.2% 和 97.1%，证明了不同球磨时间的变化对 RNCM523 的倍率性能影响并不明显。

图 8.11（d）中，不同球磨时间下再生的 RNCM523 正极材料在 1 C 下的库伦效率稳定在 100% 左右，也说明了在循环过程中没有过充现象的发生。

综上所述，球磨 10 h 后再生的 RNCM523 具有较优的电化学性能，故选择 10 h 作为最优的球磨时间。

8.4 补锂量对再生 NCM523 材料的影响

在前驱体合成三元材料的规模化生产中，材料中的锂含量对正极材料而言是相当重要的一项指标。选择适当的补锂量将有助于三元材料具有更加优秀的电化学性能。如果合成过程中补锂量过大，将会导致三元材料的锂镍混排现象严重，不利于锂离子的正常嵌入与脱出，从而影响电化学性能；而补锂量过小时，会致使锂空位增加，在充放电过程中导致材料的层状结构无法保持，使三元材料由层状结构向尖晶石结构乃至无定向型转变，也将会使电化学性能变差。

在三元材料充放电循环过程中，由于长时间的循环，将会导致三元材料内部的副反应增加，从而产生了不可逆相变，锂离子的扩散阻力进一步加大，导致材料中部分的锂无法继续参与充放电反应，即存在"死锂"现象，这也是废旧锂离子电池中锂含量严重缺失的主要原因。因此选择合适的补锂量对再生 NCM523 材料至关重要。

为了探究再生过程中补锂量对 RNCM523 的影响，设置三个不同的补锂量实验组研究。在球磨前添加 10%（wt%）添加剂，与适量的乙酸盐，三组实验在球磨过程中有价金属比例为 n（Li）$:$ n（M）（M = Ni+Co+Mn 的摩尔量）$= 1.x : 1$（$x = 1$，2，3）；Ni $:$ Co $:$ Mn = 5 $:$ 2 $:$ 3；在球料比为 10 $:$ 1；固液比为 50 g/L；球磨转速为 400 r/min 条件下分别对悬浊液进行湿法球磨 10 h，然后对三组球磨后所得的溶液分别进行喷雾干燥处理，喷雾干燥处理后所得的粉末进行煅烧处理，得到三组不同的再生 NCM523 材料。将三组不同补锂量下所得的 RNCM523 分别标记为 1.1 Li-RNCM523、1.2 Li-RNCM523 和 1.3 Li-RCNM523。

8.4.1　再生 NCM523 材料锂含量分析研究

为了确认再生过程中球磨前加入的乙酸盐是否将缺失的金属元素成功补进再生 NCM523 材料中，通过 ICP-MS 对不同补锂量的再生材料再生前后的锂、镍、钴和锰的含量进行了定量检测，测试结果如表 8.2 所示。

表 8.2　不同补锂量下 RNCM523 材料修复前后元素含量

编号	n(Li)	n(Ni)	n(Co)	n(Mn)
SNCM523	0.8977	0.4680	0.1866	0.2928
1.1 Li-RNCM523	1.0236	0.5056	0.2011	0.2883
1.2 Li-RNCM523	1.0595	0.5005	0.2013	0.2745
1.3 Li-RNCM523	1.1160	0.4975	0.2053	0.2639

从表 8.2 中对比再生前后的元素含量，可知 SNCM523 中缺失的金属元素已被补充进再生材料中。经分析，SNCM523 材料中 Li 元素严重缺失，而三组不同补锂量的 RNCM523 中 Li 元素的含量升高明显，同时补充的 Ni 与 Co 元素含量也有了明显的补足，但 Mn 元素的含量有略微的下降，这说明 SNCM523 经再生工艺处理，也会有一部分的元素损失。根据测试结果表明，SNCM523 经过再生后，基本达到 NCM523 的元素化学计量比。

8.4.2 补锂量对再生 NCM523 材料的形貌影响

对不同补锂量下的 RNCM523 进行 SEM 电镜分析，如图 8.12（a）~（f）所示。

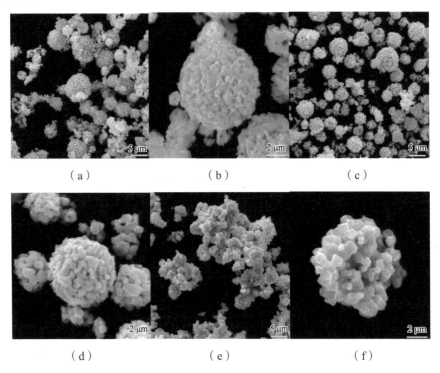

图 8.12　1.1 Li-RNCM523 [（a）、（b）]、1.2 Li-RNCM523 [（c）、（d）] 和
1.3 Li-RNCM523 [（e）、（f）] 的 SEM 图

通过对比低放大倍数下不同补锂量的再生 RNCM523，发现补锂量为 1.1 Li 与 1.2 Li 再生得到的 RNCM523 的球形形貌明显，粒径大小分布不均匀，并且没有发生明显的团聚现象，而 1.3 Li-RNCM523 中，几乎没有球形形貌，颗粒破碎严重，且团聚的现象明显。这是因为在三元材料中当锂含量过高时，在高温烧结的过程中，氧化锂对三元材料起到了助融剂的效果，从而破坏三元材料的球形形貌。对于高放大倍数下不同补锂量的再生 RNCM523 形貌，发现 1.1 Li-RNCM523 所形成的颗粒较为致密，一次颗粒间没有明显空隙；1.2 Li-RNCM523 的空隙较大，但依然能保持球形形貌；在 1.3 Li-RNCM523

的高放大倍数电镜图中，颗粒虽然具有球型结构，但发生了破碎，球形形貌并不完善，过锂化严重的三元材料颗粒在烧结后会发生结构坍塌现象。

为了进一步探索不同补锂量对 RNCM523 的影响，对产物进行物相分析，如图 8.13 所示。由图 8.13 可以看出，不同补锂量下的 RNCM523（006）/（102）和（108）/（110）分裂峰分裂明显，均具有 α-NaFeO$_2$ 层状岩盐型结构，所以过量补锂量并不会影响再生过程中层状结构变化。但通过对比 004 峰和 103 峰的比值，发现随着锂含量的上升，RNCM523 的锂镍混排更加严重。

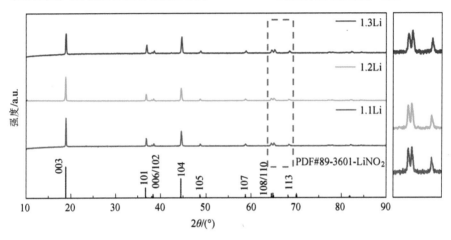

图 8.13　不同补锂量再生的 RNCM523 XRD 分析

8.4.3　补锂量对再生 NCM523 材料的电化学性能影响

不同补锂量条件下再生的 RNCM523 100 次循环放电比容量图、首次放电（0.1 C）电压比容量图、倍率性能、库伦效率图如图 8.14 所示。

由图 8.14（a）可知，1.1 Li-RNCM523、1.2 Li-RNCM523 和 1.3 Li-RNCM523 的循环稳定性保持得很好，在 100 圈时的容量分别为 125.023 mA·h·g^{-1}、153.214 mA·h·g^{-1} 和 146.871 mA·h·g^{-1}，在 1 C 下的容量保持率分别为 86.0%、96.6% 和 97.07%。图 8.14（b）中，不同补锂量下再生的材料均有稳定的充放电平台并且保持在 3.6 V 左右。图 8.14（c）中，1.1 Li-RNCM523、1.2 Li-RNCM523 和 1.3 Li-RNCM523 都具有良好的倍率性能，1.1 Li-RNCM523、1.2 Li-RNCM523 和 1.3 Li-RNCM523 在

5 C 下首圈放电比容量为分别 120.805 mA · h · g^{-1}、130.203 mA · h · g^{-1} 和 125.997 mA · h · g^{-1}，且在 5 C 的电流密度下循环 5 圈后，继续以 0.1 C 的电流密度充放电时，均能恢复至首圈水平，容量保持率分别为 96.8%、96.7% 和 99.8%。图 8.14（d）中，1.1 Li-RNCM523 在 1 C 下的库伦效率有波动现象，证明在循环过程中，存在了过充和过放的现象，但 1.2 Li-RNCM523 和 1.3 Li-RNCM523 的库伦效率稳定在 100% 左右，表现良好。

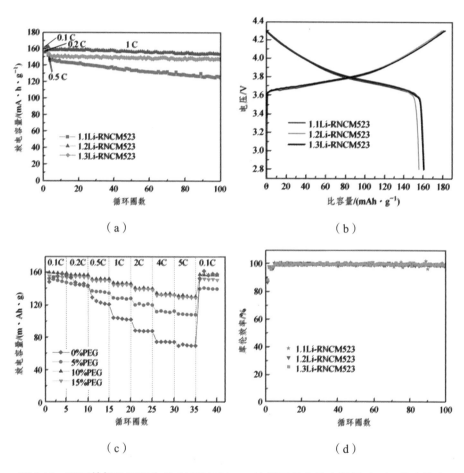

图 8.14　不同补锂量下再生的 RNCM523 100 次循环放电比容量图（a）、首次放电（0.1 C）电压比容量图（b）、倍率性能（c）、库伦效率图（d）

经过对比分析，1.2 Li-RNCM523 和 1.3 Li-RNCM523 的循环稳定性较好，

而 1.1 Li-RNCM523 的循环稳定性则略有不足。这是因为在 NCM523 循环过程中，常常有"死锂"产生，在规模化生产中，为了弥补长循环过程中锂的缺失，往往对三元前驱体进行过锂化补锂，目的就是为了弥补在长循环过程中损失的锂。1.3 Li-RNCM523 的元素分析测试表明样品的过锂化严重，但是样品的循环性能依旧表现良好。这可能是因为 SNCM523 经过再生后，形成了这种多孔状的结构，这种多孔状的结构比表面积更大，使得 Li^+ 更容易进入颗粒内部发生脱嵌反应，从而倍率性能更好，所以即使再生材料的锂含量过量，对再生材料的循环性能影响也并不明显。

为了进一步验证这个理论，结合电镜图与倍率性能图中 1.1 Li-NCM523 和 1.2 Li-NCM523 样品进行分析比较，发现 1.1 Li-NCM523 样品中的颗粒致密性较好，而倍率性能则较为不足。对于 1.3 Li-RNCM523 的样品中，虽然该样品的球形结构破坏严重，锂镍混排程度较高，但是电化学性能却表现良好。根据 Clare[7]的最新研究分析表明，适当的锂镍混排可以提高层状 $LiNO_2$ 的循环稳定性。对于 NCM523 而言，由于固溶现象的影响，可以在循环过程中发现多相共存现象，Chen[8]在锂过量的岩盐结构综述中也阐明，NCM523 在特殊的条件下，将具有一定的过锂潜能，而锂过量时，材料会以具有最多的小离子半径的 Ni^{3+}，使得层间距扩大，从而有利于扩散[9]。这可能是导致 1.3 Li-RNCM523 样品电化学性能良好的原因。

综上所述，虽然 1.2 Li-RNCM523 和 1.3 Li-RNCM 的电化学性能差别不大，但是从节约资源的角度而言，选择 1.2 Li 作为再生过程中的最优补锂量。

本章小结

本章采用球磨-喷雾再生法制备出高性能的再生 NCM523 正极材料，这种回收方法属于直接回收再生。当添加剂 PEG-6000 的量增加，会导致再生材料的一次颗粒减小，二次颗粒增大，从而影响锂离子电池的倍率性能；确定了球磨时间对再生材料结构的影响，随着球磨时间的延长，再生材料中的锂镍混排程度降低，电化学性能将得到改善，容量升高，但是球磨时间过长，也会导致球磨后颗粒过细，不利于保持电化学稳定性。随着补锂量的升高，锂镍混排程度会增加，但是更多的补锂量可以弥补"死锂"的损失，间接提高了循环稳定性。电化学测试结果表明，在球磨前添加 10%（wt%）添加剂与金属乙酸盐，保证有价金属比例为 n（Li）：n（M）（M = Ni+Co+Mn 的摩尔量）= 1.2∶1；Ni∶Co∶Mn = 5∶2∶3；在球料比为 10∶1；固液比为 50 g/L；球磨转速为 400 r/min 条件下分别对悬浊液进行湿法球磨 10 h，对球磨的产物喷雾干燥处理后进行煅烧处理得到的产物电化学性能最好。最优条件下得到的再生材料在 1 C 下的首圈放电比容量为 152.488 mA·h·g^{-1}。在 100 圈后放电比容量为 149.534 mA·h·g^{-1}，容量保持率高达 98.06%，且电流密度为 5 C 时的首圈容量为 126.974 mA·h·g^{-1}。

参考文献

[1] 施敏. 喷雾干燥法制备 P(MMA-BA)、PLA/EC 中空微球及其性能研究[D]. 湖南大学，2012.

[2] 戴智. 相转移催化剂 PEG400 在固—液相无溶剂有机合成中的应用研究[D]. 河北大学，2005.

[3] 邹其超，彭顺金. 反气相色谱法研究聚合物的热力学行为（1）聚乙二醇与不同溶剂的热力学相互作用[J]. 胶体与聚合物，1999，17（4）：4.

[4] Ming J, Cao Z, Wu Y, et al. New Insight on the Role of Electrolyte Additives in Rechargeable Lithium Ion Batteries[J].ACS Energy Letters, 2019, 4(11): 2613-2622.

[5] Kurzhals P, Riewald F, Bianchini M, et al. The LiNiO 2 Cathode Active Material: A Comprehensive Study of Calcination Conditions and their Correlation with Physicochemical Properties. Part I. Structural Chemistry[J].Journal of The Electrochemical Society, 2021, 168(11): 110518.

[6] 陈立贵，贾仕奎，付蕾，等. 聚乙二醇定形相变材料的热稳定性[J]. 工程塑料应用，2016，44（10）：4.

[7] XU C, REEVES P J, JACQUET Q, et al. Phase Behavior during Electrochemical Cycling of Ni - Rich Cathode Materials for Li - Ion Batteries [J]. Advanced Energy Materials，2021, 11(7): 2003404.

[8] Chen D, Ahn J, CHEN G. An overview of cation-disordered lithium-excess rocksalt cathodes [J]. ACS Energy Letters, 2021, 6(4): 1358-1376.

[9] Chakraborty，Bodurtha KJ，Heeder N J. Massive electrical conductivity enhancement of multilayer graphene/polystyrene composites using a nonconductive filler [J]. 2014, 6(19): 16472.16475.

第9章
废旧三元材料水热补锂-球磨细化-
喷雾重塑再生研究

对于部分废弃程度不高的正极材料，可以通过物理修复方法实现再生。物理修复法是一种能够快速重塑退役正极材料的结构、恢复其电化学性能的新型再生技术，该技术通常适用于缺失锂但电化学性能衰减程度小的废旧三元正极材料[1]。

喷雾干燥法是一种较容易制备获得均匀前驱体的方法，该方法可以实现元素原子水平上的混合，且制备的前驱体为球形形态，其技术优势包括在反应器中的停留时间短、不需要进一步的纯化步骤，并且产物的组成是均匀的[2]。若可以通过喷雾干燥从混合前驱体溶液中快速高效地制备出均匀的前驱体，将有助于进一步缩短、简化实验流程。本实验直接对废旧正极材料进行水热补锂，再将其与前驱体溶液放入球磨机球磨细化，经过喷雾干燥迅速制备再生材料的前驱体，并结合高温煅烧再生制备 $LiNi_{0.5}Co_{0.2}Mn_{0.3}O_2$。主要研究了水热条件对补锂效果的影响规律、二段煅烧温度对再生制备材料性能的影响规律；分析表征了造成材料性能差异的内在原因。

9.1 研究方案

基于第 3 章废旧 $LiNi_{0.5}Co_{0.2}Mn_{0.3}O_2$ 预处理研究，将部分预处理后的废旧 $LiNi_{0.5}Co_{0.2}Mn_{0.3}O_2$ 放入填充有过饱和锂盐溶液（4M LiOH）的水热反应釜中进行水热补锂，设置不同的保温时间和保温温度，使得锂含量达到合适的化学计量比。

将水热处理后的混合液抽滤干燥后，使所得水热后正极材料晶种、镍钴锰锂的前驱体溶液（$n(Ni) : n(Co) : n(Mn) = 5 : 2 : 3$，Li：M(M = Ni + Co + Mn) = 1.05，加入 $NiC_4H_6O_4 \cdot 4H_2O$、$C_4H_6CoO_4 \cdot 4H_2O$、CH_3COOLi、$MnC_4H_6O_4 \cdot 4H_2O$）和粘结剂相混合，并进行高能球磨细化，将球磨后的悬浊液进行喷雾干燥后，得到再生前驱体；将再生前驱体依次经过第一段焙烧和第二段焙烧处理，得到再生的锂离子电池正极材料。该实验流程图如图 9.1 所示。

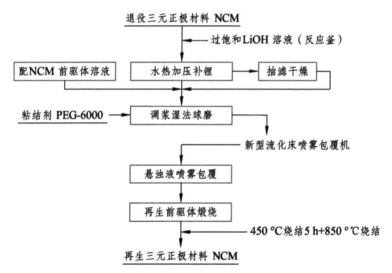

图 9.1　水热补锂-球磨细化-喷雾重塑再生 $LiNi_{0.5}Co_{0.2}Mn_{0.3}O_2$ 的工艺流程图

9.2　水热补锂对再生材料的影响

9.2.1　水热补锂过程补锂量的影响

再生废旧正极材料的第一步是采用溶液浸渍的方式为废旧正极材料重新注入锂。表 9.1 详细介绍了水热过程中锂的含量变化，图 9.2 为 Li^+ 的浓度随水热处理的温度和时间而变化的关系图。对于废旧的 NCM523 材料在

180 ℃ 的温度下保温 4 h 后，Li 的浓度可以恢复到 0.87，这与目标化学计量比仍具有很大差距，进一步延长保温时间，发现 Li 含量缓慢提升，但补锂效果不佳。即使在 180 ℃ 的条件下水热 14 h，Li 的浓度也只能达到 0.91。当水热温度设置为 220 ℃，经过 10 h 的水热补锂处理，Li 的浓度能达到 1，趋于目标化学计量比。为研究废旧三元正极 NCM523 材料补锂修复前后各元素含量的变化，采用原子吸收方法（AAS）对经过不同温度、不同保温时间下补锂的 $LiNi_{0.5}Co_{0.2}Mn_{0.3}O_2$ 材料进行锂、镍、钴和锰含量分析，结果如表 9.2 所示。

把经水热补锂 2 h、4 h、6 h、8 h 和 10 h 的材料分别命名为"220 ℃/2 h""220 ℃/4 h""220 ℃/6 h""220 ℃/8 h"和"220 ℃/10 h"。测试结果表明，废旧三元正极材料 NCM523 中 Li 含量为 0.8（正常为 1.0 ~ 1.05），说明废旧三元正极材料中 Li 元素缺失；经过水热补锂后，"220 ℃/2 h""220 ℃/4 h""220 ℃/6 h""220 ℃/8 h"和"220 ℃/10 h"条件下补锂样品的含锂量分别为 0.880 6、0.940 4、0.970 5、0.985 4 和 1.000 0，此时"220 ℃/10 h"条件下的样品均接近于正常三元 NCM523 材料的锂含量，说明水热补锂法能为部分废旧程度不高的材料完全补锂，但同时 Ni、Co 和 Mn 的元素含量有一定的下降[3]。

表 9.1　不同水热参数处理后 SNCM523 的含锂量

	180 ℃	200 ℃	220 ℃
0	0.800 0	0.800 0	0.800 0
2	0.846 2	0.870 3	0.880 6
4	0.870 6	0.910 6	0.940 4
6	0.880 1	0.940 5	0.970 5
8	0.892 2	0.950 8	0.985 4
10	0.905 7	0.960 0	1.000 0
12	0.910 4	0.960 2	1.000 0
14	0.910 4	0.962 1	1.010 2

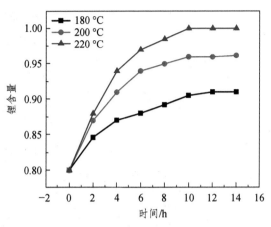

图 9.2　锂含量随水热处理温度和时间的变化规律

表 9.2　失效三元正极 NCM523 材料修复前后元素含量变化

编号	n(Li)	n(Ni)	n(Co)	n(Mn)
失效 NCM523	0.802 0	0.518 2	0.207 9	0.306 4
220 °C/2 h	0.880 6	0.515 6	0.205 2	0.300 1
220 °C/4 h	0.940 4	0.509 8	0.203 2	0.291 5
220 °C/6 h	0.970 5	0.508 4	0.205 4	0.290 2
220 °C/8 h	0.985 5	0.506 8	0.205 1	0.283 9
220 °C/10 h	1.000 0	0.505 2	0.206 5	0.282 9

9.2.2　水热补锂后材料的形貌结构分析

为了探究水热补锂后材料的形貌变化，采用 SEM 分析材料的形貌，结果如图 9.3 所示。

由图 9.3 可见，水热处理后的材料形貌杂乱，尺寸不均一，同时存在很多细碎的小颗粒，这是由于在水热过程中，产生的压力将球形颗粒破碎，在长时间的压力作用下，颗粒进一步破碎。在 5 000× 和 10 000× 的倍率下，我们清晰地发现正极材料颗粒破碎严重，小颗粒尺寸主要集中在 1 ~ 5 μm 之间，大颗粒尺寸主要集中在 6 ~ 10 μm 之间。

图 9.3　水热补锂后的废旧正极材料 SEM 图

9.2.3　水热补锂后材料的电化学性能研究

图 9.4 为水热补锂后的 NCM 材料首圈充放电曲线和循环性能曲线。

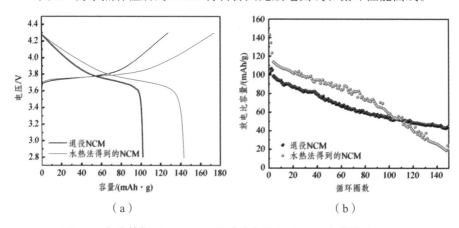

图 9.4　水热补锂后 NCM523 的首次充放电（0.1 C）曲线（a）和
150 圈的循环充放电曲线（b）

对比废旧正极材料水热补锂前后的电化学性能测试结果，发现水热补锂后的材料首圈放电比容量由 101.9 mA·h·g^{-1} 上升到 143.2 mA·h·g^{-1}，循环 150 次后容量保持为 20.89 mA·h·g^{-1}，容量保持率为 14.58%，远远低于废旧正极材料 43.2% 的容量保持率。说明水热补锂可以使废旧材料的锂存储容量达到理想的化学计量值，容量得到了初步提升[4]；但是水热后的材料循环稳定性进一步降低，远不如原始的废旧正极材料。

9.3　再生前驱体结构与形貌的研究

图 9.5 为喷雾干燥制备的前驱体粉末的 XRD 图，从图中观察到比较尖锐的衍射峰，呈现漫散峰，说明制备出的前驱体内掺杂部分水热后的材料，呈现出 LiNiO$_2$ 相；同时还存在着很大一部分非晶相，这主要归因于喷雾干燥低温、快速的成型过程。图 9.6 是前驱体的微观形貌图，从图 9.6（a）~（f）可以清晰地看出前驱体呈现出单一完整的球形颗粒，这将有利于后续烧结形成球形度较好的正极材料颗粒。但前驱体颗粒分布不均一，经过统计分析，一部分球形颗粒直径分布在 5 μm 左右，另外一部分颗粒较为细小，直径分布在 1 ~ 3 μm。从图 9.3（e）、（f）可以看出大部分颗粒球形度较好但是表面不光滑，少部分前驱体颗粒粒径非常小，呈现出粒径不均匀的现象，这可能是喷雾过程中部分前驱体溶液独立成球，并没有很好地包覆在水热处理后的正极颗粒表面[5]。

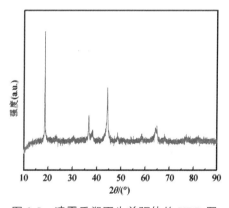

图 9.5　喷雾重塑再生前驱体的 XRD 图

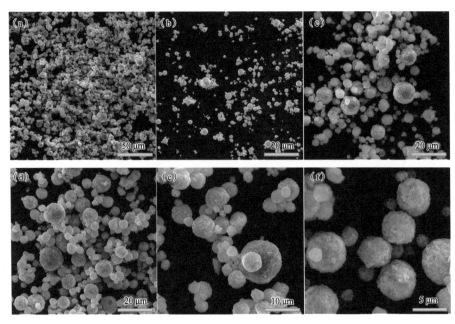

图 9.6　喷雾重塑再生前驱体的 SEM 图

9.4　球磨时间对再生 $LiNi_{0.5}Co_{0.2}Mn_{0.3}O_2$ 材料性能的影响

9.4.1　再生 $LiNi_{0.5}Co_{0.2}Mn_{0.3}O_2$ 前驱体的 TG/DSC 分析

为了进一步分析再生 $LiNi_{0.5}Co_{0.2}Mn_{0.3}O_2$ 过程中的物理和化学变化，对得到的前驱体进行热重/差热分析（35～1 000 ℃），测试结果如图 9.7 所示。从 TG/DSC 曲线图中可以看出，温度为 35～120 ℃ 时，重量损失为 2.97%，主要归因于前驱体中吸附水的损失；温度为 155～220 ℃ 时，重量损失为 3.17%，主要归因于前驱体中结晶水的损失和部分 C 分解；220～360 ℃ 时，重量损失较大为 8.59%，参照文献[6]得知（Fujishige 2002）发生的反应为乙酸盐的分解[7]；当温度为 360～435 ℃ 时，主要归结于固态反应，重量损失为 8.59%，发生的反应为 $LiNi_{0.5}Co_{0.2}Mn_{0.3}O_2$ 的固态反应；温度在 429 ℃ 以上时，重量损失为 7.96%，对应于材料的结晶度提升及锂损失。由于在 435 ℃ 时，前驱体已完成固态反应，提高温度会进一步提升材料的结晶度。综上所述，为了使有机物完全分解，将一段煅烧温度确定为 450 ℃。具体的变化与反应如表 9.3 所示。

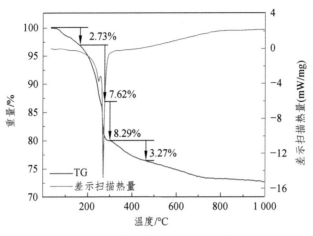

图 9.7 前驱体的 TG/DSC 曲线

表 9.3 前驱体随温度变化过程中发生的变化与反应表

温度/℃	35～155	155～245	245～300	300～435	435～1000
重量损失/wt%	2.73	7.62	8.29	3.27	4.07
变化与反应	吸附水和结晶水的损失	部分粘结剂分解	乙酸盐分解	固态反应	结晶度提升及锂损失

9.4.2 球磨对废旧正极材料的粒径和结构影响

不同的球磨时间将形成不同的细化颗粒料浆，球磨时间的长短是决定制备出稳定的前驱体的重要因素[8]。如果球磨时间较短，产品研磨不充分，无法得到超细颗粒，那么很难得到较为均一的前驱体；如果球磨时间过长，接近极限粒径时，继续研磨，产品粒径几乎不再减小，喷雾干燥得到的前驱体就会存在颗粒细碎等情况，不利于提高材料的性能。只有合适的球磨时间，才能有利于得到粒径细小、均匀的产品。为了能在两者之间找到一个平衡点，进行了不同球磨时间的实验组。按照不同的球磨时间将实验分为 3 组，固定球磨转速为 400 r/min，浆料固含量为 10%、球料比 10∶1，黏结剂 10%，进行湿法球磨，分别对悬浊液球磨 6 h、9 h、12 h，将一部分浆料过滤洗涤，利用马尔文激光粒度仪测定球磨后材料的粒径分布，结果如图 9.8 所示。从图中可知，经短时间的球磨，大部分粒径集中在 10 μm，同时出现少部分的粒径集中在 1 μm；随着球磨时间延长至 9 h，球磨后的粒径主要集中在 1~10 μm 之间，粒径越来越趋向于宽分布；当球磨时间达到 12 h，球磨后的粒径主要集中在 1 μm，部分粒径集中在 5 μm。部分球磨后的颗粒已经达到纳米级别，纳米颗粒再生后的正极材料会缩短 Li^+ 的扩散距离，电化学性能将得到改善。如果继续球磨，球磨机的能耗变大但球磨效率会降低，因此确定最佳的球磨时间为 12 h。

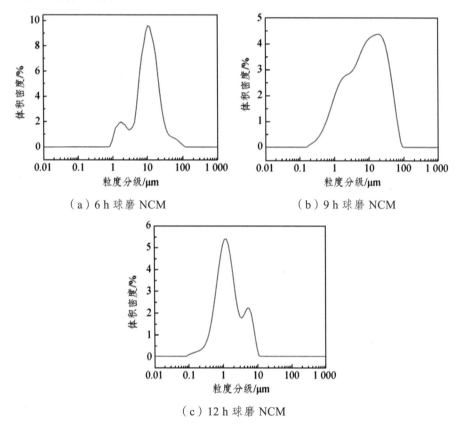

（a）6 h 球磨 NCM　　　　　　（b）9 h 球磨 NCM

（c）12 h 球磨 NCM

图 9.8　不同球磨时间下 NCM 的粒径分布图

为了进一步探究球磨时间对材料形貌的影响，采用 SEM 对其形貌进行分析。图 9.9（a）表明经 6 h 的球磨，废旧正极材料原有类球形形貌被破坏，球形大颗粒破碎成较为细碎的块状颗粒，原料颗粒不断破裂粉碎、混料更加均匀，增大了原料颗粒之间的反应接触面同时更有利于组分的均匀分布，此时是球磨机球磨效率最高的时候；随着球磨时间的延长，较为细碎的块状颗粒进一步破碎，形成更为细小的絮状物质，此时的粒径分布较为杂乱，如图8.9（b）所示；当进一步延长球磨时间至 12 h，此时颗粒粒径主要集中在 1 μm，部分颗粒呈现出纳米级，已经达到极限粒径，如若进一步延长球磨时间，锆球对原料固体颗粒的细化作用逐渐减弱，相应的电化学性能也不会有显著提高。这是因为固体细化到一定粒径后尺寸变小，使得颗粒比表面能显著增大，导致细化颗粒的能垒增大，此时需要更大的冲击能量才能进一步细化而非增加球磨时间[9]。这也与图9.8的结论一致。

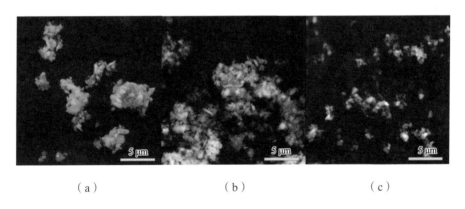

（a） （b） （c）

图 9.9 6 小时球磨后的 SNCM（a）、9 小时球磨后的 SNCM（b）和
12 小时球磨后的 SNCM（c）的 SEM 图

对球磨后的废旧 $LiNi_{0.5}Co_{0.2}Mn_{0.3}O_2$ 进行物相分析，结果如图 9.10 所示。

由图 9.10 可以看出，水热后材料、球磨后的材料均具有 α-$NaFeO_2$ 型层状岩盐结构，属于六方晶系，没有杂质峰存在。水热后材料衍射图中（006）/（012）和（108）/（110）峰分裂明显，说明材料仍然保持较好的层状结构，水热并不会破坏材料的层状结构；而球磨后的材料（006）/（012）和（108）/（110）峰分裂不明显，可能是球磨破坏了部分材料的层状结构。

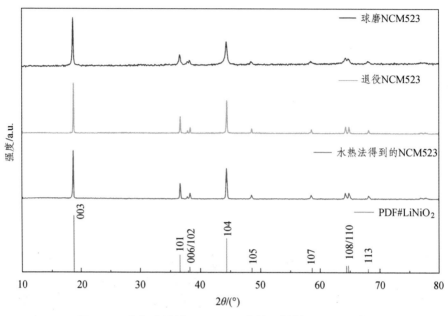

图 9.10　球磨后材料、SNCM、水热后材料的 XRD 分析

9.4.3　球磨时间对再生材料形貌的影响

不同球磨时间下再生 $LiNi_{0.5}Co_{0.2}Mn_{0.3}O_2$ 材料的微观形貌如图 9.11 所示。由最左边的低倍率电镜图可见，不同球磨时间下制得的浆料经过喷雾重塑再煅烧后形成的颗粒形貌均相似，均为球形结构。球磨时间为 6 h 和 9 h 再生的材料颗粒表面凹凸不平明显，并且具有较明显的团聚现象。随着球磨时间的进一步增加，再生的材料球状颗粒边缘更为清晰。右边为对应条件下的高倍率电镜图，从图中可看出，在球磨时间较短时合成的材料颗粒表面具有很少的一次颗粒堆积，这与粒度分析结果相一致。从图 9.11（d）～（g）可以看出，再生材料具有一定的团聚现象，没有很好地保持前驱体的球形形貌，部分球形颗粒周围伴随有散落的小颗粒，这是由于前驱体的球形框架主要由有机物组成。在高温煅烧过程中，部分有机物发生分解造成结构塌陷，双电层的存在造成颗粒团聚，当添加了粘结剂，则并不会造成颗粒大面积坍塌的情况，再生材料将仍然可以保持较好的球形结构[10]。从图 9.11（i）可以看出二次颗粒不光滑，表面有一些孔洞，这主要是有机盐分解生成 H_2O 和 CO_2

气体造成的，同时颗粒表面主要由片状和不规则形状的小颗粒组成，整体材料颗粒粒径分布较为均一，一部分粒径为 10 μm 左右，另外一部分为 5 μm。较小粒径的再生电池材料能够有效缩短 Li$^+$ 在正负极中的扩散距离，更有利于电池进行快速地充放电，改善材料的离子电导率，使得再生材料表现出良好的电化学性能。

同时对再生的正极材料进行了 EDS 元素面扫描，如图 9.11 所示。可以看出再生材料表面的 Ni、Co、Mn 元素分布均匀且较为清晰，这说明再生材料具有良好的 MO$_6$ 八面体结构层，这为制备出良好电化学性能的再生材料奠定了基础。

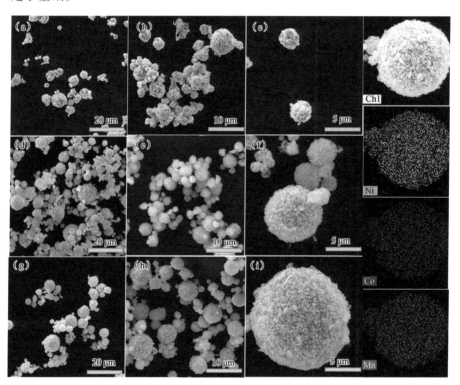

图 9.11　6 h 球磨 RNCM［（a）～（c）］、9 h 球磨 RNCM［（d）～（f）］和 12 h 球磨 RNCM［（g）～（i）］的 SEM 图和 12 h 球磨 RNCM 的 EDS 元素扫描图

9.4.4 球磨时间对再生材料电化学性能的影响

不同球磨条件下再生 RNCM523 的首次充放电（0.1 C）曲线如图 9.12 所示。可以看出废旧正极材料的充放电平台间距较大，其主要原因是电池材料在长期的循环充放电过程中结构受到破坏而失效、SEI 膜增厚等，锂离子扩散受到阻碍，因此需要提高电压为锂离子嵌入/嵌脱提供能量[11]。在 0.1 C 倍率下，SNCM、6 h-Milling RNCM、9 h-Milling RNCM 和 12 h-Milling RNCM 首次放电比容量分别为 101.9 mA·h·g^{-1}、136 mA·h·g^{-1}、144.7 mA·h·g^{-1}、152.3 mA·h·g^{-1}。不同球磨时间再生后的电池材料具有完整的充放电电压平台并且保持在 3.77 V 左右。随着球磨细化时间的延长，再生的正极材料放电比容量相应的增加，当球磨细化的时间增加到 12 h 时，在 1 C 放电倍率下的再生正极材料放电比容量达到 149.3 mA·h·g^{-1}，此时的颗粒已经充分细化，部分颗粒趋于纳米级，如果继续增加球磨时间会造成能源的浪费，因此确定最佳的球磨时间为 12 h。

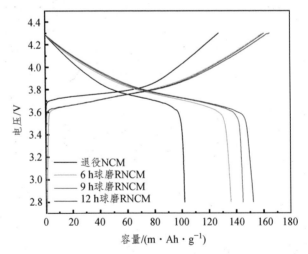

图 9.12 不同球磨时间下再生 $LiNi_{0.5}Co_{0.2}Mn_{0.3}O_2$ 和 SNCM 的首次充放电（0.1 C）曲线

如图 9.13 三种不同球磨时间下再生的 RNCM 和 SNCM 前 100 次循环放电比容量及库伦效率图。由图可知，SNCM 经过前三圈的激活过程后，放电比容量迅速降低，在 1 C 倍率下放电比容量只有 97.5 mA·h·g^{-1}，此时库伦效率为 62.6%，废旧正极材料性能很差。6 h-Milling RNCM 样品在 0.1 C 的电流密度下放电比容量为 136 mA·h·g^{-1}，库伦效率为 84.4%。9 h-Milling RNCM 样品在 0.1 C 电流密度下放电比容量为 152.3 mA·h·g^{-1}，库伦效率为 88.7%。12 h-Milling RNCM 样品在 0.1 C 电流密度下放电比容量为 144.7 mA·h·g^{-1}，库伦效率为 89.6%。但是经过小电流的活化作用，在 0.2 C 下达到 150 mA·h·g^{-1}。12 h 球磨条件下再生的 RNCM 材料表面副反应少且不可逆相变少。三个样品在 1 C 电流密度下首圈放电比容量分别为 140.085 mA·h·g^{-1}、144.696 mA·h·g^{-1}、149.359 mA·h·g^{-1}，循环 100 圈后，容量保持率分别为 91.48%、91.57%、98.1%，SNCM 仅有 55.6%。其中 12 h-Milling RNCM 样品在活化过程中放电比容量进一步提高，表明该样品更有利于电解液的浸润，从而进一步提高了再生材料的电化学性能[12]。经过活化后，三个再生样品的库伦效率 > 99.5%，而 SNCM 的库伦效率在 97% 左右波动。因此 12h-Milling RNCM 样品具有较好的循环性能和库伦效率。

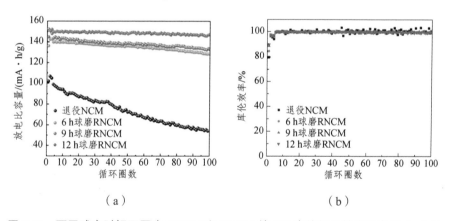

（a）　　　　　　　　　　　　（b）

图 9.13　不同球磨时间下再生 RNCM 和 SNCM 前 100 次的循环放电比容量（a）及库伦效率图（b）

不同球磨时间下再生的 RNCM 材料倍率性能曲线如图 9.14 所示，从图 9.14 中可以清晰看出，SNCM 在不同倍率下容量衰减均特别严重，在 4 C、5 C 电流密度下，放电比容量低于 30 mA·g^{-1}，可见废旧电极材料的电化学性能非常差。12 h-Milling RNCM 材料在不同倍率下都具有较高的放电比容量，最高放电比容量达到 158 mA·h·g^{-1}。12 h-Milling RNCM 的材料在

5 C 大倍率下的放电比容量仍然可以保持在 120.5 mA·h·g^{-1}，当再次以 0.1 C 的电流密度充放电时，放电比容量达到 154.4 mA·h·g^{-1}，容量保持率为 97.7%。这说明该材料具有良好的倍率性能和电化学可逆性，有利于电极材料进行大倍率充放电。其余两组样品具有较强的团聚现象，在大倍率充放电时，锂离子扩散距离和阻抗增加，进而影响了 Li$^+$ 的扩散动力学。当再次以 0.1 C 的电流密度充放电时，6 h-Milling RNCM 样品放电比容量为 133.1 mA·h·g^{-1}，容量保持率为 94.5%；9 h-Milling RNCM 样品放电比容量为 143.9 mA·h·g^{-1}，容量保持率为 96.4%。

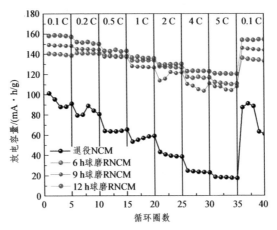

图 9.14　不同球磨时间下再生的 RNCM 倍率性能曲线和
SNCM 材料在不同倍率下的首圈充放电曲线

9.5　粘结剂用量对再生 LiNi$_{0.5}$Co$_{0.2}$Mn$_{0.3}$O$_2$ 材料的影响

为考察粘结剂用量对再生 LiNi$_{0.5}$Co$_{0.2}$Mn$_{0.3}$O$_2$ 结构形貌及电化学性能的影响，固定球磨转速 400 r/min，浆料固含量 10%、球料比 10∶1，球磨时间 12 h 进行湿法球磨，分别对比粘结剂含量为 8%、10% 和 12% 时再生 LiNi$_{0.5}$Co$_{0.2}$Mn$_{0.3}$O$_2$ 的形貌及电化学性能。

9.5.1　粘结剂用量对再生材料形貌的影响

粘结剂用量对再生材料的形貌影响很大，本研究采用的粘结剂是聚乙二醇-6000，分别对无粘结剂、8% 粘结剂用量、10% 粘结剂用量和 12% 粘结剂用量下再生的材料进行 SEM 分析，结果如图 9.15 所示。

（a）　　　　　　　　（b）　　　　　　　　（c）

（d）　　　　　　　　（e）　　　　　　　　（f）

图 9.15　无粘结剂（a）、8% 粘结剂用量［（b）、（c）］、10% 粘结剂用量（d）、
12% 粘结剂用量［（e）、（f）］下再生正极材料 SEM 图

图 9.15（a）为无粘结剂时再生的正极材料，发现再生材料没有保持前驱体的球形形貌，颗粒形状不规则且周围伴随有散落的小颗粒，这归因于前驱体的球形框架是由有机物构成，当有机物分解时结构坍塌，而大量有机物分解则会导致球形颗粒的破碎[13]。为了保持再生 RNCM 的球形度，需要加入粘结剂；图 9.15（b）、（c）加入 8% 粘结剂再生的 RNCM 材料保持了部分球形度，但是还存在很多絮状物质；图 9.15（d）加入 10% 粘结剂再生的 RNCM 材料球形度好，并且颗粒清晰，一部分球形颗粒直径分布在 5 μm 左右，另外一部分颗粒较为细小，直径分布在 1~3 μm；同时呈现出蓬松的多孔球状，这种形貌结构能大大地增加材料的比表面积，有利于电解液跟正极

材料的接触、渗透，增强了材料电化学性能；图 9.15（e）、（f）加入 12% 粘结剂再生的 RNCM 材料颗粒大且团聚严重，在大倍率充放电下性能不佳。

9.5.2 粘结剂的用量对再生材料电化学性能的影响

图 9.16 为不同粘结剂用量下再生的 RNCM 材料的首圈充放电曲线和循环性能曲线。粘结剂用量极大地影响了再生材料的容量，当不添加粘结剂时，再生的材料首圈放电比容量最高达到 161.8 mA·h·g^{-1}，但是它的循环稳定性最差，随着充放电循环次数的增加，放电比容量下降得最快，可能是废旧再生材料在没有粘结剂的作用下，很难保持良好的球形，同时长时间的循环过程进一步破坏它固有的形貌，导致电化学性能的进一步下降[14]。再生材料无法形成稳定的 SEI 膜，活性物质和电解液直接接触，将被电解液浸蚀并伴随有副反应发生，因此循环性能衰退明显。有副反应发生，随着粘结剂用量的提高，再生材料的容量开始下降，但是它的循环性能得到了提高，当粘结剂的用量达到 10% 时，材料具有较好的放电比容量以及最优的循环稳定性，如图 9.16（b）可知，再生材料在 1 C 电流密度下性能稳定，100 次循环后仍可以保持 146.7 mA·h·g^{-1} 的比容量，容量保持率达到 98.2%，循环性能优秀。

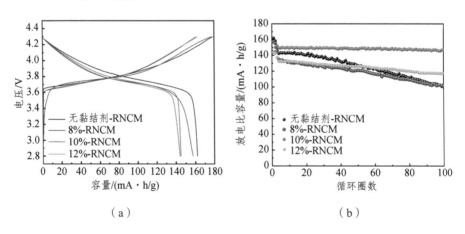

（a）　　　　　　　　　　　（b）

图 9.16　不同粘结剂用量下再生 LiNi$_{0.5}$Co$_{0.2}$Mn$_{0.3}$O$_2$ 的首次充放电（0.1 C）曲线（a）和前 100 次的循环放电比容量（b）

9.6 煅烧温度对再生 $LiNi_{0.5}Co_{0.2}Mn_{0.3}O_2$ 材料性能的影响

9.6.1 煅烧温度对再生材料结构的影响

不同煅烧温度下再生 $LiNi_{0.5}Co_{0.2}Mn_{0.3}O_2$ 的 XRD 图谱如图 9.17 所示,可以看出再生正极材料都具有 α-$NaFeO_2$ 型层状岩盐结构,属于六方晶系,$R\bar{3}m$ 空间群,没有杂质峰存在,(006)/(012)和(108)/(110)峰分裂明显,说明材料形成了良好的层状结构。

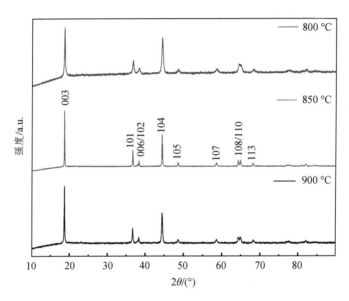

图 9.17　不同煅烧温度下再生 $LiNi_{0.5}Co_{0.2}Mn_{0.3}O_2$ 的 XRD 分析

为了进一步得到再生三元正极材料的晶胞参数,特对 XRD 谱图进行精修,结果如表 9.4 所示。

表 9.4　不同煅烧温度下再生 $LiNi_{0.5}Co_{0.2}Mn_{0.3}O_2$ 的 XRD 精修晶胞参数

样品	温度/℃	a/Å	c/Å	c/a	V/(Å)³	I_{003}/I_{104}
1	800	2.877	14.227	4.945	102.010	1.640
2	850	2.872	14.251	4.962	101.870	1.770
3	900	2.871	14.231	4.956	101.590	1.550

随着煅烧温度的增加，晶格参数 c/a 先增加后降低且都大于 4.95，说明形成了较好的层状结构，有利于锂离子的扩散，可以看出煅烧温度为 850 °C 时具有最高的 c/a 值为 4.961。同时观察 I_{003}/I_{104} 值[15]也说明随温度升高锂镍混排程度加重，这可能是 Li 损失造成的。从表 9.4 中可以看出，850 °C 下再生材料具有较好的层状结构且锂镍混排程度低。将在 800 °C、850 °C、900 °C 下煅烧再生的 $LiNi_{0.5}Co_{0.2}Mn_{0.3}O_2$ 分别标记为 800-RNCM、850-RNCM、900-RNCM 样品。

为了进一步分析煅烧温度对再生样品的影响，对材料进行傅氏转换红外线光谱分析（FT-IR）从而得到化学键的信息，不同煅烧温度下再生 $LiNi_{0.5}Co_{0.2}Mn_{0.3}O_2$ 的 FT-IR 图谱如图 9.18 所示。4 000 cm^{-1} 至 400 cm^{-1} 之间的全波数分为特征频率区域（4 000 ~ 1 330 cm^{-1}）和指纹区域（1 330 ~ 400 cm^{-1}）。结果表明，三个样品具有相似的光谱，在 572 cm^{-1} 附近的吸收带为过渡金属氧化物（MO_6）的不对称拉伸振动（ν_{M-O}）[16]，在 533 cm^{-1} 附近的吸收带主要是弯曲振动（ν_{Li-O}）[17]，可以看出 850-RNCM 样品具有较强的 M—O 键，这有助于电极材料进行充放电循环时保持更好的层状结构。同时也观察到大约在 1 637 cm^{-1} 和 3 413 cm^{-1} 存在两个明显的吸收峰，表示材料中吸附 H_2O 存在的弯曲振动（ν_{O-H}），此宽带与文献报道的一致[18]，也说明 850-RNCM 样品中吸附水较少（水分与电解液反应少），有利于材料电化学性能的提升，由此证实了再生 $LiNi_{0.5}Co_{0.2}Mn_{0.3}O_2$ 的化学完整性。

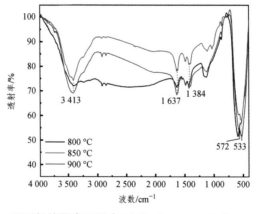

图 9.18　不同煅烧温度下再生 $LiNi_{0.5}Co_{0.2}Mn_{0.3}O_2$ 的 FT-IR 图谱

9.6.2　煅烧温度对再生材料形貌的影响

800-RNCM 样品的形貌和元素扫描如图 9.19 所示。从图 9.19（a）可以看出颗粒形状规则，呈现球形，同时也有少量一次颗粒和絮状物质，经过粒径统计，整体颗粒粒径为 5 μm 左右，部分颗粒粒径达到 10 μm 左右。从图 9.19（b）可以看出，颗粒表面不光滑，表面有凸起的一次颗粒，不利于充放电时 SEI 膜的形成从而增加电压极化。从图 9.19（c）、（d）可以观察到，二次颗粒表面粗糙，一次颗粒呈多面体和片状，且一次颗粒边缘轮廓不清晰，这主要是由于在相对低的温度下进行煅烧结晶，一次颗粒长大不完全造成的，同时也会造成团聚严重。从整体上来看，800-RNCM 样品大于 850-RNCM 样品的颗粒粒径。对二次颗粒进行 EDS 元素扫描可以看出，Ni、Co、Mn、O 元素分布均匀。

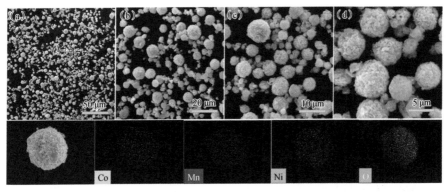

图 9.19　800-RNCM 样品的 SEM 图与 EDS 元素扫描图

同时也对 900-RNCM 样品进行了形貌和元素扫描分析，结果如图 9.20 所示。

从图 9.20（a）可以看出，相比于煅烧温度为 900 ℃，800-RNCM 样品中颗粒的团聚现象减少，整体来看颗粒粒径为 10 μm，平均粒径为 7 μm。从图 9.20（b）可以看出，相对于 850 ℃ 下再生的 $LiNi_{0.5}Co_{0.2}Mn_{0.3}O_2$，颗粒明显长大，说明温度促进了一次颗粒的长大从而形成更大的二次颗粒。从图 9.20（c）可以看出，有部分散落的一次颗粒，粒径在 1.68 μm 左右，二次颗粒呈多面体状并且表面一次颗粒融化导致边界模糊，同时表面不光滑，有大量细小颗粒凸起，从 EDS 元素扫描图来看，Ni、Co、Mn、O 元素分布也相对均匀。

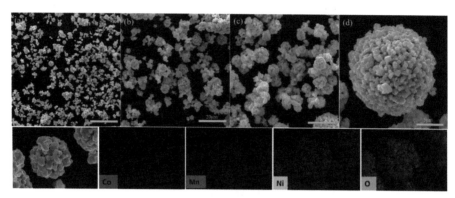

图 9.20 900-RNCM 样品的 SEM 图与 EDS 元素扫描图

为了进一步研究 850-RNCM 样品的晶体结构,特对 850 ℃下再生的正极材料进行了 HRTEM 分析,如图 9.21 所示。从图 9.21（a）可以看出,再生 $LiNi_{0.5}Co_{0.2}Mn_{0.3}O_2$ 颗粒的粒径在 5 μm 左右且分布均匀,这与 SEM 观测的形貌一致。从图 9.21（d）、（e）、（f）可以看出,标定晶格条纹的间距分别为 0.245 nm、0.474 nm、0.203 nm,这也代表着三元材料中最强的三条衍射峰,分别对应于（101）、（003）、（104）晶面,由此证明了再生正极材料的结构完整性。

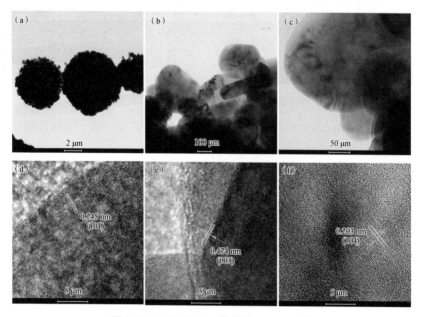

图 9.21 850-RNCM 样品的 HRTEM 图

9.6.3　煅烧温度对再生材料电化学性能的影响

不同煅烧温度下再生 $LiNi_{0.5}Co_{0.2}Mn_{0.3}O_2$ 的首次充放电（0.1 C）曲线如图 9.22 所示。可以看出，850-RNCM 样品在 0.1 C 电流密度下充放电比容量最高，首次充电比容量为 168 mA·h·g^{-1}，首次放电比容量为 151.24 mA·h·g^{-1}，库伦效率为 90.02%，放电中压为 3.81 V。此外，800-RNCM 样品在 0.1 C 电流密度下的首次充电比容量为 157.7 mA·h·g^{-1}，首次放电比容量为 144.2 mA·h·g^{-1}，库伦效率为 91.43%，放电中压为 3.76 V。900 ℃ 再生的 $LiNi_{0.5}Co_{0.2}Mn_{0.3}O_2$ 在 0.1 C 电流密度下的首次充电比容量为 172.2 mA·h·g^{-1}，首次放电比容量为 150.1 mA·h·g^{-1}，库伦效率为 87.1%，放电中压为 3.79 V。从图 9.22 还可以看出，850-RNCM 样品的充放电电压平台之间的间距较小，这说明 850 ℃ 下再生制备的 $LiNi_{0.5}Co_{0.2}Mn_{0.3}O_2$ 极化电压小，有利于材料进行循环充放电。

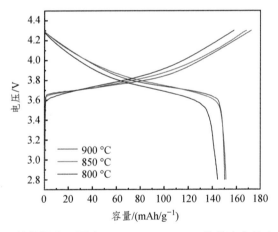

图 9.22　不同煅烧温度下再生 $LiNi_{0.5}Co_{0.2}Mn_{0.3}O_2$ 的首次充放电(0.1 C)曲线

不同煅烧温度下再生 $LiNi_{0.5}Co_{0.2}Mn_{0.3}O_2$ 前 100 次循环放电比容量及库伦效率图如图 9.23 所示。可以看出来，850-RNCM 样品具有最好的首次放电比容量和循环性能，在 1 C 电流密度下首圈放电比容量为 149.3 mA·h·g^{-1}，循环 100 圈后，放电比容量为 146.7 mA·h·g^{-1}，容量保持率为 98.2%。经过 0.1 C、0.2 C、0.5 C 小电流密度充放电活化后，库伦效率都保持在 99%

以上。此外，样品 800-RNCM 和 900-RNCM 样品在 1 C 电流密度下首圈放电比容量分别为 112.8 mA·h·g^{-1}、141.9 mA·h·g^{-1}，在经历循环 100 圈后，800-RNCM 和 900-RNCM 分别可以提供 92.6 mA·h·g^{-1} 和 120 mA·h·g^{-1} 的放电比容量，容量保持率分别为 82.1%、84.5%。这归因于高温下部分 LiNi$_{0.5}$Co$_{0.2}$Mn$_{0.3}$O$_2$ 层状结构的破坏，以及颗粒长大使 Li$^+$ 扩散距离增加，从而降低了 Li$^+$ 的传输能力，这与 XRD 精修和 SEM 分析结果是相符合的。并且可以发现，850-RNCM 与 900-RNCM 的循环曲线在刚开始有个小坡度的上升，这是由于活化的过程，正极材料被电解液的充分浸润，因此再生的 LiNi$_{0.5}$Co$_{0.2}$Mn$_{0.3}$O$_2$ 性能得到充分地激活，从而提高了材料的电化学性能。

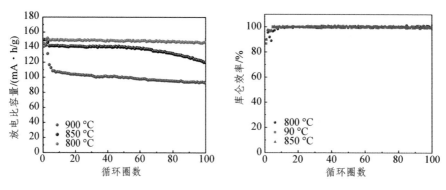

图 9.23　不同煅烧温度下再生 LiNi$_{0.5}$Co$_{0.2}$Mn$_{0.3}$O$_2$ 前 100 次循环放电
比容量及库伦效率图

不同煅烧温度下再生 LiNi$_{0.5}$Co$_{0.2}$Mn$_{0.3}$O$_2$ 的倍率性能曲线如图 9.24 所示。850-RNCM 样品在不同充放电倍率下依然有较高的放电比容量，在 0.1 C 电流密度下的放电比容量最高，高达 158 mA·h·g^{-1}。再生 LiNi$_{0.5}$Co$_{0.2}$Mn$_{0.3}$O$_2$ 在 5 C 倍率下的放电比容量仍然可以保持在 120.3 mA·h·g^{-1}，说明该材料能够进行大倍率充放电。当再次以 0.1 C 的电流密度充放电时，放电比容量达到 154.4 mA·h·g^{-1}，容量保持率为 97.7%，这说明该材料具有良好的倍率性能和电化学可逆性。850-RNCM 和 900-RNCM 样品的倍率性能曲线有相同规律，当 900-RNCM 再次以 0.1 C 的电流密度充放电时，放电比容量 152.3 mA·h·g^{-1}，容量保持率 98.5%，但是 900-RNCM 的大倍率性能不佳。经过 800 ℃ 下再生的 RNCM 材料以 0.1 C 的电流密度充放电时，放电比容量为 137.8 mA·h·g^{-1}，容量保持率为 92.8%，大倍率的容量已经低于 40 mA·h·g^{-1}，这与 XRD 分析结果相印证。

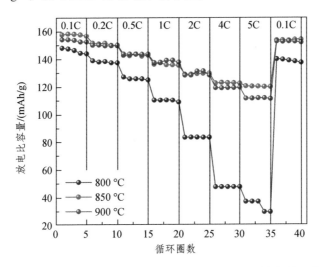

图 9.24　不同煅烧温度下再生 LiNi$_{0.5}$Co$_{0.2}$Mn$_{0.3}$O$_2$ 的倍率性能曲线

在不同煅烧温度下再生 LiNi$_{0.5}$Co$_{0.2}$Mn$_{0.3}$O$_2$ 和 SNCM 的交流阻抗（EIS），如图 9.25 所示。首先将电池以 1 C 倍率充电至 4.3 V，然后保持在 4.3 V 直至电流密度降低至 0.1 C，然后再用于测试电化学阻抗谱。每个阻抗图谱都与图 9.25 所示等效电路模型完全吻合，具体的拟合结果如表 9.5 所示。可以看出，废旧电极材料的固体电解质界面膜阻抗和电荷转移阻抗较大，这归因于材料经过多次循环充放电后导致锂离子的传输通道破坏严重。同时 850-RNCM 样品具有最小的 R_{sf} 和 R_{ct}，分别为 20.15 Ω、22.19 Ω，较小的电荷转移阻抗有利于锂离子的嵌入/嵌脱，使电池能够进行快速充放电，这与前面的 XRD 和充放电曲线结果是一致的[19]。SNCM 的阻抗较大，不利于锂离子的嵌入/嵌脱，这也是 SNCM 电化学性能下降的主要原因。综上所述，850 ℃ 下再生制备的 LiNi$_{0.5}$Co$_{0.2}$Mn$_{0.3}$O$_2$ 具有最好的电化学性能。

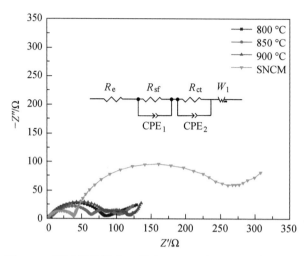

图 9.25　不同煅烧温度下再生 RNCM 和 SNCM 的 EIS 图

表 9.5　不同煅烧温度下再生 RNCM 和 SNCM 的 EIS 拟合结果

样品	R_e/Ω	R_{sf}/Ω	R_{ct}/Ω
SNCM	1.41	37.65	192.3
800-RNCM	2.79	74.5	37.3
850-RNCM	2.71	53.7	35.6
900-RNCM	2.12	87.1	24.5

　　为了获得 850-RNCM 材料的锂离子扩散系数，在扫描速率分别为 $0.1\,\text{mV}\cdot\text{s}^{-1}$、$0.2\,\text{mV}\cdot\text{s}^{-1}$、$0.4\,\text{mV}\cdot\text{s}^{-1}$、$0.6\,\text{mV}\cdot\text{s}^{-1}$、$0.8\,\text{mV}\cdot\text{s}^{-1}$ 的条件下进行循环伏安测试，并对 Li^+ 嵌入/脱嵌反应的动力学参数进行拟合分析，如图 9.26 所示。从图 9.26（a）可以看出随着扫描速率的增加，氧化峰移至高电位，而还原峰移至低电位。此外，峰值电流（I_p）随着扫描速率的增加而增加。同时看出 850-RNCM 样品在扫描速率为 $0.1\,\text{mV}\cdot\text{s}^{-1}$ 时，有差距更小的一对氧化还原峰（3.82/3.69 V），说明该样品具有良好的可逆性和较小的极化电压，这与 XRD 和充放电测试结果是相印证的。对于均质系统，可以根据 Randles-Sevcik[20-21]方程（式 9.1）计算锂离子扩散系数。

$$I_p = \frac{0.447F^{3/2}An^{3/2}D^{1/2}Cv^{1/2}}{R^{1/2}T^{1/2}} \tag{9.1}$$

其中 I_p 是峰值电流（A），n 是转移的电子数（$n=1$），F 为法拉第常数（96 458 C/mol），A 是正极片面积（1.33 cm²），C 是电极中 Li⁺ 浓度（1.65×10^{-2} mol · cm⁻³），D_{Li^+} 是 Li⁺ 扩散系数（cm² · s⁻¹），v 是扫描速率（V · s⁻¹）。R 是气体常数［8.314 J/(K · mol)］，T 是热力学温度（取常温，298 K）。

将上述参数数值带入式（9.1），简化后得到式（9.2）。

$$I_p = 5.903 \times 10^3 D^{1/2} v^{1/2} \tag{9.2}$$

如图 9.26（b）所示，I_p 与 $v^{1/2}$ 曲线呈线性拟合，这表明了反应过程由扩散控制[22]。根据 $dI_p / dv^{1/2}$ 的斜率，计算得出 850-RNCM 样品在氧化过程的 D_{Li^+} 为 6.96×10^{-10} cm² · s⁻¹，在还原过程的 D_{Li^+} 为 2.44×10^{-10} cm² · s⁻¹。良好的锂离子扩散系数也为电池进行快速充放电提供了动力学条件，进而使得再生的材料具有更优异的倍率性能。

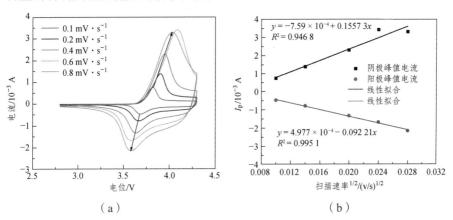

图 9.26　（a）850-RNCM 样品在不同扫描速率下的 CV 曲线；
（b）850-RNCM 样品的 $I_p \sim v^{1/2}$ 曲线

本章小结

本章采用水热补锂-球磨细化-喷雾重塑法成功再生了高性能

$LiNi_{0.5}Co_{0.2}Mn_{0.3}O_2$ 正极材料，该方法属于物理修复再生技术，简单高效且生态环保，为废旧三元锂离子电池的回收提供了新思路。通过 TG/DSC、XRD 等分析，证实了前驱体的分解温度和反应变化。通过 SEM、XRD 等分析证明，随着球磨时间的延长，再生的 RNCM 的电化学性能进一步提高；当球磨至一定时间后，细化作用将不再增加，相应的电化学性能达到最优水平。通过添加粘结剂可以大幅提高再生正极材料的循环稳定性，虽然粘结剂的加入会造成再生正极材料的容量下降，综合考虑，确定加入 10% 的粘结剂可以得到电化学性能较优秀的正极材料，此时再生 $LiNi_{0.5}Co_{0.2}Mn_{0.3}O_2$ 材料呈完整的球形，团聚较低，平均粒径为 5~10 μm，且 Ni、Co、Mn、O 元素分布均匀。最后通过 HRTEM 进一步证明再生材料 $LiNi_{0.5}Co_{0.2}Mn_{0.3}O_2$ 具有非常良好的层状结构。电化学测试结果表明，850-RNCM 样品具有最好的电化学性能，在 0.1 C 电流密度下首次放电比容量为 168.3 mA·h·g^{-1}，1 C 电流密度下首圈放电比容量为 149.3 mA·h·g^{-1}，循环 100 圈后，放电比容量为 146.7 mA·h·g^{-1}，容量保持率为 98.2%。同时，850-RNCM 样品具有优秀的倍率性能，在 5 C 的大倍率下，放电比容量为 120.3 mA·h·g^{-1}。

参考文献

[1] Fan J M, Li G S, Li B Y, et al. Reconstructing the Surface Structure of Li-Rich Cathodes for High-Energy Lithium-Ion Batteries [J]. ACS Appl Mater Interfaces, 2019, 11(22): 19950-19958.

[2] 张凯，江奥. 球形 LiMnPO4/C 正极材料的喷雾干燥法制备及性能研究 [J]. 无机盐工业，2021，53（01）：54-58.

[3] Deng Q L, Li M J, Wang J Y,et al. Carbonized polydopamine wrapping layered KNb3O8 nanoflakes based on alkaline hydrothermal for enhanced and discrepant lithium storage [J]. Journal of Alloys and Compounds, 2018, 749: 803-810.

[4] Yi T F, Yang S Y, Zhu Y R, et al. Enhanced rate performance of $Li_4Ti_5O_{12}$ anode material by ethanol-assisted hydrothermal synthesis for lithium-ion

battery [J]. Ceram Int, 2014, 40(7): 9853-9858.

[5]　施敏. 喷雾干燥法制备 P（MMA-BA）、PLA/EC 中空微球及其性能研究[D]. 长沙：湖南大学，2012.

[6]　Fujishige S. Thermal decomposition of solid state poly（β-L-malic acid）[J]. Journal of thermal analysis and calorimetry, 2002, 70(3): 861.

[7]　郭建，袁华堂，焦丽芳，等. 乙酸盐分解法制备 $Li[Ni_{(1/3)}Mn_{(1/3)}Co_{(1/3)}]O_2$ 结构和电化学性能研究[C]. Proceedings of the 第十三次全国电化学会议，中国广东广州，F，2005.

[8]　吴智. 球磨化学反应法制备 TZP 超细粉体研究[D]. 广州：广东工业大学，2011.

[9]　徐帅. 多孔中空 $LiMn_{(0.85)}Fe_{(0.15)}PO_4/C$ 微球制备过程的湿法球磨工艺研究[D]. 南宁：广西大学，2016.

[10]　Wang Z Q, Tian S K, Li S D, et al. Lithium sulfonate-grafted poly(vinylidenefluoride-hexafluoro propylene) ionomer as binder for lithium-ion batteries[J]. RSC Adv, 2018, 8(36): 20025-20031.

[11]　高洋. 三元材料锂离子电池老化诊断、评估与建模方法[D]. 北京：北京交通大学，2019.

[12]　Park B K, Barnett S A. Boosting solid oxide fuel cell performance via electrolyte thickness reduction and cathode infiltration [J]. J Mater Chem A, 2020, 8(23): 11626-11631.

[13]　Li Y, Taniguchi I. Facile synthesis of spherical nanostructured $LiCoPO_4$ particles and its electrochemical characterization for lithium batteries [J]. Advanced Powder Technology, 2019, 30(8): 1434-1441.

[14]　Zhang G X, Wei X Z, Han G S, et al. Lithium plating on the anode for lithium-ion batteries during long-term low temperature cycling [J]. J Power Sources, 2021, 484: 9.

[15]　Liu J, Wang Q, Reeja-Jayan B, et al. Carbon-coated high capacity layered Li [$Li_{0.2}Mn_{0.54}Ni_{0.13}Co_{0.13}$]$O_2$ cathodes [J]. Electrochemistry Communications, 2010, 12(6): 750-753.

[16]   Manikandan P, Periasamy P. Novel mixed hydroxy-carbonate precursor assisted synthetic technique for $LiNi_{1/3}Mn_{1/3}Co_{1/3}O_2$ cathode materials [J]. Materials Research Bulletin, 2014, 50: 132.140.

[17]   Liu X, Li H, Ishida M, et al. PEDOT modified $LiNi_{1/3}Co_{1/3}Mn_{1/3}O_2$ with enhanced electrochemical performance for lithium ion batteries [J]. Journal of power sources, 2013, 243: 374-380.

[18]   et al. One-step hydrothermal synthesis of $LiMn_2O_4$ cathode materials for rechargeable lithium batteries [J]. Solid state sciences, 2014, 31: 16-23.

[19]   Oleshko V P, Chang E, Snyder C R, et al. Elemental sulfur-molybdenum disulfide composites for high-performance cathodes for Li S batteries: the impact of interfacial structures on electrocatalytic anchoring of polysulfides [J]. MRS Communications, 2021, (prepublish).

[20]   Zheng Z, Guo X D, Chou S L, et al. Uniform Ni-rich $LiNi_{0.6}Co_{0.2}Mn_{0.2}O_2$ porous microspheres: facile designed synthesis and their improved electrochemical performance[J]. Electrochimica Acta, 2016, 191: 401-410.

[21]   Zhang T, Fu L, Gao J, et al. Nanosized tin anode prepared by laser-induced vapor deposition for lithium ion battery [J]. Journal of Power Sources, 2007, 174(2): 770-773.

[22]   Zhou P F, Meng H J, Zhang Z, et al. Stable layered Ni-rich $LiNi0.9Co0.07Al0.03O2$ microspheres assembled with nanoparticles as high-performance cathode materials for lithium-ion batteries [J]. J Mater Chem A, 2017, 5(6): 2724-2731.